本书编委会名单

主　　编：郑彦云

副 主 编：王培连　徐红蕾

主要编委：何晓帆　黄敏菊　陈　能　雷秀峰　袁　秦

　　　　　胡相华　杨丽萍　田小俊　万易易　袁碧钰

化学检验技术

HUAXUE JIANYAN JISHU

主 编 ◎ 郑彦云　　副主编 ◎ 王培连　徐红蕾

暨南大学出版社

JINAN UNIVERSITY PRESS

中国·广州

图书在版编目（CIP）数据

化学检验技术/郑彦云主编；王培连，徐红蕾副主编．—广州：暨南大学出版社，2014.5
ISBN 978 - 7 - 5668 - 1006 - 9

Ⅰ．①化…　Ⅱ．①郑…　②王…　③徐…　Ⅲ．①化工产品—检验　Ⅳ．①TQ075

中国版本图书馆 CIP 数据核字（2014）第 089208 号

出版发行：暨南大学出版社

地 址：	中国广州暨南大学
电 话：	总编室（8620）85221601
	营销部（8620）85225284　85228291　85228292（邮购）
传 真：	（8620）85221583（办公室）　　85223774（营销部）
邮 编：	510630
网 址：	http：//www. jnupress. com　http：//press. jnu. edu. cn

排 版：	广州市天河星辰文化发展部照排中心
印 刷：	广州市新怡印务有限公司

开 本：	787mm×1092mm　1/16
印 张：	13. 25
字 数：	315 千
版 次：	2014 年 5 月第 1 版
印 次：	2014 年 5 月第 1 次

定 价：	29. 00 元

前　言

随着现代医学科学技术的迅猛发展，医疗器械越来越多地应用于医疗卫生领域，在疾病的预防、诊断、治疗、监护、康复、保健等各个环节发挥了重要作用，成为除药品之外，医疗卫生领域中的另一个有力武器。然而，医疗器械不良事件的发生也越来越频繁，其使用的安全性和可靠性也逐渐成为政府监管部门、医疗机构和患者等社会各界广泛关注的焦点。当然，这些不良事件发生的原因是多方面的，比如使用环节的操作不当、产品本身的设计缺陷、企业产品实现过程的控制能力，以及检验水平等诸多因素。要解决这些问题，我们就得从产品的源头抓起。因此，对医疗器械生产经营企业进行岗位技能培训，贯彻落实医疗器械各项法规要求，促进企业建立完善的生产质量管理体系，推进新技术新工艺的引进，提高各级人员的管理和技术水平，成为医疗器械监管部门当前十分现实和必要的工作。

近年来，国家高度重视技能人才队伍的建设。2003 年的全国人才工作会议已明确提出将高技能人才队伍建设纳入国家人才队伍建设总体规划。2005 年全国职业教育工作会议要求进一步推动职业教育和劳动就业的结合，推进高技能人才队伍建设。2006 年中共中央办公厅、国务院办公厅联合下发《关于进一步加强高技能人才工作的意见》，对高技能人才工作提出了更高的要求。

鉴于国家的高度重视，以完善医疗器械领域职业技能鉴定工作为宗旨，按照医疗器械的特征，结合其功能来源，把任何依靠电能或其他能源，而不是直接由人体或重力产生的能源来发挥其功能的有源医疗器械，以及不依靠任何能源或外力来发挥其功能的无源医疗器械，分阶段、分步骤对医疗器械实现全过程的关键技术岗位进行系统规划，逐步实现医疗器械化学检验岗位、医疗器械微生物检验岗位、医疗器械电气安全检验岗位等技能人员的鉴定。

本书结合医疗器械行业的法规、相关标准的要求，主要介绍医疗器械本身与化学性能相关的化学检验基础知识、化学检验常用仪器设备、建设化学检验实验室的设施要求和安全要求，以及化学检验岗位人员应掌握的化学检验技术。全书共分六章，第一章为化学检验工概述，第二章为化学检验理论知识，第三章为化学检验常见设备，第四章为化学实验

室的建设，第五章为化学检验安全知识，第六章为化学检验工实操技术。

本书主编郑彦云，副主编王培连、徐红蕾，主要编委何晓帆、黄敏菊、陈能、雷秀峰、袁秦、胡相华、杨丽萍、田小俊、万易易、袁碧钰；另外在编写本书的过程中还得到业内很多专家、单位的大力支持，在此深表感谢。

由于编者水平有限，且时间仓促，书中难免有不妥之处，敬请读者批评指正。

编写组

2014 年 1 月

目　录

绪　论

一、概述

随着医学科学技术的飞速发展，医疗器械行业已成为核物理、激光、超声、材料学、电子学、生物学、化学等众多先进技术聚集的高技术产业。新型医疗器械产品层出不穷，且越来越广泛地应用于医学领域。由于医疗器械的使用直接涉及人民群众的身体健康与生命安全，其生产和经营必须遵循严格的技术规范和通过医疗器械监管部门的监督检验。近年来，随着越来越多数量和种类的医疗器械的投入使用，与医疗器械相关的不良事件也逐渐增多，引起了国家相关部门的高度重视。

当前我国医疗器械生产企业存在生产规模较小、管理水平不高、执行标准不严格和医疗器械产品质量不稳定等问题，这些医疗器械不合格的原因包括产品电气安全指标不合格和产品性能指标不合格等。然而，这些产品安全指标和性能指标不合格的原因主要体现在以下几个方面：一是生产企业对相关国家标准不了解、不熟悉，对企业标准不重视，忽略了相关企业标准。二是生产企业由于成本和管理的原因，产品质量良莠不齐，达不到标准，自身质量和人员能力存在问题。三是产品在连续使用一段时间后，没有对相关性能参数进行校准。总体来看，生产企业如能熟悉和了解医疗器械相关标准并将其认真贯彻执行，产品指标的不合格问题是可以避免的。所以，对医疗器械生产经营企业进行岗位技能培训，宣传贯彻国家颁布的医疗器械技术标准，普及医疗器械质量管理知识，介绍新的生产工艺、流程和检验技术，在当前形势下显得尤为重要。

二、检验技术的作用

先进的医疗器械质量管理体系，要求对医疗器械生产全过程进行风险控制，而要实现这些控制，就必须对生产过程的各类技术参数和状态进行有效的检验或监测。因此，检验是控制的基础，控制离不开检验。

医疗器械检验方法正确与否，直接关系到医疗器械检验工作是否能正常进行，因此，要求检验人员依据产品检验要求，具备甄别或策划检验方法的能力，从而找到切实可行的检验方法。如果检验方法不合理，即使有高精密的测量仪器或设备，也不能得到理想的检验结果。

医疗器械化学检验主要是针对涉及具有化学性能要求的医疗器械进行检验的一门技术，质量控制关键岗位的人员通过掌握的化学基础知识，运用不同的化学分析技术，对被测产品的化学性能指标进行实际测试，然后综合分析、处理、控制、判断等，得出对被测产品化学性能指标的检验结果。

第一章
化学检验工概述

第一节　化学检验工鉴定要求

一、职业概述

（一）职业名称

化学检验工。

（二）职业定义

化学检验工是指以抽样检查的方式，使用化学分析仪器和理化仪器等设备，对试剂溶剂、日用化工品、化学肥料、化学农药、涂料染料颜料、煤炭焦化、水泥和气体等化工产品的成品、半成品、原材料及中间过程进行检验、检测、化验、监测和分析的人员。

（三）职业等级

化学检验工职业资格等级共分为三级：初级（国家职业资格五级）、中级（国家职业资格四级）、高级（国家职业资格三级）。

（四）基本文化程度

高中毕业（或同等学力）。

（五）培训期限要求

全日制职业学校教育，根据其培养目标和教学计划确定。晋级培训期限：初级、中级、高级不少于180标准学时；技师、高级技师不少于150标准学时。

（六）申报条件

1. 初级（具备以下条件之一者）

（1）经本职业初级正规培训达规定标准学时数，并取得毕（结）业证书。

（2）在本职业连续见习工作2年以上。

2. 中级（具备以下条件之一者）

（1）取得本职业初级职业资格证书后，连续从事本职业工作2年以上，经本职业中级正规培训达规定标准学时数，并取得毕（结）业证书。

（2）取得本职业初级职业资格证书后，连续从事本职业工作4年以上。

（3）连续从事本职业工作5年以上。

（4）取得经教育或劳动保障行政部门审核认定的、以中级技能为培养目标的中等以上职业学校本职业（专业）毕业证书。

3．高级（具备以下条件之一者）

（1）取得本职业中级职业资格证书后，连续从事本职业工作3年以上，经本职业高级正规培训达规定标准学时数，并取得毕（结）业证书。

（2）取得本职业中级职业资格证书后，连续从事本职业工作5年以上。

（3）取得经教育或劳动保障行政部门审核认定的、以高级技能为培养目标的高等职业学校本职业（专业）毕业证书。

（4）取得本职业中级职业资格证书的大专本专业或相关专业毕业生，连续从事本职业工作2年以上。

（七）鉴定方式与鉴定时间

考试分为理论知识考试和技能操作考核。理论知识考试采用闭卷笔试方式，技能操作考核采用现场实际操作方式，理论知识考试和技能操作考核均实行百分制，成绩皆达60分以上（含60分）者为合格。技师、高级技师鉴定还需进行综合评审。

理论知识考试时间为90~120分钟，技能操作考核时间为90~240分钟。

（八）考评人员与考生配比

理论知识考试考评人员与考生配比为1∶20，且每个标准教室不少于2名考评人员；技能操作考核考评人员与考生配比为1∶10，且每个标准教室不少于3名考评人员。

二、基本要求

（一）职业道德

1．职业道德基本知识

2．职业守则要求

（1）爱岗敬业，工作热情主动。

（2）认真负责，实事求是，坚持原则，一丝不苟地依据标准进行检验和判定。

（3）努力学习，不断提高基础理论水平和操作技能。

（4）遵纪守法，不谋私利，不徇私情。

（5）遵守劳动纪律。

（6）遵守操作规程，注意安全。

3．法律与法规相关知识

计量法、标准化法、产品质量法及劳动法的相关内容。

（二）基础理论知识

（1）标准化计量基础知识。

（2）化学基础知识（包括安全与卫生知识）。

（3）电工基本知识。

（三）专业基础知识

（1）化学分析的基础知识。

（2）微生物学基础知识。

（3）仪器使用基础知识。

（四）专业知识

（1）常检日化产品的标准、常检项目的检验方法和操作规程。

（2）常检涂料产品的标准、常检项目的检验方法和操作规程。

（3）常检胶粘剂产品的标准、常检项目的检验方法和操作规程。

（4）精细化工产品的采样方法。

（五）相关专业知识

（1）安全、电工与其他。

（2）生产、加工知识。

（3）质量管理知识：质量方针、岗位质量要求、岗位的质量保证措施与责任。

（4）安全文明生产与环境保护知识：现场文明生产要求、安全操作与劳动保护知识、环境保护知识。

第二节　化学检验工鉴定内容

化学检验工的职业技能鉴定内容主要分为知识要求和技能要求两部分。知识要求包括基础知识、相关知识和专业知识的要求，技能要求包括操作技能和相关技能的要求。不同级别的化学检验工对以上各部分要求的鉴定范围、鉴定内容和比重有所差别。

一、初级化学检验工

表 1 - 1　初级化学检验工鉴定内容

项目	鉴定范围	鉴定内容	比重	备注
基础知识	1. 标准化计量基础知识	（1）了解标准的分级、分类和标准体系的概念。 （2）了解企业标准化的目的和作用，产品开发过程中的标准化和产品生产过程中的标准化。 （3）了解法定计量单位的构成；熟悉常用法定计量单位的使用方法。 （4）了解质量保证体系的内容与作用；了解质量检验的原则和程序。	8%	
	2. 误差的一般知识和数据处理的方法	（1）了解误差的来源和分类。 （2）了解准确度和精密度的概念。 （3）熟悉有效数字的概念及其运算规则。	10%	

（续上表）

项目	鉴定范围	鉴定内容	比重	备注
基础知识	3. 化学基础知识	（1）熟悉物质的量的概念、各种浓度的表示方法及相互间的换算。 （2）了解物质的组成和分类。 （3）了解氧化还原反应、氧化剂和还原剂的概念。 （4）了解化学反应速率、可逆反应、化学平衡常数和化学平衡的移动。 （5）了解电解质溶液、强弱电解质及其电离平衡、离子反应及其方程式和发生反应的条件。 （6）了解常见酸碱的性质。 （7）了解有机化合物的特性、结构和分类，烃类中开链烃和闭链烃的基本知识。 （8）了解醇、醛、酮、醚、羧酸及其衍生物的结构、命名和性质。	14%	
	4. 分析化学基础知识	（1）了解分析化学的任务和作用；了解分析化学中分析方法的分类与分析化学的进展。 （2）熟悉不同性质样品的采集和处理方法。 （3）熟悉常用标准溶液的配制和标定方法；了解常用标准溶液的使用方法和管理制度。 （4）熟悉常用化学试剂的性能和使用管理制度。 （5）掌握下列分析方法的原理及应用： ·酸碱滴定法； ·沉淀滴定法； ·氧化还原滴定法； ·络合滴定法； ·重量分析法； ·吸光光度法。	24%	
	5. 常用设备及玻璃仪器的使用方法	（1）熟悉常用仪器设备及辅助设备的性能、使用、应用范围和维护保养方法。 （2）熟悉常用玻璃仪器的使用方法。 （3）了解常用仪器设备的安装、调试方法及一般故障的排除方法。	10%	
相关知识	1. 安全、电工与其他	（1）熟悉实验室消防安全制度及灭火器材的使用。 （2）掌握实验室仪器设备及危险品安全使用规则。 （3）了解电工基础知识及常用基本用电设备的使用及注意事项。	8%	
	2. 生产、加工知识	了解各类精细化工产品加工工艺的一般知识。	8%	

（续上表）

项目	鉴定范围	鉴定内容	比重	备注
专业知识	1. 常检日化产品的标准、常检项目的检验方法和操作规程	（1）熟悉日化产品常用物理性能及使用性能检验项目的检验方法，如：化妆品：乳剂结构、乳化体的类型、耐热检验、耐寒检验、离心检验、粘度、表面活性剂类型判断等；洗涤剂：表观密度、去污力、发泡力、洗涤剂稳定性等；油脂：熔点、凝固点、相对密度、折光率等。 （2）熟悉日化产品常检理化项目的检验方法，如：化妆品：pH、表面活性剂等；洗涤剂：pH、表面活性剂、洗衣粉碱度等；肥皂：溶解度、水分、挥发物、总脂肪物、氯化物等；油脂：水分和挥发分、酸值、皂化值、碘值等。	7%	
	2. 常检涂料产品的标准、常检项目的检验方法和操作规程	熟悉涂料产品常用物理性能、使用性能及常检理化项目的检验方法，如涂料分类、外观、细度、贮存稳定性、遮盖力、粘度、固体含量、漆膜厚度、弹性、耐磨性、干燥时间、硬度、附着力、冲击强度、耐水性、老化等。	6%	
	3. 常检胶粘剂产品的标准、常检项目的检验方法和操作规程	（1）熟悉胶粘剂产品常用物理性能及使用性能检验项目的检验方法，如粘度、闪点、熔点、适用期、固化时间、贮存稳定性等。 （2）熟悉胶粘剂产品常检理化项目的检验方法，如pH、含水率等。	4%	
	4. 精细化工产品的采样方法	熟悉精细化工产品的采样方法。	1%	

（续上表）

项目	鉴定范围	鉴定内容	比重	备注
操作技能	1. 检验的基本操作	（1）能在适当的指导下按标准规定的操作步骤进行检验操作。 （2）能在适当的指导下正确记录、计算和处理检验数据，并按规定格式出具完整的检验报告。	20%	
	2. 常规项目的检验	（1）能在适当的指导下按标准规定的操作步骤对各类精细化工产品的物理性能进行检验操作。 （2）能在适当的指导下按标准规定的操作步骤对各类精细化工产品进行分析检验操作。	35%	
	3. 工具、仪器设备的使用与维护保养	（1）能在适当的指导下正确进行实验室玻璃仪器的洗涤、干燥和使用；能正确进行玻璃仪器的连接等基本操作。 （2）能在适当的指导下正确使用可见光分光光度计、pH计、分析天平、密度计、水浴锅、干燥箱、涂－4粘度计、秒表、折光仪等仪器设备。 （3）能在适当的指导下对一般常用分析检验仪器设备进行安装、调试及一般故障的排除。	25%	
相关技能	安全与其他	能分析处理检验工作中遇到的一般技术和安全问题。	20%	

二、中级化学检验工

表 1－2　中级化学检验工鉴定内容

项目	鉴定范围	鉴定内容	比重	备注
基础知识	1. 标准化计量基础知识	（1）了解标准的分级、分类和标准体系的概念。 （2）了解企业标准化的目的和作用，产品开发过程中的标准化和产品生产过程中的标准化。 （3）了解国际标准和国外先进标准范围。 （4）了解法定计量单位的构成；熟悉常用法定计量单位的使用方法。 （5）了解质量保证体系的内容与作用；了解质量检验的原则和程序。	8%	
	2. 误差的一般知识和数据处理的方法	（1）了解偶然误差、系统误差的概念以及降低各类误差的主要途径。 （2）了解准确度和精密度的概念，熟悉平均值、绝对误差、相对误差、标准差、相对标准偏差（变异系数）的概念及计算方法。 （3）了解异常数据的检验及剔除方法。 （4）熟悉有效数字及其运算规则。	10%	

（续上表）

项目	鉴定范围	鉴定内容	比重	备注
基础知识	3. 化学基础知识	（1）熟悉物质的量的概念、各种浓度的表示方法及相互间的换算。 （2）了解物质结构的基本知识；了解原子核外电子的运动状态和排布；了解原子结构与元素周期律和元素周期表及意义。 （3）了解氧化还原反应、氧化剂和还原剂、络合物的概念、组成及命名。 （4）了解胶体溶液的基本知识和一般性质。 （5）了解化学反应速率、可逆反应、化学平衡常数和化学平衡的移动。 （6）了解电解质溶液、强弱电解质及其电离平衡、离子反应及其方程式和发生反应的条件。 （7）了解强酸、弱酸、强碱、弱碱间反应所生成的盐，缓冲作用及其原理和缓冲溶液的组成。 （8）了解有机化合物的特性、结构和分类，烃类中开链烃和闭链烃的基本知识。 （9）熟悉醇、醛、酮、醚、羧酸及其衍生物的结构、命名和性质。	14%	
	4. 分析化学基础知识	（1）熟悉分析化学的任务和作用；了解分析化学中分析方法的分类与分析化学的进展。 （2）掌握不同性质样品的采集、平均样品（代表性样品）的制备和样品的保存。 （3）熟悉常用标准溶液的配制和标定方法、常用标准溶液的使用方法和管理制度。 （4）掌握常用化学试剂的性能和使用管理制度。 （5）掌握下列分析方法的原理及应用： ·酸碱滴定法； ·沉淀滴定法； ·氧化还原滴定法； ·络合滴定法； ·重量分析法； ·吸光光度法。	24%	
	5. 工具、仪器设备的用途和使用方法	（1）熟悉常用仪器设备及辅助设备的性能、使用、应用范围和维护保养方法。 （2）熟悉常用仪器设备的安装、调试方法及一般故障的排除方法。	7%	
	6. 微生物学基础知识	了解生物学和微生物学的基础知识以及化妆品中微生物检验的主要对象和一般方法。	3%	

（续上表）

项目	鉴定范围	鉴定内容	比重	备注
相关知识	1. 安全、电工与其他	（1）熟悉实验室消防安全制度及灭火器材的使用。 （2）掌握实验室仪器设备及危险品安全使用规则。 （3）了解电工基础知识及常用基本用电设备的使用及注意事项。	8%	
	2. 生产、加工知识	熟悉各类精细化工产品加工工艺的一般知识。	8%	
专业知识	1. 常检日化产品的标准、常检项目的检验方法和操作规程	（1）熟悉日化产品常用物理性能及使用性能检验项目的检验方法，如：化妆品：乳剂结构、乳化体的类型、耐热检验、耐寒检验、离心检验、黏度、表面活性剂类型判断等。 洗涤剂：表观密度、去污力、发泡力、洗涤剂稳定性等。 油脂：熔点、凝固点、相对密度、折光率等。 （2）熟悉日化产品常检理化项目的检验方法。如： 化妆品：pH、有害元素、表面活性剂等。 洗涤剂：pH、表面活性剂、洗衣粉碱度等。 肥皂：溶解度、水分、挥发物、总脂肪物、氯化物等。 油脂：水分和挥发分、酸值、皂化值、碘值、不皂化物、总脂肪物等。	7%	
	2. 常检涂料产品的标准、常检项目的检验方法和操作规程	熟悉涂料产品常用物理性能、使用性能及常检理化项目的检验方法，如涂料分类、外观、细度、贮存稳定性、遮盖力、黏度、固体含量、漆膜厚度、弹性、耐磨性、干燥时间、硬度、附着力、冲击强度、耐水性、老化等。	6%	
	3. 常检胶粘剂产品的标准、常检项目的检验方法和操作规程	（1）熟悉胶粘剂产品常用物理性能及使用性能检验项目的检验方法，如粘度、闪点、熔点、适用期、固化时间、水混合性、贮存稳定性等。 （2）熟悉胶粘剂产品常检理化项目的检验方法，如pH、游离醛和游离酚、固体含量、含水率等。	4%	
	4. 精细化工产品的采样方法	熟悉精细化工产品的采样方法。	1%	

（续上表）

项目	鉴定范围	鉴定内容	比重	备注
操作技能	1. 检验的基本操作	（1）能按标准规定的操作步骤进行检验操作。 （2）能正确记录、计算和处理检验数据，并按规定格式出具完整的检验报告。	20%	
	2. 常规项目的检验	（1）能按标准规定的操作步骤对各类精细化工产品的物理性能进行检验操作。 （2）能按标准规定的操作步骤对各类精细化工产品进行分析检验操作。	35%	
	3. 工具、仪器设备的使用与维护保养	（1）能正确进行实验室玻璃仪器的洗涤、干燥和使用；能正确进行玻璃仪器的连接等基本操作。 （2）能正确使用可见光分光光度计、pH 计、分析天平、密度计、水浴锅、干燥箱、旋转粘度计、涂 - 4 粘度计、秒表、折光仪等仪器设备。 （3）能对一般常用分析检验仪器设备进行安装、调试及一般故障的排除。	25%	
相关技能	安全与其他	能分析处理检验工作中遇到的一般技术和安全问题。	20%	

三、高级化学检验工

表 1 - 3　高级化学检验工鉴定内容

项目	鉴定范围	鉴定内容	比重	备注
基础知识	1. 标准化计量基础知识	（1）熟悉标准分级、分类和标准体系的概念。 （2）熟悉企业标准化的目的和作用。 （3）了解国际标准和国外先进标准的范围。 （4）了解法定计量单位的构成；熟悉常用法定计量单位的使用方法。 （5）了解质量体系的作用与内容、了解质量检验的原则和程序。 （6）熟悉标准的格式，能够编制标准。 （7）了解质量管理、质量控制的基本知识。	8%	

（续上表）

项目	鉴定范围	鉴定内容	比重	备注
基础知识	2. 误差的一般知识和数据处理的方法	（1）掌握系统误差、随机误差的概念和引起该误差的主要原因，以及各类误差主要的减免方法。 （2）熟悉公差的概念和超差的判断。 （3）掌握准确度和精密度的概念，熟悉定量分析结果的数据处理方法，熟悉平均值、绝对误差、相对误差、平均偏差、相对平均偏差、标准偏差、相对标准偏差（变异系数）的概念及计算方法。 （4）了解定量分析结果的表示方法。 （5）了解置信度与平均值的置信区间的概念。 （6）掌握可疑数据的检验和取舍方法。 （7）掌握有效数字及其修约和运算规则。	10%	
	3. 化学基础知识	（1）掌握物质的量的概念、各种浓度的表示方法及相互间的换算。 （2）掌握物质结构的基本知识；了解原子核外电子的运动状态和排布；掌握原子结构与元素周期表之间的关系；掌握元素的某些性质与原子结构的关系。 （3）掌握氧化还原反应、氧化剂和还原剂的基本概念；初步判断氧化还原反应进行的方向与程度。 （4）掌握配合物的组成和命名。 （5）熟悉胶体溶液的基本知识和一般性质。 （6）掌握化学反应速率、可逆反应、化学平衡常数的基本概念；掌握化学反应速率和化学平衡移动的影响因素。 （7）掌握水的离子积及 pH 的含义；掌握电解质溶液、强弱电解质及其电离平衡、离子反应及其方程式和发生反应的条件。 （8）掌握盐的水解；掌握缓冲作用及其原理和缓冲溶液的组成。 （9）熟悉有机化合物的特性、结构和分类；熟悉烷、烯、炔及芳香烃的基本知识。 （10）熟悉醇、醛、酮、醚、羧酸及其衍生物的结构、命名和性质。	14%	

（续上表）

项目	鉴定范围	鉴定内容	比重	备注
基础知识	4. 分析化学基础知识	（1）熟悉分析化学的任务和作用；掌握分析化学中分析方法的基本；了解分析化学的进展。 （2）掌握不同性质样品的采集方法；掌握分析试样（代表性样品）的制备及其保存方法；熟悉试样的分解方法；了解常见干扰组分的分离方法；熟悉常见测定方法的选择原则。 （3）熟悉滴定分析的条件、常见滴定方式及其应用范围。 （4）掌握滴定分析中相关浓度的计算；了解滴定度的概念。 （5）了解基准物质的要求；掌握常用标准溶液的配制和标定方法；掌握常用标准溶液的使用方法和管理制度。 （6）掌握常用化学试剂的性能和使用管理制度。 （7）掌握下列分析方法的原理及其应用： ·酸碱滴定法； ·配位滴定法； ·氧化还原滴定法； ·沉淀滴定法； ·重量分析法； ·吸光光度法； ·电位分析法。 （8）熟悉滴定分析的误差来源及其减免或校正方法。	27%	
	5. 工具、仪器设备的用途和使用方法	（1）熟悉常用小型仪器设备（分光光度计、pH 计、涂 - 4 粘度计等）及辅助设备的性能、使用、应用范围和维护保养方法；熟悉常用小型仪器设备的安装、调试方法及一般故障的排除方法。 （2）熟悉各种仪器设备的使用原理和构造，能正确选择仪器操作条件。 （3）了解红外光谱、色谱、原子吸收光谱等中型常用仪器的性能、使用、应用范围和维护保养方法。	7%	
	6. 微生物学基础知识	熟悉生物学和微生物学的基础知识以及化妆品中微生物检验的主要对象和一般方法。	3%	
相关知识	1. 安全、电工与其他	（1）掌握实验室消防安全制度及常见灭火器材的使用。 （2）掌握实验室仪器设备及危险品安全使用规则。 （3）熟悉电工基础知识及常用基本用电设备的使用及注意事项。	8%	
	2. 生产、加工知识	掌握各类精细化工产品加工工艺的一般知识。	5%	

（续上表）

项目	鉴定范围	鉴定内容	比重	备注
专业知识	1. 常检日化产品的标准、常检项目的检验方法和操作规程	掌握日化产品常检理化项目的检验方法，如化妆品：乳剂结构、乳化体的类型、耐热检验、耐寒检验、离心检验、粘度、表面活性剂类型判断、pH 值、有效物含量等。 洗涤剂：表观密度、去污力、发泡力、洗涤剂稳定性、pH 值、表面活性剂含量、洗衣粉总碱度等。 油脂：熔点、凝固点、相对密度、折光率、水分和挥发分、酸值、碘值、皂化值等。 肥皂：溶解度、水分、挥发物、总脂肪物、氯化物等。	7%	
	2. 常检涂料产品的标准常检项目的检验方法和操作规程	（1）掌握涂料原漆性能检测项目及方法，如漆中状态（外观）、密度、细度、黏度、不挥发物含量、冻融稳定性或低温稳定性等。 （2）熟悉涂料施工性能检测项目的概念，如施工性、干燥时间、涂布率或使用量（耗漆量）、流平性、流挂性、涂膜厚度、遮盖力、可使用时间等。 （3）了解涂膜性能检测的概念。	6%	
	3. 常检胶粘剂产品的标准、常检项目的检验方法和操作规程	（1）熟悉胶粘剂物理性能测定项目及方法，如外观、相对密度、黏度、不挥发物含量、氢离子浓度（酸值）、适用期、固化速度、灰分等。 （2）熟悉胶粘剂的老化试验方法，如大气老化试验、大气加速老化试验、人工模拟气候加速老化试验等。	4%	
	4. 熟悉精细化工产品的采样方法	熟悉化学品的采样方法。	1%	

化学检验技术
HUAXUE JIANYAN JISHU

（续上表）

项目	鉴定范围	鉴定内容	比重	备注
操作技能	1. 检验的基本操作	（1）能按标准规定的操作步骤进行检验操作。 （2）能正确记录、计算和处理检验数据，并按规定格式出具完整的检验报告。 （2）能正确进行误差分析，判断检验结果的精度。	20%	
	2. 常规项目的检验	（1）能按标准规定的操作步骤对各类化学品的理化性能进行检验操作。 （2）能对检验操作结果进行分析判断。	35%	
	3. 工具、仪器设备的使用与维护保养	（1）能正确进行实验室玻璃仪器的洗涤、干燥和使用；能正确进行玻璃仪器的连接等基本操作。 （2）能熟练使用紫外—可见光分光光度计、pH计、分析天平、密度计、水浴锅、干燥箱、旋转粘度计、涂-4粘度计、秒表、折光仪、磁性测厚仪等仪器设备。 （3）能根据实验具体要求选择适宜的仪器及操作条件。 （4）能对常用分析检验仪器设备进行安装、调试及一般故障的排除。	25%	
相关技能	安全与其他	能对检验工作中遇到的一般技术和安全问题进行简单原因分析，并作出相应处理。	20%	

第二章
化学检验理论知识

第一节　实验室基础知识

分析检验工作是现代工业生产及环境保护工作的重要环节。无论是企业、质量检验部门、环保监测部门，还是有关科研单位的化验室，他们的分析任务虽然不同，但都有共同的特点，即所采用的分析测定的手段是一致的。本章介绍实验室中常用的玻璃仪器、器具和器材，这是各个实验室中具有共性的，也是必不可少的内容。学习本章内容，掌握相关的知识，对职业能力的提高很有益处。在筹建化验室，或者在平时的分析测定中，这些知识有助于有效地完成工作。

一、常用玻璃仪器、器具和器材

在分析测定中，或者进行其他类型的实验，需要用到各种各样的玻璃仪器、器具和器材，即使是现代化的仪器设备，也少不了这些既简单又实用的玻璃仪器、器具和器材，就像在酒店用餐，少不了用到筷子、勺子和碗一样。只有认识本节介绍的各种玻璃仪器、器具、器材，了解其种类、规格和用途，才能轻松顺利地完成今后的各项实验。

（一）常用玻璃仪器

玻璃仪器由于具有透明、耐热、耐腐蚀、易清洗等特点，是化验室中最常用的仪器。玻璃仪器种类很多，用途极广。化验室中常用的玻璃仪器（common glassware）见表2-1：

表2-1　常用玻璃仪器

名称	规格		主要用途	注意事项
烧杯 （见图2-1）	容量/mL		①溶解样品，配制溶液。 ②作为不挥发性物质的反应容器。	①加热时要垫石棉网，不能干烧。 ②杯内的待加热液体体积不要超过总容积的2/3。 ③加热腐蚀性液体时，杯口要盖表面皿。
	低型	50、100、150、200、250、300、500、1 000、2 000		
	印标	50、100、150、200、250、300、500、1 000、2 000		
	微量	5、10、15、20		
	高型	50、100、150、250、400、600、800、1 000、2 000		

化学检验技术
HUAXUE JIANYAN JISHU

（续上表）

名称	规格		主要用途	注意事项
锥形瓶（三角烧瓶）（见图2-2）	容量/mL		①加热处理样品。②滴定分析中用作反应容器。	①加热时要垫石棉网，不能干烧。②磨口具塞锥形瓶加热时要打开塞子。③非标准磨口的塞子要保持原配。
	无塞	25、50、100、150、250、500、1 000		
	具塞	50、100、150、250、500、1 000		
碘（量）瓶（见图2-2）	容量/mL		碘量法或其他挥发性物质的滴定分析。	①为防止内容物挥发，瓶塞处用水或KI水溶液密封②可垫石棉网加热。
	50、100、250、500			
烧瓶（见图2-4）	容量/mL			
	a.圆（平）底烧瓶（有长颈、短颈、细口、广口等）	50、100、150、200、250、300、500、1 000、2 000、3 000、5 000	加热条件下用作反应容器或蒸馏器（平底烧瓶可自制洗瓶）。	①不能直接加热，要垫石棉网或油浴。②内容物不得超过容积的2/3。③如需安装冷凝器等，应选短颈厚口烧瓶。④可根据待蒸馏样品的沸点选用：a. 低沸点——支管在上部；b. 一般沸点——支管在中部；c. 高沸点——支管在下部⑤切勿直接加热，加热时瓶口不要对着人。⑥小瓶宜有斜口，以便安装温度计；大瓶宜用直口，便于安装搅拌器。
	b.普通蒸馏烧瓶（支管在颈的位置有上、中、下三种）	50、100、250、500	蒸馏，可作少量气体发生反应容器。	
	c.凯氏烧瓶（减压蒸馏烧瓶）	50、100、250、500、1 000	消化有机物。	
	d.多口烧瓶（有两口、三口、直口、斜口等）	50、100、250、500、1 000、2 000、3 000	有机物的制备和合成。	

（续上表）

名称	规格		主要用途	注意事项
试管 （见图2-5）	管长/mm		①少量试剂化学反应容器。 ②定性分析中用于检验离子，少量试剂蒸馏可代替量筒。 ③离心分离沉淀。	①一般试管可干烧，但不能骤冷，加热前要擦干外壁。 ②加热液体时，内容物不得超过容积的2/3；加热要均匀，试管要倾斜45°。 ③加热固体时，应先小火预热；加热时管口稍向下。 ④离心试管不能直接加热。
	一般试管	70、100、120、150		
	容量/mL			
	具支试管	100、160、200		
	刻度试管	10、15、20、25		
	离心试管	5、10、15		
量筒 （见图2-6）	容量/mL 量出式、量入式		粗略量取一定体积的液体。	①不能加热、烘烤，不能盛热溶液，不能在其中配制溶液。 ②要认清分度值和起始分度。 ③操作时要沿壁加入或倒出液体。
	无塞	5、10、25、50、100、250、500、1 000		
	具塞	5、10、25、50、100、250、500、1 000		
量杯 （见图2-7）	容量/mL 量出式		粗略量取一定体积的液体，精度比量筒差。	①不能加热、烘烤，不能盛热溶液，不能在其中配制溶液。 ②要认清分度值和起始分度。 ③操作时要沿壁加入或倒出液体。
	50、100、250、500、1 000、2 000			
容量瓶 （有无色、棕色两类） （见图2-8）	容量/mL 量入式		滴定分析中的精密量器，用于配制准确体积的标准溶液或待测试液。	①非标准的磨口塞要保持原配。 ②漏水的不能使用。 ③不能直接加热，可用水浴加热。 ④不能在烘箱中烘烤。
	10、25、50、100、250、500、1 000、2 000			
滴定管 （见图2-9） （注：另有无色、棕色两类）	容量/mL 量出式		①滴定分析中的精密量具，用于准确测量滴加到试液中的标准溶液的体积。 ②自动调零，可用于滴定液需隔绝空气的操作。 ③用于微量或半微量分析操作。	①活塞要保持原配。 ②漏水的不能使用。 ③不能加热。 ④不能长期存放溶液。 ⑤碱式滴定管不能盛放与胶管作用的标准溶液。 ⑥自动滴定管要成套保管，要配打气用的二连球。 ⑦微量滴定管只有酸式。
	碱式滴定管	25、50、100		
	酸式滴定管	25、50、100		
	自动滴定管	10、25、50 储液瓶体积：1 000 mL		
	微量滴定管	1、2、5、10		
	聚四氟乙烯塞滴定管	25、50、100		

（续上表）

名称	规格		主要用途	注意事项
移液管和吸量管 （见图 2-10）	容量/mL		滴定分析中的精密量器，用于准确地移取一定体积的液体。	①不能加热。 ②上端和尖端不能磕破。
	量出式			
	无分度移液管	5、10、25、50、100		
	直管式吸量管（刻度移液管）	0.5、1、2、5、10		
	量出式和量入式			
	上小直管式吸量管	1、2、5、10		
自动加液器 （见图 2-11）	容量/mL		①自动调零，快速加入一定体积的溶液，但不准确。 ②连续定量加液。	①和塑料储液瓶配套使用。 ②支管用胶皮管连接储液瓶。 ②小规格用于贵重溶液的加入，不可高温操作。
	自动加液管	2、5、10、15、20		
	自动加液瓶	5、10、15、20、25、30、40、50		
	可调定量加液器（有内装式与外装式两种）	1、5、10		
细口试剂瓶（有无色、棕色两种） （见图 2-12）	容量/mL		用于存放液体试剂或溶液。	①具见光易分解的变质的液体用棕色瓶。 ②存放碱性溶液时，要另配胶塞。 ③不能在瓶内直接配制溶液。 ④不能直接加热。
	30、60、125、250、500、1 000、2 500、5 000、1 0000			
广口试剂瓶（有磨口、具塞、无塞、无色、棕色等） （见图 2-13）	容量/mL		用于存放固体试剂或糊状试剂溶液。	①见光易分解的变质的液体用棕色瓶。 ②存放碱性溶液时，要另配胶塞。
	30、60、125、250、500、1 000			
滴瓶（有无色、棕色两种） （见图 2-14）	容量/mL		用于存放逐滴加入的试剂溶液。	①滴管要保持原配。 ②滴管不要放在其他地方。 ③不要将溶液吸入胶帽。 ④滴管不能倒置。
	30、60、125			

（续上表）

名称	规格		主要用途	注意事项
称量瓶 （见图 2-15）	外径/mm × 瓶高/mm		①用于称量或烘干样品、基准物质。 ②测定固体样品中的水分。	①平时要洗净烘干（但不能盖紧瓶盖烘烤）、存放在干燥器中，以备随时使用。 ②磨口塞要保持原配。 ③称量时不要用手直接拿取，应用洁净纸带或棉纱手套。
	高型	25×25、25×40、30×50、30×60、35×70、40×70		
	扁型 （矮型）	40×25、50×30、60×30、70×30		
水样瓶 （见图 2-16）	容量/mL		采集水样或其他液体样品。	不能盛取热溶液。
	250			
漏斗 （见图 2-17）	上口直径/mm		①加液、一般过滤。 ②重量分析中用于过滤沉淀。 ③过滤胶体沉淀。	①选择漏斗大小应以沉淀量为依据。 ②滤纸铺好后应低于漏斗上边缘 5 mm。 ③倾入的溶液一般不超过滤纸高度的 3/4。 ④可过滤热溶液，但不能用火直接加热。
	短颈 管长 90、120 mm	40、55、60、80、100、120		
	长颈 管长 150 mm	45、55、60、80、100、120		
	波纹 锥体均为 60°	45、55、60、80、100、120		
分液漏斗 （见图 2-18）	容量/mL		①用于分离两种互不相溶的液体。 ②用于萃取分离和富集；制备反应中用于向密闭的反应器中加液（一般用球形或滴液漏斗）。	①活塞上要涂凡士林，使之转动灵活，密合不漏。 ②旋塞、活塞必须保持原配。 ③长期不用时，在磨口处需垫一纸条。
	球形 （长颈）	60、125、250、500、1 000		
	梨形 （短颈）	60、125、250		
	筒形 （长、短颈）	60、125、250、500、1 000		
烧结（多孔）过滤器 （见图 2-19）	容量/mL		和抽滤装置配套使用；重量分析中用于过滤沉淀。	①必须用抽滤装置。 ②应根据沉淀性质选用不同的孔径。 ③不能过滤氢氟酸、强碱等。 ④不能骤冷骤热。 ⑤用毕后要及时清洗。
	烧结过滤坩埚或玻璃砂（滤）坩埚	10、20、30		
	烧结过滤漏斗或玻璃砂（滤）漏斗	10、30、60、100、250、500		
抽滤瓶 （见图 2-20）	容量/mL		在抽滤时用于承接滤液。	①能耐负压，但不能加热。 ②安装时，漏斗颈口离抽气嘴尽量远些。
	100、250、500、1 000、2 500、5 000			

（续上表）

名称	规格		主要用途	注意事项
水压真空泵（又名水流泵、抽气管，俗名水抽子）（见图2-21）	全长/mm		安装在自来水龙头上作为真空泵。真空度可达130～400Pa。用于抽滤和减压蒸馏。	①用厚壁胶管接在水龙头上，用铅丝绑紧。②如用于减压蒸馏，应于抽气管与实验装置间串接安全瓶；瓶上有活塞。③停止抽气后，应先放气后关水。
	艾氏	245		
	孟氏	230		
	改良式	305		
干燥器（保干器）附磁板（有无色、棕色两种）（见图2-22）	上口直径/mm		内盛干燥剂（如硅胶、氯化钙等），用于保持物料、器皿的干燥；也可用于干燥少量制备的产品。	①盖子与器体的磨砂口上要涂凡士林，保证密封。②打开或盖上盖子时，要沿水平方向推动，取下的盖子要仰放。③搬动时要用双手端，且要按住盖子。④不可将红热的物体放入。⑤盛放热的物体后要经常开盖以免盖子跳起。
	常压干燥器	100、150、180、210、240、300		
	真空干燥器	100、150、180、210、240、300		
表面皿（见图2-23）	直径/mm		液体加热时，可作为容器的盖子，也可直接作为容器使用。	不能直接加热。
	45、65、75、90、100、125、150			
微表面皿	20			
洗瓶（见图2-24）	容量/mL		喷注细股水，用于洗涤仪器和沉淀。	①塑料洗瓶使用更方便、卫生。②也可用锥形瓶、平底烧瓶自制。
	玻璃	250、500		
	塑料	250、500		
胶帽滴管（见图2-25）	外径/mm	8	吸取、滴加少量液体	不能将液体吸入胶帽中。
	长度/mm	100		
冷凝管（见图2-26）	外套	管有效冷凝长度/mm	将蒸汽冷凝为液体	
	直形	150、200、300、400	冷凝效率低。	可直立或倾斜使用。
	球形	200、300、400、500	冷凝效率高。	宜直立使用。
	蛇形	300、400、500、600	冷凝效率最高。	只能直立使用。
	直形回流	200、300、400	回流。	
比色管（见图2-27）	容量/mL		用于目视比色分析。	①不能加热，要保持管壁，尤其是管底的透明度。②成套使用，有6支、12支两种。
	50、100			

（续上表）

名称	规格		主要用途	注意事项
吸收管 （见图2－28）	全长/mm		用于吸收富集气体样品中的待测物质。	①通过气体的流量要适当。 ②磨口塞要原配。 ③不能直接加热。
	173、233，烧结（多孔）吸收管185，滤片1#			
（玻璃质）研钵 （见图2－29）	直径/mm		用于研磨固体试剂及试样等。	①不能撞击。 ②不能烘烤。 ③不能研磨与玻璃作用的物质。
	60、75、90、120、150、180			
	厚料制成，内底及杆均匀磨砂			
标准磨口组合仪器	磨口表示方法		用于在有机化学反应及有机半微量分析中进行有机物制备、分离及测定。	①磨口处不需要涂凡士林。 ②安装时不可受歪斜压力。 ③要按所需装置配齐购置。
	（上口内径/磨面长度）/mm，长颈系列 10/19、14.5/23、19/26、24/29、29/32			

注：表中"规格"一栏，除有特别说明外，都是指体积。

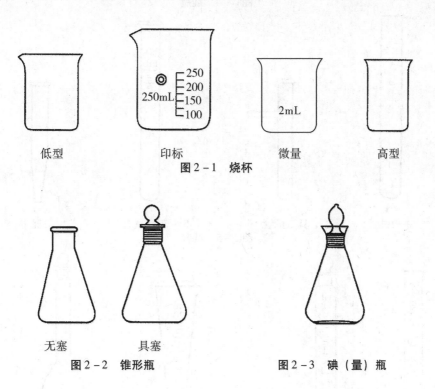

图2－1　烧杯

（低型　印标　微量　高型）

图2－2　锥形瓶

（无塞　具塞）

图2－3　碘（量）瓶

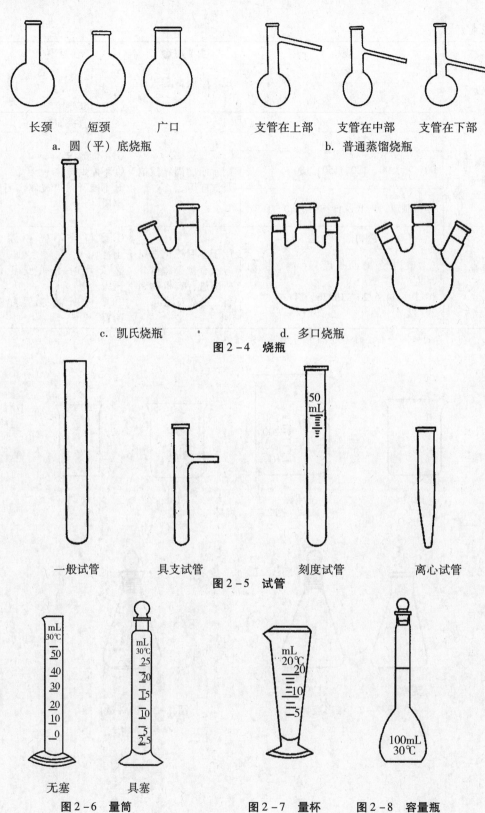

长颈　　　短颈　　　广口　　　　　支管在上部　支管在中部　支管在下部

a. 圆（平）底烧瓶　　　　　　　　　b. 普通蒸馏烧瓶

c. 凯氏烧瓶　　　　　　d. 多口烧瓶

图2-4　烧瓶

一般试管　　　　具支试管　　　　刻度试管　　　　离心试管

图2-5　试管

无塞　　　　　具塞

图2-6　量筒　　　　　图2-7　量杯　　图2-8　容量瓶

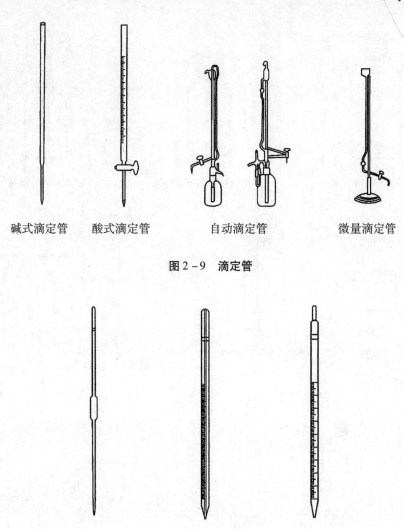

碱式滴定管　　酸式滴定管　　　自动滴定管　　　微量滴定管

图 2-9　滴定管

无分度移液管　　　直管式吸量管　　　上小直管式吸量管

图 2-10　移液管和吸量管

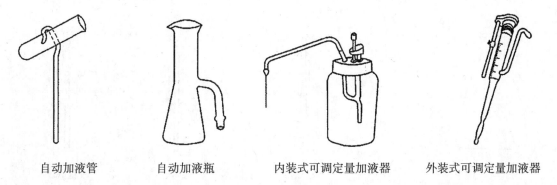

自动加液管　　　自动加液瓶　　　内装式可调定量加液器　　外装式可调定量加液器

图 2-11　自动加液器

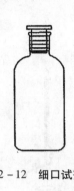
图 2 - 12　细口试剂瓶

图 2 - 13　广口试剂瓶

图 2 - 14　滴瓶

高型　　　　　扁型

图 2 - 15　称量瓶

图 2 - 16　水样瓶

短颈　　　　长颈　　　　　波纹

图 2 - 17　漏斗

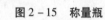

球形　　　　　梨形　　　　　筒形

图 2 - 18　分液漏斗

烧结过滤坩埚　　　烧结过滤漏斗

图 2 - 19　烧结（多孔）过滤器

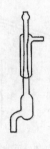

艾氏　　　　　孟氏　　　　改良式

图 2 - 20　抽滤瓶

图 2 - 21　水压真空泵

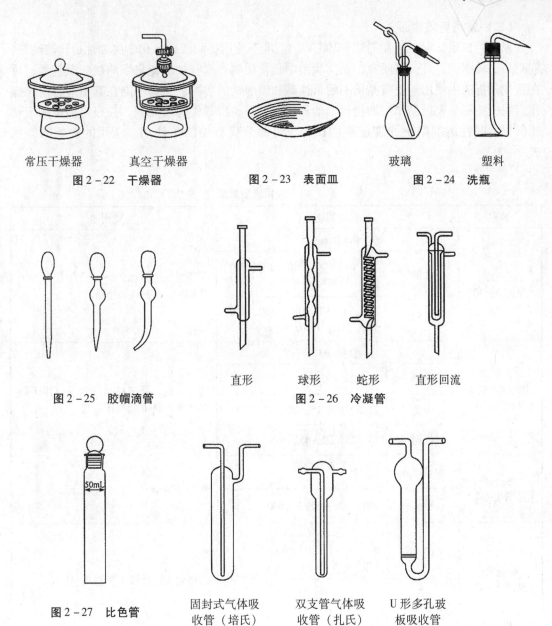

常压干燥器　　　　真空干燥器
图 2 - 22　干燥器

图 2 - 23　表面皿

玻璃　　　　塑料
图 2 - 24　洗瓶

图 2 - 25　胶帽滴管

直形　　球形　蛇形　直形回流
图 2 - 26　冷凝管

图 2 - 27　比色管

固封式气体吸　　双支管气体吸　　U形多孔玻
收管（培氏）　　收管（扎氏）　　板吸收管

图 2 - 28　吸收管

图 2 - 29　（玻璃质）研钵

（二）常用瓷质器皿

瓷质器皿耐高温，可在高达 1 200 ℃的温度下使用，耐酸碱，化学腐蚀性也比玻璃好，瓷质品比较牢固，且价格便宜，在实验室中经常用到。涂有釉的瓷坩埚灼烧失重甚微，可在重量分析法中使用。瓷质品均不耐苛性碱和碳酸钠的腐蚀，尤其不能在其中进行熔融操作。用一些不与瓷质品作用的物质，如氧化镁、石墨炭等作为填充剂，在瓷坩埚中用定量滤纸包住碱性熔剂熔融处理硅酸盐试样，可部分代替铂制品使用。常用的瓷质器皿见表 2－2：

表 2－2　常用瓷质器皿

名称	常用规格		主要用途
蒸发皿 （见图 2－30）	体积/mm		①蒸发浓缩液体。 ②700 ℃以下灼烧物料。
	无柄	35、60、100、150、200、300、500、1 000	
	有柄	30、50、80、100、150、200、300、500、1 000	
坩埚（有盖） （见图 2－31）	容量/mL		灼烧沉淀，处理样品（高型可用于隔绝空气条件下处理样品）。
	高型	15、20、30、50	
	中型	2、5、10、15、20、50、100	
	低型	15、25、30、45、50	
燃烧管 （见图 2－32）	内径/mm	5～90	燃烧法测定 C、H、S 等元素。
	长/mm	400～600、600～1 000	
燃烧舟 （见图 2－33）	长×宽×高/mm		试样放入燃烧管中进行高温反应。
	长方形	60×30×15、90×60×17、120×60×18	
	船形	长度/mm	
		72、77、85、95	
研钵 （见图 2－34）	直径/mm		研磨固体物料（但绝不许研磨 K_2CrO_4 等强氧化剂），研磨时不得敲击。
	普通型	60、80、100、150、190	
	深型	100、120、150、180、205	
点滴板 （分黑、白两色） （见图 2－35）	孔数		定性点滴试验：白色点滴板用于有色沉淀；黑色点滴板用于白色、浅色沉淀。
	6、12		

（续上表）

名称	常用规格		主要用途
布氏漏斗 （见图2-36）	外径/mm		漏斗中铺滤纸，以抽滤物料。
	51、67、85、106、127、142、171、213、269		
白瓷板 （见图2-37）	长×宽×厚/mm		滴定分析时垫于滴定台上，有利于观察颜色的变化。
	152×152×5		

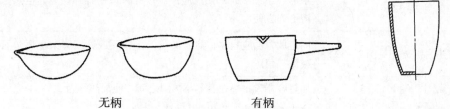

无柄　　　　　　　有柄

图2-30　蒸发皿　　　　　　　　　图2-31　坩埚

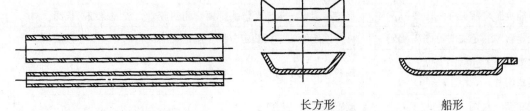

长方形　　　　船形

图2-32　燃烧管　　　　　　　　图2-33　燃烧舟

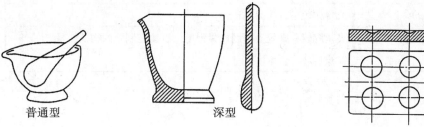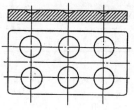

普通型　　　　　深型

图2-34　研钵　　　　　　　　　图2-35　点滴板

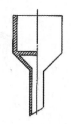

图2-36　布氏漏斗　　　　　图2-37　白瓷板

（三）常用器具和器材

为了配合玻璃仪器的使用以及进行日常维修，实验室还必须配置一些器具、器材和工具，现分别列于表2-3至表2-7：

表2-3　常用器具

名称	用途
水浴锅（见图2-38）	水浴（或油浴）加热反应器皿，有时可用烧杯代替，电热恒温水浴更为方便。
铁架台和铁三脚架（见图2-39）	固定放置反应容器，如要加热，在铁环或铁三脚架上要垫石棉网或泥三角。
石棉网（见图2-40）	加热容器时，垫在容器与热源之间，使加热均匀。
泥三角（见图2-41）	灼烧坩埚时放置坩埚。
坩埚钳（见图2-42）	夹取灼热的坩埚。在实验台上放置时，钳口尖端向上。
双顶丝（见图2-43）	把万能夹、烧瓶夹等固定在铁架台上。
万能夹和烧瓶夹（见图2-44）	夹持冷凝管、烧瓶等。头部要套耐热胶管，或缠绕细石棉绳。
滴定台和滴定夹（见图2-45）	夹持滴定管，进行滴定分析。滴定夹的夹持部分应套一段胶管。
移液管（吸量管）架（有竖式、横式两种）（见图2-46）	放置各种规格的移液管（吸量管）。
漏斗架（见图2-47）	放置漏斗进行过滤。
试管架（有木制、铝制两种）（见图2-48）	放置试管。
比色管架（见图2-49）	放置比色管，作目视比色。
螺旋夹和弹簧夹（见图2-50）	夹紧胶管；螺旋夹可调松紧程度，以便控制管内物的流量。
打孔器（见图2-51）	在橡皮塞、软木塞上打孔。

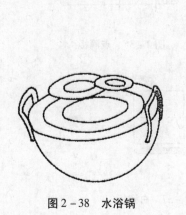

图2-38　水浴锅

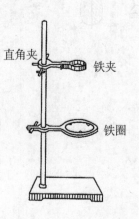

图2-39　铁架台和铁三角架

（直角夹、铁夹、铁圈为图中标注）

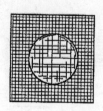

图 2-40　石棉网

图 2-41　泥三角

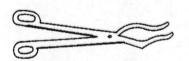

图 2-42　坩埚钳

图 2-43　双顶丝

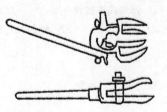

图 2-44　万能夹和烧瓶夹

图 2-45　滴定台和滴定夹

竖式

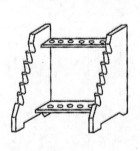

横式

图 2-46　移液管（吸量管）架

图 2-47　漏斗架

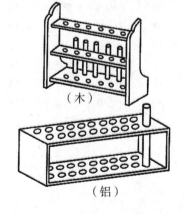

（木）

（铝）

图 2-48　试管架

图 2-49　比色管架

弹簧式橡皮管夹

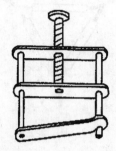
螺旋式橡皮管夹

图 2-50　螺旋夹和弹簧夹

打孔器

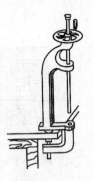
手摇打孔器

图 2-51　打孔器

表 2-4　通用白胶塞、软木塞的规格

单位：mm

编号	白胶塞				软木塞		
	大端直径	小端直径	轴向高度	估算质量	大端直径	小端直径	轴向高度
000	12.5	8	17	588 个/千克			
00	15	11	20	277 个/千克			
0	17	13	24	151 个/千克			
1	19	14	26	115 个/千克	15	12	15
2	20	16	26	100 个/千克	16	13	15
3	24	18	26	74 个/千克	18	14	15
4	26	20	28	55 个/千克	19	15	15
5	27	23	28	47 个/千克	21	17	17
6	32	26	28	35 个/千克	23	19	19
7	37	30	30	26 个/千克	24	20	19
8	41	33	30	49.5 个/千克	26	22	25
9	45	37	30	59.4 个/千克	28	24	26
10	50	42	32	80 个/千克	30	24	30
11	56	46	34	110 个/千克	32	26	30
12	62	51	36	142 个/千克	34	27	30
13	69	55	38	176 个/千克	36	28	30
14	75	62	39	230 个/千克	38	30	30
15	81	68	40	275 个/千克	38	30	36

表 2-5 橡胶管的规格

单位：mm

普通橡胶管				医用乳胶管	
外径	壁厚	外径	壁厚	外径	内径
8	1.5	25	3	6	4
12	2	29	3.5	7	5
14	2.25	32	3.5	9	6
17.5	2.25	40	4		
21	2.5	48	5		

表 2-6 常用毛刷的名称和规格

单位：mm

名称	全长	毛长	直径	名称	全长	毛长	直径
试管刷	160	60	10	瓶刷	500	130	90
	230	75	13		700	150	100
	250	80	14	滴定管刷	600	120	10
	250	80	18		600	120	12
	230	75	19		850	120	15
	250	80	22		850	120	22
	240	75	25	离心管刷	150	40	15
	250	100	32		200	50	20
烧杯刷	170		27	吸管刷	420	115	6
	210		30		420	120	4
三角瓶刷	180	60	60	拉管刷	850	150	15
	220	80	80		800	150	15
	240	100	100		850	160	20
	260	120	120		820	150	15
瓶刷	300	90	90		870	150	15

表2-7 常用维修工具的名称和规格

单位：mm

名称	规格	名称	规格
台钳	钳口宽 65	什锦锉	8件或12件（套）
克丝钳	长 150、200	扳手	8件或12件（套）
尖嘴钳	长 150	锤子	质量0.5 kg
扁嘴钳	长 150	钢卷尺	2 m
活扳手	长 300、250、150、100 开口宽 36、30、19、14	调解式 钢锯条	钢锯架 长 300
螺丝刀	平头 75、100、150 十字 70、100、150	电烙铁 电工刀	内热式 25w、75w
锉刀	形式 扁锉、圆锉、半圆锉、三角锉、木锉 长度 150、200	剪刀 验电笔 万用电表	

二、玻璃仪器的洗涤

仪器洗涤是一项很重要的工作。仪器洗得是否合格，会直接影响分析结果的可靠性与准确度。洗涤后的仪器必须达到倾去水后器壁不挂水珠的程度。

（一）一般玻璃仪器的洗涤

洗涤任何玻璃仪器之前，一定要先将仪器内原有的试液倒掉，然后再按下述步骤进行洗涤。

（1）用水洗。根据仪器的种类和规格，选择合适的刷子蘸水涮洗，或用水摇动（必要时可加入滤纸碎片），洗去灰尘和可溶性物质。

（2）用洗涤剂洗。该步骤用于一般玻璃仪器，如烧杯、锥形瓶、试剂瓶、量筒、量杯等的洗涤。其方法是用毛刷蘸取低泡沫的洗涤剂用力摇动或用刷子反复涮洗，然后用自来水冲洗。当倾去水后，如达到器壁上不挂水珠，则用少量蒸馏水或去离子水分多次（至少3次）淋洗，洗去所沾的自来水，即可（或干燥后）使用。

（3）用洗涤液洗。该步骤用于无法用刷子涮洗的异形仪器，如冷凝管这种不宜用刷子涮洗的容量仪器，又如移液管、滴定管、容量瓶等，以及用上述方法不能洗净的玻璃仪器。若用上述方法已洗至器壁不挂水珠，此步骤可省略。其方法是将洗涤液倒入仪器内进行涮洗或浸泡一段时间，回收洗涤液后用自来水冲洗干净。在选用洗涤液时应根据污物的性质，选用相宜的洗涤，在洗涤时应注意，若要换用另一种洗涤液进行洗涤时，一定要除尽前一种洗液，以免两种洗涤液相互作用，降低洗涤效果，甚至生成更难洗涤的物质。用洗涤液洗涤后，仍需先用自来水冲洗，洗去洗涤液，再用蒸馏水淋洗，除尽自来水，控干备用。

（4）用专用有机溶剂洗。用上述方法不能洗净的油或油类物质，可用适当的有机溶剂溶解去除。

洗涤玻璃仪器的一般步骤为：①用自来水冲洗；②用洗涤液（剂）洗涤；③用自来水冲洗；④用少量蒸馏水淋洗（至少三次），直至仪器器壁不挂水珠，无干痕。

（二）烧结（玻璃砂）过滤器的洗涤

玻璃砂（滤）坩埚、玻璃砂（滤）漏斗及其他玻璃砂芯滤器，由于滤片上的孔隙很小，极易被灰尘、沉淀物等堵塞，又不能用毛刷涮洗，需选用适宜的洗涤液浸泡抽洗，最后再用自来水、蒸馏水冲洗干净。

（三）有特殊要求的仪器的洗涤

有些实验对仪器的洗涤有特殊要求，在用上述方法洗净后，还需作特殊处理。例如微量凯氏定氮仪，每次使用前都需用蒸汽处理 5 min 以上，以除去仪器中的空气。

某些痕量分析用的仪器要求洗去极微量的杂质离子。因此，洗净的仪器还要以优级纯的 1∶1 HNO_3 浸泡几十个小时，然后再依次用自来水、二次去离子水洗干净；有时则需在高温下洗净。

三、玻璃仪器的干燥

不同的分析操作，对仪器是否干燥有不同的要求，有时可以是带水的，有时则要求是干燥的。所以，应根据实验要求采用不同的方法来干燥仪器。常用的干燥方法见表 2 - 8：

表 2 - 8　玻璃仪器的干燥方法

干燥方法	操作要领	注意事项
晾干	对于不急需使用、要求一般干燥的仪器，洗净后倒置，控去水分，自然晾干。	
烘干	要求无水的仪器在烘箱中于100℃ ~120℃烘干 1h。	①干燥厚壁仪器和实心玻璃塞，要缓慢升温。②烘干后的仪器一般应在干燥器中保存。③量器类仪器不得用烘干法烘干。
吹干	对急需使用、要求干燥的仪器，控净水后依次用乙醇、乙醚荡洗几次，然后用吹风机按热、冷风顺序吹干。	①溶剂要回收。②注意室内通风，防火、防毒。
烤干	对急需用的试管，管口向下倾斜，用火焰从管底处依次向管口烘烤	只适用于试管。

四、化学试剂的取用

化学试剂是生产、科学研究等部门用来检测物质组成、性质及其质量优劣的纯度较高的化学物质，也是制造高纯度产品及特种性能产品的原料或辅助材料。化验室的日常工作

经常要接触到化学试剂，因此，了解化学试剂的分类、规格、性质及使用知识是很有必要的。

（一）化学试剂的分类和规格

化学试剂按其用途可分为通用试剂、基准试剂和生物染色剂。国家标准或部颁标准规定了各级化学试剂的纯度及杂质含量，并规定了标准分析方法。

1．化验室中最常见的化学试剂的类型

（1）基准试剂：是一类用于滴定分析中标定标准滴定溶液的标准参考物质，可作为滴定分析中的基准物用，也可精确称量后直接配制已知浓度的标准溶液。主成分含量一般在99.95%～100.00%，杂质含量略高于优级纯或和优级纯相当。

（2）优级纯：成分高，杂质含量低，主要用于精密的科学研究和测定工作。

（3）分析纯：质量略低于优级纯，杂质含量略高，用于一般的科学研究和重要的分析测定工作。

（4）化学纯：质量低于分析纯，用于工厂、教学实验的一般分析工作。

（5）实验试剂：杂质含量较多，但比工业品纯度高，主要用于普通的实验或研究。

2．化学试剂的标志

国家标准 GB 15346—94 "化学试剂包装及标志"规定，用下列颜色标记通用试剂等级及门类（其他类别的试剂不得使用下述颜色）：

优级纯（G. R.）	深绿色
分析纯（A. R.）	金光红色
化学纯（C. P.）	中蓝色
基准试剂	深绿色
生物染色剂	玫红色

近年来，由于化学试剂的品种、规格越来越多，其他规格的试剂包装颜色各异，所以应根据文字或符号来识别化学试剂的等级。在文献资料中和进口化学试剂的标签上，国外的等级与我国现行等级不太一致，要注意区分。

除上述化学试剂外，"高纯试剂"又可细分为超纯、特纯、高纯、光谱级及纯度99.99%以上的试剂。这一类化学试剂主成分含量可达4个"9"（99.99%）到6个"9"不等。光谱纯试剂杂质含量用光谱分析法已测不出或低于某一限度，主要用来作为光谱分析中的标准物质或作配制标样的基体，一般价格较贵。

分光光度纯的试剂要求在一定波长范围内无干扰物质或很少干扰物质。

在"色谱试剂与制剂"一类中，包括色谱分析用的固定相、固定液、标样、单体等。要注意，"色谱试剂"是指使用范围，而"色谱纯"或"色谱标准物质"是指用于色谱分析的标准物质，其杂质含量用色谱分析法检测不出或低于某一限度，它的纯度要求很高，价格也较贵。

我国化学试剂属于国家标准的附有 GB 或 GB/T 代号，属于化学工业部的附有 HG 代号，没有国家统一标准的产品应根据企业要求提出参考标准。

（二）化学试剂的包装和选用

试剂的包装单位是指每个包装容器内盛装化学试剂的净质量（固体）或体积（液

体）。包装单位的大小由化学试剂的用途和经济价值决定。

我国规定化学试剂以下列五类包装单位包装：

第一类：0.1 g、0.25 g、0.5 g、1 g、5 g 或 0.5 mL、1 mL；

第二类：5 g、10 g、25g 或 5 mL、10 mL、25mL；

第三类：25 g、50 g、100 g 或者 25 mL、50 mL、100 mL，如以安瓿包装的液体化学试剂增加 20 mL 包装单位；

第四类：100 g、250 g、500 g 或者 100 mL、250 mL、500 mL；

第五类：500 g、1～5 kg（每 0.5 kg 为一间隔），或 500 mL、1 L、2.5 L、5 L。

应根据实验的不同要求选用不同级别的化学试剂，纯度高、杂质含量少的试剂因制造或提纯过程复杂，价格较高。在进行痕量分析时要选用高纯或优级纯试剂，以降低空白值和避免杂质干扰；作仲裁分析或试剂检验等工作应选用优级纯或分析纯试剂；一般车间控制分析可选用分析纯或化学纯试剂；某些制备实验、冷却浴或加热浴用的药品可选用实验试剂或工业品。

（三）化学试剂的取用方法

化学试剂一般在准备实验时分装，把固体试剂装在易于取用的广口瓶中；液体试剂或配制成的溶液则盛放在易于倒取的细口瓶或带有滴管的滴瓶中；见光易分解的试剂（如硝酸银等）则应盛放在棕色瓶中。每一试剂瓶上都应贴上标签，上面写明试剂的名称、浓度（若为溶液时）和日期。为防止标签被腐蚀导致标识不清，在标签外面涂一层薄蜡来保护标签。

1. 固体试剂的取用规则

（1）打开瓶盖，注意瓶盖不能乱放，以免混淆。

（2）用干净的试剂勺取试剂。用过的试剂勺必须洗净并擦干后才能再取用其他试剂，以免玷污试剂。

（3）取出试剂后应立即盖紧瓶盖，千万不能盖错瓶盖。

（4）称量固体试剂时，必须注意不要多取，多取的试剂不能放回原瓶，可放在指定容器中供他人使用。

（5）一般的固体试剂可以在干净光滑的纸或表面皿上称量；具有腐蚀性强氧化性或易潮解的固体试剂不能在纸上称量，不准使用滤纸来盛放称量物进行称量。

（6）有毒试剂要在教师指导下取用。

有关固体试剂的取用操作见图 2 - 52：

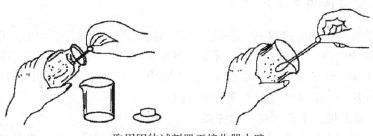

取用固体试剂置于接收器内壁

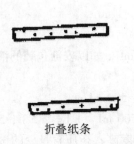
折叠纸条

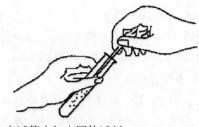
向试管中加入固体试剂

图 2 - 52　固体试剂的取用

2．液体试剂或溶液的取用规划

（1）从滴瓶中取用液体试剂时，滴管绝不能触及所使用的容器器壁，以免玷污。滴管放回原瓶时不要放错。不能用自己的滴管到试剂瓶中取用试剂。

（2）取用细口瓶中的液体试剂时，先将瓶塞反放在桌面上，不要错误放置。把试剂瓶上贴有标签的一面握在手心中，逐渐倾斜试剂瓶，倒出试液（见图 2 - 53）。取出所需量后，逐渐竖起瓶子，把瓶口剩余的一滴试液碰到接收器（试管或烧杯）中去，以免液滴沿着瓶子外壁流下。盖瓶盖时不要盖错。

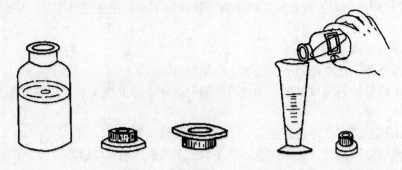
瓶盖倒置　　错误放置　　沿接收器内壁倒出液体
图 2 - 53　液体试剂（液称）的取用

（3）定量使用时可根据要求使用量筒（杯）或移液管。多取的溶液不能倒回原瓶，可倒入指定容器内供他人使用。

五、实验室常用的洗涤液（剂）

在进行实验及分析测定过程中，必须使用洁净的仪器，否则仪器中的杂质会影响实验的进行及测定的准确性。所以，对实验所用的各种仪器必须洗涤干净，洗涤是最基本也是最重要的一项工作，在实验前一定要做好。实验室中用于洗涤各种仪器的洗涤液（剂）种类很多，最常使用的是合成洗涤剂和铬酸洗涤液。

（一）实验室常用洗涤液（剂）的种类

在实验中，仪器会沾上不同种类的污物，污物的性质不同，在洗涤时所用的洗涤液

（剂）也不同，每一种洗涤液都有其一定的使用范围，有的洗涤液（剂）则是专用的，没有哪一种洗涤液（剂）能洗涤所有的污物。所以在洗涤玻璃仪器时，应选择合适的洗涤液（剂）进行洗涤。实验室常用的洗涤液（剂）种类及用途见表2-9和表2-10：

表2-9 常用洗涤液（剂）

洗涤液（剂）名称	配制方法	用途和用法	注意事项
铬酸洗涤液	称20 g工业重铬酸钾，加40 mL水，加热溶解。冷却后，沿玻璃棒慢慢加入360 mL浓硫酸，边加边搅拌，冷却后，转移至试剂瓶中备用	①用于洗涤一般油污，用途最广 ②可浸泡	①有强腐蚀性，防止烧伤皮肤和衣物 ②用毕回收，可反复使用。贮存时瓶塞要盖紧，以防吸水失效 ③该液转变成绿色则失效
碱性乙醇洗涤液	6 g氢氧化钠溶于6 g水中，加入50 mL 95%乙醇，装瓶	①用于洗涤油脂、焦油和树脂 ②浸泡、涮洗	①贮于胶塞瓶中，久贮易失效 ②防止挥发，防火
碱性高锰酸钾洗涤液	4 g高锰酸钾溶于少量水中，加入10g氢氧化钠，再加水至100 mL，装瓶	用于洗涤油污、有机浸泡物	浸泡后器壁上会残留二氧化锰棕色污迹，可用盐酸洗去
磷酸钠洗涤液	57 g磷酸钠、28.5 g油酸钠溶于470 mL水中，装瓶	①用于洗涤碳的残留物 ②浸泡、涮洗	浸泡数分钟后再涮洗
硝酸—过氧化氢洗涤液	15%~20%硝酸加等体积的5%过氧化氢	特殊难洗的化学污物	久存易分解，应现用现配；存于棕色瓶中
碘—碘化钾	1 g碘和2 g碘化钾混合研磨，溶于少量水中，再加水至100 mL	用于洗涤硝酸银的褐色残留污物	
有机溶剂	如苯、乙醚、丙酮、酒精、二氯乙烷、氯仿等	用于洗涤油污，可溶于该溶剂的有机物	①有毒性、可燃性 ②用过的废溶剂应回收，蒸馏后仍可继续使用

表2-10 洗涤砂芯滤器的洗涤液（剂）

沉淀物名称	有效洗涤液（剂）	用法
新滤器	热HCl，铬酸洗涤液	浸泡、抽洗
氯化银	1:1氨水、10%亚硫酸钠	先浸泡再抽洗
硫酸钡	浓硫酸，或500 mL 3% EDTA +100 mL浓氨水混合液	浸泡、蒸煮、抽洗

（续上表）

沉淀物名称	有效洗涤液（剂）	用法
汞	热、浓硝酸	浸泡、抽洗
氧化铜	热的氯酸钾与盐酸	浸泡、抽洗
有机物	热铬酸洗涤液	抽洗
脂肪	四氯化碳	浸泡、抽洗，再换洁净的四氯化碳抽洗

（二）实验室常用洗涤液（剂）的使用

1. 合成洗涤剂
2. 铬酸洗涤液

第二节　标准溶液的配置及保存

一、一般规定

（1）所用试剂的纯度应在分析纯以上，所用制剂及制品应按 GB/T 603—2002 的规定制备，实验用水应符合 GB/T 6682—1992 中三级水的要求。

（2）标准滴定溶液的浓度，除高氯酸外，均指 20℃时的浓度，在标准滴定液标定、直接制备和使用时，若温度有差异，按 GB/T601—2002 附录 A 补正。在标准滴定溶液标定、直接制备和使用时所用分析天平、砝码、滴定管、容量瓶及吸管等均需定期校正。工作中所用分析天平、砝码、滴定管、容量瓶及移液管均需定期校正。

（3）制备的标准溶液浓度与规定浓度之差不得超出 5%。

（4）在标定和使用标准滴定溶液时，滴定速度一般应保持在 6～8 mL/min（120～160 滴/分钟）。

（5）称量基准试剂的质量的数值小于 0.5 g 时，按精确至 0.01 mg 称量；数值大于 0.5 g 时，按精确至 0.1 mg 称量。

（6）标定标准滴定溶液的浓度时，需两人进行实验，每人做四个平行实验，且四个平行实验测定结果极差的相对值不得大于重复性临界极差的相对值的 0.15%，两人八个平行的验测定结果极差的相对值不得大于重复性临界极差的相对值的 0.18%，取两人八个平行试验测定结果的平均值为测定结果。注意，在运算过程中，保留五位有效数字，浓度值的报出结果取四位有效数字。

（7）标定时所用的基准试剂为工作基准试剂标定标准滴定溶液的浓度，当对标准滴定溶液浓度值的准确度有更高要求时，可以使用二级纯度标准物质或定值标准物质代替工作基准试剂进行标定或直接制备，并在计算标准滴定溶液浓度值时，将其质量分数代入计算公式中；制备标准溶液时所用的试剂为分析纯以上试剂。

（8）标准滴定溶液的浓度小于等于 0.02 mol/L 时，应于临用前将高浓度的标准滴定溶液用煮沸并冷却的水稀释,必要时重新标定。

(9)除另有规定外,标准滴定溶液在常温(15℃~25℃)下保存时间一般不超过两个月。当溶液出现浑浊、沉淀、颜色变化等现象时,应重新配制。

(10)储存标准滴定溶液的容器,其材料不应与溶液发生反应,壁厚最薄处不小于0.5 mm。

二、标准滴定溶液的配制与标定

(一)高锰酸钾标准滴定溶液,C(1/5 KMnO$_4$)=0.1 mol/L

1. 配制

称取3.3 g高锰酸钾,溶入1 050 mL水中,煮沸15 min,于暗处放置两周,用处理过的4号微孔玻璃漏斗过滤,储存于棕色瓶中,标定其浓度。(玻璃滤锅的处理是指玻璃滤锅在同样浓度的高锰酸钾溶液中缓缓煮沸5 min)。

2. 标定

精确称取105℃~110℃电烘箱中干燥至恒重的基准草酸钠0.25 g,加入100 mL硫酸溶液(8mL+92mL)使之溶解,用配制好的高锰酸钾溶液滴定,近终点时加热至65℃,继续滴定至溶液呈粉红色,并保持30 s不褪色。同时做空白试验。

高锰酸钾标准滴定溶液的浓度C(1/5 KMnO$_4$),数值以摩尔每升(mol/L)表示,按下式计算:

$$C(1/5\ \mathrm{KMnO_4}) = \frac{m \times 1\ 000}{V_1 V_2 M}$$

式中:

m——基准草酸钠的质量的准确数值,单位为g;

V_1——高锰酸钾溶液的体积的数值,单位为mL;

V_2——空白试验高锰酸钾溶液的体积的数值,单位为mL;

M——基准草酸钠的摩尔质量的数值,单位为g/mol。

(二)草酸标准滴定溶液,C(1/2 H$_2$C$_2$O$_4$)=0.1 mol/L

1. 配制

称取6.4 g草酸(H$_2$C$_2$O$_4$·2 H$_2$O),溶于1 000 mL水中,摇匀。

2. 标定

量取30~35 mL配制好的草酸溶液,加入100 mL硫酸溶液(8 mL+92 mL),用高锰酸钾标准滴定溶液[C(1/5 KMnO$_4$)=0.1 mol/L]滴定,近终点时加热至65℃,继续滴定至溶液呈粉红色,并保持30 s。同时做空白试验。

草酸标准滴定溶液的浓度C(1/2 H$_2$C$_2$O$_4$),数值以摩尔每升(mol/L)表示,按下式计算:

$$C(1/2\ \mathrm{H_2C_2O_4}) = \frac{V_1 V_2}{V} C_1$$

式中:

V_1——高锰酸钾标准滴定溶液的体积的数值,单位为mL;

V_2——空白试验高锰酸钾标准滴定溶液的体积的数值，单位为 mL；

C_1——高锰酸钾溶液的浓度，单位为 mol/L；

V——草酸溶液的体积的准确数值，单位为 mL。

（三）氢氧化钠标准滴定溶液，C（NaOH）= 0.1 mol/L

1. 配制

称取 110 g 氢氧化钠，溶于 100 mL 无二氧化碳的水中，摇匀，注入聚乙烯容器中，密闭放置至溶液清亮。用塑料管虹吸 5.4 mL 的上层清液，用无二氧化碳的水稀释至 1 000 mL，摇匀。

2. 标定

称取 0.75 g 于 105℃～110℃电烘箱中干燥至恒重的基准邻苯二甲酸氢钾，加无二氧化碳的水溶解，加 2 滴酚酞指示液（10 g/L），用配制好的氢氧化钠溶液滴定至溶液呈粉红色，并保持 30 s。同时做空白试验。

氢氧化钠标准滴定溶液的浓度 C（NaOH），数值以摩尔每升（mol/L）表示，按下式计算：

$$C(\text{NaOH}) = \frac{m \times 1\,000}{V_1 V_2 M}$$

式中：

m——基准邻苯二甲酸氢钾的质量的准确数值，单位为 g；

V_1——氢氧化钠溶液的体积的数值，单位为 mL；

V_2——空白试验氢氧化钠溶液的体积的数值，单位为 mL；

M——基准邻苯二甲酸氢钾的摩尔质量的数值，单位为 g/mol。

（四）盐酸标准滴定溶液，C（HCl）= 0.1 mol/L

1. 配制

取 9 mL 盐酸，注入 1 000 mL 水中，摇匀。

2. 标定

称取 0.2 g 于 270℃～300℃高温炉中灼烧至恒重的基准无水碳酸钠，溶于 50 mL 水中，加 10 滴溴甲酚绿 – 甲基红混合指示液，用配制好的盐酸溶液滴定至溶液由绿色变为暗红色，煮沸 2 min。冷却后继续滴定至溶液再呈暗红色。同时做空白试验。

盐酸标准滴定溶液的浓度 C（HCl），数值以摩尔每升（mol/L）表示，按下式计算：

$$C(\text{HCl}) = \frac{m \times 1\,000}{V_1 V_2 M}$$

式中：

m——基准无水碳酸钠的质量的准确数值，单位为 g；

V_1——盐酸溶液的体积的数值，单位为 mL；

V_2——空白试验盐酸溶液的体积的数值，单位为 mL；

M——基准无水碳酸钠的摩尔质量的数值，单位为 g/mol。

（五）硫代硫酸钠标准滴定溶液，C（Na$_2$S$_2$O$_3$）= 0.1mol/L

1. 配制

称取 26 g 硫代硫酸钠（Na$_2$S$_2$O$_3$·5H$_2$O）（或 16 g 无水硫代硫酸钠），加 0.2 g 无水碳

酸钠，溶于 1 000 mL 水中，缓缓煮沸 10 min，冷却，放置两周后过滤。

2. 标定

称取 0.18 g 于 120℃ ±2℃ 下干燥至恒重的基准重铬酸钾，置于碘（量）瓶中，溶于 25 mL 水中，加入 2 g 碘化钾及 20 mL 硫酸（20%），摇匀，于暗处放置 10 min。加 150 mL 水（15℃~20℃），用配制好的硫代硫酸钠溶液滴定。近终点时加 2 mL 淀粉指示液（10 g/L），继续滴定至溶液由蓝色变为亮绿色。同时做空白试验。

硫代硫酸钠标准滴定溶液的浓度 $C(\mathrm{Na_2S_2O_3})$，数值以摩尔每升（mol/L）表示，按下式计算：

$$C(\mathrm{Na_2S_2O_3}) = \frac{m \times 1\,000}{V_1 V_2 M}$$

式中：

m——基准重铬酸钾的质量的准确数值，单位为 g；

V_1——硫代硫酸钠溶液的体积的数值，单位为 mL；

V_2——空白试验硫代硫酸钠溶液的体积的数值，单位为 mL；

M——基准重铬酸钾的摩尔质量的数值，单位为 g/mol。

第三节　化学检验方法

一、化学性能检验的通则

（1）本部分的所有分析都以两个平行试验组进行，其结果应在允许相对偏差限度内，以算术平均值为测定结果，如一份合格，另一份不合格，不得平均计算，应重新测定。

（2）若无特殊规定，本部分中所用试剂均为分析纯。

（3）若无特殊规定，本部分中试验用水均应符合 GB/T 6682—1992 中二级水的要求。

（4）本部分中所用术语"室温"指 10℃~30℃。

（5）本部分中所用术语"精确称重"指称重精确到 0.1 mg。

（6）本部分中所用术语"精确量取"指用符合相应国家标准规定的准确度要求的移液管量取。

（7）重量法恒重系指供试品连续两次炽灼或干燥后的重量之差不得超过 0.3 mg。

（8）若无特殊规定，本部分中所用玻璃容器均为硅硼盐玻璃容器。

二、检验液制备

（1）制备检验液应尽量模拟产品使用过程中所经受的条件（如产品的应用面积、时间、温度等）。模拟浸提时间应不少于产品正常使用时间。当产品的使用时间较长（超过 24 h），应考虑采用加速实验条件制备检验液，但需对其可行性和合理性进行验证。

（2）制备检验液所使用的方法应尽量使样品所有被测表面都被萃取到。

（3）在表 2-11 中选择合适的检验液制备方法。

化学检验技术
HUAXUE JIANYAN JISHU

表2-11 检验液制备方法

序号	检验液制备方法	注意事项
1	①取3套样品和玻璃烧瓶连成一循环系统，加入250 mL水并保持在37℃±1℃，通过一蠕动泵作用于一段尽可能短的医用硅橡胶管上，使水以1 L/h的流量循环2 h，收集全部液体冷却至室温作为检验液 ②取同体积水置于玻璃烧瓶中，同法制备空白对照液。	使用时间较短（不超过24 h）的体外输注管路产品。
2	①取样品切成1cm长的段，放入玻璃容器中，按样品内外总表面积（cm^2）与水（mL）的比为2:1的比例加水，加盖后，在37℃±1℃下放置24 h，将样品与液体分离，冷却至室温，作为检验液 ②取同体积水置于玻璃烧瓶中，同法制备空白对照液。	使用时间较短（不超过24 h）的体内导管。
3	①取样品厚度均匀的部分，切成1 cm^2的碎片，用水洗净后晾干，然后放入玻璃容器中，按样品内外总表面积（cm^2）与水（mL）的比为5:1（或6:1）的比例加水，加盖后置于压力蒸汽灭菌器中，在121℃±1℃下加热30 min，加热结束后将样品与液体分离，冷却至室温作为检验液 ②取同体积水置于玻璃烧瓶中，同法制备空白对照液。	使用时间较长（超过24 h）的产品。
4	①样品中加水至公称容量，在37℃±1℃下恒温8 h（或1 h）将样品与液体分离，冷却至室温，作为检验液。 ②取同体积水置于玻璃烧瓶中，同法制备空白对照液。	使用时间很短（不超过1h）的容器类产品。
5	①样品中加水至公称容量，在37℃±1℃下恒温24 h，将样品与液体分离，冷却至室温，作为检验液。 ②取同体积水置于玻璃烧瓶中，同法制备空白对照液。	使用时间较短（不超过24 h）的容器类产品。
6	①取样品，按每个样品加10 mL（或按样品适当重量如0.1~0.2 g①加1 mL）的比例加水，在37℃±1℃下恒温24 h（或8 h或1 h），将样品与液体分离，冷却至室温，作为检验液。 ②取同体积水置于玻璃烧瓶中，同法制备空白对照液。	使用时间较短（不超过24 h）的小型不规则产品。
7	①取样品，按样品适当重量如0.1~0.2 g①加1 mL的比例加水，在37℃±1℃下恒温24 h（或8 h或1 h），将样品与液体分离，冷却至室温，作为检验液。 ②取同体积水置于玻璃烧瓶中，同法制备空白对照液。	使用时间较短（不超过24 h）、体积较大的不规则产品。
8	①取样品，按0.1~0.2 g①样品加1 mL的比例加水，在37℃±1℃下浸提72 h（或50℃±1℃下浸提72 h，或70℃±1℃下浸提24 h），将样品与液体分离，冷却至室温，作为检验液。 ②取同体积水置于玻璃烧瓶中，同法制备空白对照液。	使用时间较长（超过24 h）的不规则形状产品。

① 0.1 g/mL比例适用于不规则形状低密度孔状的固体产品；0.2 g/mL比例适用于不规则形状的固体产品。

（续上表）

序号	检验制备方法	
9	①取样品，按样品重量（g）或表面积（cm²）加除去吸水量以外适当比例的水，在37℃±1℃下浸提24 h（或72 h或8 h或1 h），将样品与液体分离，冷却至室温，作为检验液 ②取同体积水置于玻璃烧瓶中，同法制备空白对照液	吸水性材料的产品

注：1. 若使用括号中的样品制备条件，应在产品标准中注明。

2. 温度的选择宜考虑临床使用可能经受的最高温度；若为聚合物，温度应选择在玻璃化温度以下。

三、常用化学分析方法

（一）浊度

1. 溶液配制

（1）浊度标准贮备液的制备：称取于105℃下干燥至恒重的硫酸肼1 g置于100 mL容量瓶中，加水适量使之溶解，必要时可在40℃的水浴中温热溶解，并用水稀释至刻度，摇匀，放置4～6 h；取此溶液与等容量的10%乌洛托品溶液混合，摇匀，于25℃下避光静置24 h，即得。本溶液置冷处避光保存，可在两个月内使用，用前摇匀。

（2）六亚甲基四胺溶液：在100 mL具塞玻璃瓶中，用25 mL的水溶解2.5 g六亚甲基四胺。

（3）初级乳色悬浮液：向六亚甲基四胺溶液中加入25 mL硫酸肼溶液，混合后放置24 h，该悬浮液贮存在表面无缺陷的玻璃容器中可保持稳定两个月。悬浮液不应黏附在玻璃容器上，使用前应充分混合。

（4）乳色标准液：取初级乳色悬浮液15 mL，置于1 000 mL容量瓶中，加水稀释至刻度，摇匀，取适量置于1 cm吸收池中，照紫外—可见分光光度法（《中华人民共和国药典》2010年版二部附录Ⅸ A）在550 nm的波长处测定，其吸光度应在0.12～0.15范围内。本液应在48 h内使用，用前摇匀。

对照悬浮液：按表2-12制备对照悬浮液，使用前应摇匀。

表2-12 对照悬浮液

单位：mL

对照悬浮液	0.5	1	2	3	4
乳色标准液	2.5	5.0	10.0	30.0	50.0
水	97.5	95.0	90.0	70.0	50.0

2. 实验步骤

（1）方法一。使用无色、透明、内径为15～25 mm的中性玻璃平底试管，比较检验液和按上述方法新制备的对照悬浮液，试管内液体层深40 mm。制备好对照悬浮液放置5 min后，在漫射日光下，垂直于黑色背景观察溶液。

（2）方法二。在室温条件下，将检验液与等量的对照悬浮液分别置于无色、透明、内

径为15～16 mm的中性玻璃平底试管中，制备好对照悬浮液放置5 min后，在暗室内垂直同置于伞棚灯下，照度为1 000lx，从水平方向观察比较。

（二）色泽

1. 引用标准

《中华人民共和国药典》（以下简称《中国药典》）2010年版一部附录ⅪA和二部附录ⅨA"溶液颜色检查法"、《中国药品检验标准操作规范》2010年版第244页"溶液颜色检查法"。

2. 简介

溶液颜色检查法是控制药品有色杂质限量的方法，是对通常利用紫外检测器进行有关物质高效液相色谱法测定的有效补充。有色杂质的来源：一是由生产工艺中引入，二是在贮存过程中由于药品不稳定降解产生。

《中国药典》2005年版一部附录ⅪA和二部附录ⅨA"溶液颜色检查法"收载了三种检查方法，即目视法、紫外—可见分光光度法和色差计法，并增加了品种中规定的"无色或几乎无色的定义"。

"无色"是指供试品溶液的颜色与所用溶剂相同；"几乎无色"是指供试品溶液的颜色浅于用水稀释1倍的相应色调1号标准比色液。

3. 第一法

本法为目视法，即将供试品溶液与各色调标准比色液进行比较，以判断结果。

（1）仪器与用具。

• 纳氏比色管：用具有10 mL、25 mL刻度标线的纳氏比色管或专用管，要求玻璃质量较好，管壁薄厚、管径、色泽、刻度标线一致。

• 白色背景要求不反光，一般用白纸或白布。

（2）试药与试剂。

• 重铬酸钾用基准试剂、硫酸铜及氯化钴均为分析纯试剂。

• 比色用重铬酸钾液。精确称取在120℃下干燥至恒重的基准重铬酸钾0.40 g，置于500 mL容量瓶中，加适量水溶解并稀释至刻度，摇匀即得。每1 mL溶液中含0.80 mg的$K_2Cr_2O_7$。

• 比色用硫酸铜液。取硫酸铜约32.5g，加适量的盐酸溶液（1→40）使之溶解至500 mL，精确量取10 mL，置于碘瓶中，加水50 mL、醋酸4 mL与碘化钾2 g，用硫代硫酸钠滴定溶液（0.1mol/L）滴定，近终点时，加淀粉指示液2 mL，继续滴定至蓝色消失。每1 mL的硫代硫酸钠滴定溶液（0.1 mo/L）相当于24.97 mg的$CuSO_4·5H_2O$。根据上述测定结果，在剩余的原溶液中加适量的盐酸溶液（1→40）使每1 mL溶液含62.4 mg的$CuSO_4·5H_2O$，即得。

• 比色用氯化钴液。取氯化钴32.5 g，加适量的盐酸溶液（1→40）使之溶解至500 mL，精确量取2 mL，置于锥形瓶中，加水200 mL，摇匀，加氨试液至溶液由浅红色转变至绿色后，加醋酸－醋酸钠缓冲溶液（pH 6.0）10 mL，加热至60℃，再加二甲酚橙指示液5滴，用乙二胺四醋酸二钠滴定溶液（0.05 mol/L）滴定至溶液显黄色。每1 mL的乙二胺四醋酸二钠滴定溶液（0.05 mol/L）相当于11.90 mg的$CoCl_2·6H_2O$。根据上述测定结果，在剩余的原溶液中加适量的盐酸溶液（1→40）使每 1 mL 溶液含 59.5 mg 的 $CoCl_2 \cdot 6H_2O$，即得。

● 比色用三氯化铁液。取三氯化铁约 27.5 g，加适量的盐酸溶液（1→40）使之溶解至 500 mL，精确量取 10 mL，置于碘瓶中，加碘化钾 2 g 与盐酸 5 mL，密封，在暗处静置 15 min，加水 100 mL，用硫代硫酸钠滴定溶液（0.1 mol/L）滴定，近终点时，加淀粉指示液 2 mL，继续滴定至蓝色消失。每 1 mL 硫代硫酸钠滴定溶液（0.1 mol/L）含 27.03 mg 的 $FeCl_3 \cdot 6H_2O$。

● 各种色调标准储备液的制备。按表 2–13 量取比色用重铬酸钾液、比色用硫酸铜液和比色用氯化钴液和水，摇匀即得。

表 2–13 各种色调标准储备液的配制表

单位：mL

色调	比色用重铬酸钾液	比色用硫酸铜液	比色用氯化钴	水
黄绿色	22.8	7.2	1.2	68.8
黄色	23.3	0	4.0	72.7
橙黄色	19.0	4.0	10.6	66.4
橙红色	20.0	0	12.0	68.0
棕红色	12.5	20.0	22.5	45.0

● 各种色调色号标准比色液的制备。按表 2–14 量取该色调标准储备液与水，摇匀，即得。

表 2–14 各种色调色号标准成色液的配制表

单位：mL

色号	1	2	3	4	5	6	7	8	9	10
储备液	0.5	1.0	1.5	2.0	2.5	3.0	4.5	6.0	7.5	10.0
加水量	9.5	9.0	8.5	8.0	7.5	7.0	5.5	4.0	2.5	0

（3）操作方法。除另有规定外，取各品种项下规定量的供试品，加水溶解，置于 25 mL 的纳氏比色管中，加水稀释至 10 mL。另取规定量色调和色号的标准比色液 10 mL，置于另一 25 mL 的纳氏比色管中，两管同置于白色背景上，自上而下透视；或同置于白色背景前，平视观察。比较时可在自然光下进行，以漫射光为光源。供试品管呈现的颜色与对照管比较，不得比对照管的颜色深。

（4）注意事项。

● 所用比色管应洁净、干燥，洗涤时不能用硬物洗刷，应用铬酸洗涤液浸泡，然后冲洗，避免表面粗糙。

● 检查时光线应明亮，光强度应能保证使各相邻色号的标准液清晰可辨。

● 如果供试品管的颜色与对照管的颜色非常接近或色调不尽一致，使目视观察无法辨别两者的深浅时，应改用第三法（色差计法）测定。

（5）记录。应记录供试品溶液的制备方法、标准比色液的色调色号，以及比较结果。

（6）结果与判定。供试品溶液如显色，与规定的标准比色液比较，颜色相似或更浅，即判为符合规定；如更深，则判为不符合规定。

4. 第二法

本法为紫外—可见分光光度法。

（1）仪器：紫外—可见分光光度计。

（2）操作方法。

● 除另有规定外，如供试品为原料药，称取各品种项下规定量的供试品，加水溶解至10 mL（或加水溶解至规定量的体积），必要时滤过，取续滤液照紫外—可见分光光度法于规定的波长处测定吸光度。

● 如供试品为固体制剂，取该供试品研细，称取该药品项下规定量的细粉，加水溶解至规定量的体积，振摇或用其他规定的方法使之溶解，滤过，取续滤液照紫外—可见分光光度法于规定波长处测定吸光度。

● 如供试品为注射液或液体制剂，量取供试品适量，加水或规定的溶剂稀释成规定的浓度（供试品的浓度与规定浓度相同时，可直接测定），照紫外－可见分光光度法，以水或规定的溶剂为空白对照，于规定波长处测定吸光度。

（3）注意事项。第二法中的滤过是指在规定"滤过"而无进一步说明时，使液体通过适当的滤纸或相应的装置过滤，直到滤液澄清。弃去初滤液，取续滤液测定。

（4）记录。应记录仪器型号与测定波长；供试液的制备方法、吸光度读数。

（5）结果与判定。比较结果，如供试品溶液管的浊度浅于或等于0.5级号的浊度标准液，即为澄清；如浅于或等于该品种项下规定级号的浊度标准液，判为符合规定；如浓于规定级号的浊度标准液，则判为不符合规定。

5. 第三法

本法是通过色差计直接测定药品溶液的透视三刺激值，对其颜色进行定量表述和分析的方法。当供试品溶液的颜色处于合格边缘，目视法难以准确判断时，以及供试品溶液与标准比色液色调不一致时，更可显示本法的优越性。判定方法是直接将标准比色液和供试品溶液的三刺激值（或色品坐标值）进行比较，或通过标准比色液和供试品溶液分别与水的色差值进行比较。

（1）仪器及其性能测试。

色差计：测色色差计是由照明、探测及读数处理系统三大部分组成的。照明系统多为白炽光源，也有用微型脉冲氙灯；探测器多为硒（硅）光电池、硅光电二极管或光电管，并配以拟合人眼色觉特性的滤光器；读数系统为数字显示表，其输出结果除三刺激值外，还有根据CIE（国际照明委员会）表色系统自动计算而得的各种色度学参数（可根据需要进行选定）。

仪器的性能测试：根据中华人民共和国国家技术监督局颁布的测色色差计检定规程JJG 595—1989的规定进行检定。仪器首先应符合照度条件，它决定着仪器测色准确度的高低。为减少测色误差，仪器一般配备有专用工作白板、色板或其他基准物质以校正仪器。检定项目除准确度外，还有重复性等。

（2）测定程序结果与判定。除另有规定外，用水对仪器进行校准，并把水作为第一份样品进行测定，仪器将给出水的颜色值，接着依次取按各品种项下规定的方法配制的供试品溶液和标准比色液，分别进行测定，仪器不仅可测出两种溶液的颜色值，还会给出供试品溶液和标准比色液分别对水的色差值（ΔE^*），如供试品溶液与水的色差值不超过标准比色液与水的色差值，则判为符合规定；反之，则判定为不符合规定。

（3）注意事项。

• 测定池应洁净透明，可用洗涤液浸泡清洗。

• 水的三刺激值为 $X = 94.81$、$Y = 100.00$、$Z = 107.32$。如测定后水的三刺激值中任一值与标准值的偏差大于 1.5，则应重新校准仪器。

• 供试品溶液配制后需立即测定，如溶液中含有气泡，可短时超声去除后再行测定。

• 本法只适用于测定澄清溶液的颜色，如供试品溶液浑浊，则影响颜色测定的结果。

• 如品种项下规定的标准比色液的色调有两种（或两种以上），但目视可判定供试品溶液的色调与其中一种相同或接近，则可直接与该色调标准比色液的色差值（ΔE^*）进行比较判断；如供试品溶液的色调处以两者之间，目视难以判定更接近何种标准比色液的色调时，则应将测得的供试品溶液与水的色差值（ΔE^*）和两种色调标准比色液与水的色差值的平均值 $\left[(\Delta E_{s1}^* + \Delta E_{s2}^*)/2 \right]$ 进行比较来判定。

（三）还原物质（易氧化物）

1．方法一：直接滴定法

（1）原理。高锰酸钾是强氧化剂，在酸性介质中，高锰酸钾与还原物质草酸钠作用，MnO_4^- 被还原成 Mn^{2+}，反应式：

$$MnO_4^- + 8H^+ + 5e = Mn^{2+} + 4H_2O$$

（2）溶液配制。

• 硫酸溶液：量取 128 mL 硫酸，缓缓注入 500 mL 水中，冷却后稀释至 1 000 mL。

• 草酸钠溶液 $[c(1/2\ Na_2C_2O_4) = 0.1\ mol/L]$：称取 105℃~110℃下干燥至恒重的草酸钠 6.7 g，加水溶解并稀释至 1 000 mL。

• 草酸钠溶液 $[c(1/2\ Na_2C_2O_4) = 0.01\ mol/L]$：临用前取草酸钠溶液 $[c(1/2\ Na_2C_2O_4) = 0.1\ mol/L]$ 加水稀释 10 倍。

• 高锰酸钾标准滴定溶液 $[c(1/5\ KMnO_4) = 0.1\ mol/L]$：按 GB/T 601 中的方法进行配制和标定。

• 高锰酸钾标准滴定溶液 $[c(1/5\ KMnO_4) = 0.01\ mol/L]$：临用前，取高锰酸钾标准滴定溶液 $[c(1/5\ KMnO_4) = 0.1\ mol/L]$ 加水稀释 10 倍。必要时煮沸，放冷，过滤，再标定其浓度

（3）实验步骤。精确量取检验液 20 mL，置于锥形瓶中，精确加入产品标准中规定浓度的高锰酸钾标准滴定溶液 3 mL、硫酸溶液 5 mL，加热至沸并保持微沸 10min，稍冷后精确加入对应浓度的草酸钠溶液 5 mL，置于水浴上加热至 75℃~80℃，用规定浓度的高锰酸钾标准滴定溶液滴定至显微红色，并保持 30 s 不褪色为终点，同时与同批空白对照液相

比较。

$c(1/5 \text{ KMnO}_4) = 0.1$ mol/L 高锰酸钾标准滴定溶液对应 $c(1/2 \text{ Na}_2\text{C}_2\text{O}_4) = 0.1$ mol/L 草酸钠溶液；

$c(1/5 \text{ KMnO}_4) = 0.01$ mol/L 高锰酸钾标准滴定溶液对应 $c(1/2 \text{ Na}_2\text{C}_2\text{O}_4) = 0.01$ mol/L草酸钠溶液。

（4）结果计算。

还原物质（易氧化物）含量以消耗高锰酸钾溶液的量表示，按下式计算：

$$V = \frac{(V_S - V_0) \, c_S}{c_0}$$

式中：

V——消耗高锰酸钾标准滴定溶液的体积，单位为 mL；

V_S——检验液消耗高锰酸钾标准滴定溶液的体积，单位为 mL；

V_0——空白液消耗高锰酸钾标准滴定溶液的体积，单位为 mL；

c_S——高锰酸钾标准滴定溶液的实际浓度，单位为 mol/L

c_0——标准中规定的高锰酸钾标准滴定溶液的实际浓度，单位为 mol/L

2. 方法二：间接滴定法

（1）原理。水浸液中含有的还原物质在酸性条件下加热时被高锰酸钾氧化，过量的高锰酸钾将碘化钾氧化成碘，而碘被硫代硫酸钠还原。

（2）溶液配制。

• 硫酸溶液：量取 128 mL 硫酸，缓缓注入 500 mL 水中，冷却后稀释至 1 000 mL。

• 高锰酸钾标准滴定溶液 [$c(1/5\text{KMnO}_4) = 0.1$ mol/L]：按 GB/T 601 中的方法进行配制和标定。

• 高锰酸钾标准滴定溶液 [$c(1/5 \text{ KMnO}_4) = 0.01$ mol/L]：临用前，取高锰酸钾标准滴定溶液 [$c(1/5 \text{ KMnO}_4) = 0.1$ mol/L] 加水稀释 10 倍。必要时煮沸，放冷，过滤，再标定其浓度。

• 淀粉指示液：称取 0.5 g 淀粉溶于 100 mL 水中，加热煮沸后冷却备用。

• 硫代硫酸钠标准滴定溶液 [$c(\text{Na}_2\text{S}_2\text{O}_3) = 0.1$ mol/L]：按 GB/T 601 中的方法进行配制和标定。

• 硫代硫酸钠标准滴定溶液 [$c(\text{Na}_2\text{S}_2\text{O}_3) = 0.01$ mol/L]：临用前取硫代硫酸钠标准滴定溶液 [$c(\text{Na}_2\text{S}_2\text{O}_3) = 0.1$ mol/L] 用新煮沸并冷却的水稀释 10 倍。

（3）实验步骤。

• 精确量取检验液 10 mL，加入 250 mL 碘量瓶中，精确加入硫酸溶液 1 mL 和产品标准中规定浓度的高锰酸钾溶液 10 mL，煮沸 3 min，迅速冷却，加碘化钾 0.1 g，密封，摇匀。立即用相同浓度的硫代硫酸钠标准滴定溶液滴定至淡黄色，再加 5 滴淀粉指示液，继续用硫代硫酸钠标准滴定溶液滴定至无色。

• 用同样的方法滴定空白对照液。

（4）结果计算。

还原物质（易氧化物）含量以消耗高锰酸钾溶液的量表示，按下式计算：

$$V = \frac{(V_S - V_0)\, c_S}{c_0}$$

式中：

V——消耗高锰酸钾标准滴定溶液的体积，单位为 mL；

V_S——检验液消耗硫代硫酸钠标准滴定溶液的体积，单位为 mL；

V_0——空白液消耗硫代硫酸钠标准滴定溶液的体积，单位为 mL；

V_S——硫代硫酸钠标准滴定溶液的实际浓度，单位为 mol/L；

c_0——标准中规定的高锰酸钾标准滴定溶液 $[c\,(1/5\ KMnO_4)]$ 的实际浓度，单位为 mol。

（四）氯化物

1. 主题内容和适用范围

本法规定了氯化物的检查方法和注意事项，使其规范化、标准化，并描述了更改信息。

本法适用于药品中微量氯化物的限度检查。

2. 引用标准

《中国药典》2010 年版一部附录Ⅸ C 和二部附录Ⅷ A "氯化物检查法"、《中国药品检验标准操作规范》2010 年版第 202 页 "氯化物检查法"。

3. 简介

微量氯化物在硝酸酸性溶液中与硝酸银作用生成氯化银浑浊液，与一定量的标准氯化钠溶液在同一条件下生成的氯化银浑浊液比较，以检查供试品中氯化物的含量。反应式：

$$Cl^- + Ag^+ \rightarrow AgCl\downarrow$$

4. 仪器及用具

纳氏比色管：50 mL，应选玻璃外表面无划痕，色泽一致，无瑕疵，管内径和刻度线均高度一致的质量好的玻璃比色管进行试验。

5. 试药与试液

标准氯化钠溶液的配制：精确称取在 110℃ 下干燥至恒重的氯化钠 0.165 g，置于 1 000 mL 容量瓶中，加水适量使其溶解并稀释至刻度线，摇匀，作为储备液。在 6 个月内使用。

临用前，精确量取储备液 10 mL，置于 100 mL 容量瓶中，加水稀释至刻度线，摇匀，即得（每 1 mL 相当于 10μg 的 Cl^-）。

6. 操作方法

（1）供试品溶液的配制：除另有规定外，取各品种项下规定量的供试品，置于 50 mL 纳氏比色管中，加水溶解至 25 mL（溶液如显碱性，可滴加硝酸使溶液遇 pH 试纸显中性），再加稀硝酸 10 mL；溶液如不澄清，应过滤，再加水至 40 mL，摇匀即得。

（2）对照溶液的配制：取该品种项下规定量的标准氯化钠溶液，置于另一 50 mL 纳氏比色管中，加稀硝酸 10 mL，加水至 40 mL，摇匀即得。

（3）比浊。

于供试品溶液与对照溶液中，分别加入硝酸银试液 1 mL，用水稀释至 50 mL，摇匀，

在暗处放置 5min，同置于黑色背景上，从比色管自上而下观察，比较所产生的浑浊。

供试品溶液如带颜色，除另有规定外，可取供试品溶液两份，分别置于 50 mL 纳氏比色管中，一份加硝酸银试液 1 mL，摇匀，放置 10 min，如显浑浊，可反复滤过，至滤液完全澄清，再加规定量的标准氯化钠溶液与水适量使成 50 mL，摇匀，在暗处放置 5min，作为对照溶液；另一份加硝酸银试液 1 mL 与水适量至 50 mL，摇匀，在暗处放置 5min，与对照溶液同置于黑色背景上，从比色管自上而下观察，比较所产生的浑浊。

7. 注意事项

（1）供试品溶液与对照溶液应同时操作，加入试剂的顺序应一致。

（2）应注意按操作顺序进行，先制成 40 mL 的水溶液，再加入硝酸银试液 1 mL，以免在较高浓度的氯化物下局部产生浑浊，影响比浊。

（3）应将供试品管与对照管同时置于黑色台面上，自上而下观察浊度，较易判断。必要时，可变换供试品管与对照管的位置后观察。

（4）供试品溶液与对照溶液在加入硝酸银试液后，应立即充分摇匀，以防止局部过浓而产生的浑浊；并应在暗处放置 5 min，避免光线直接照射（光线直接照射下引起氯化银分解，干扰比浊）。

（5）供试溶液如不澄清，可预先用硝酸（1→100）（或 50℃ 以上）洗净滤纸中的氯化物，再过滤供试品溶液，使其澄清。

（6）纳氏比色管用后应立即用水冲洗，不应用毛刷涮洗，以免划出条痕损伤比色管。

8. 记录

记录实验时的室温、取样量、标准氯化钠溶液的浓度和所取毫升数，以及比较所产生浑浊的观察结果。

9. 结果与判定

如供试品管的浑浊浅于对照管，判为符合规定；如供试品管的浑浊浓于对照管，则判为不符合规定。

（五）酸碱度

1. 方法一

取检验液和空白对照液，用酸度计分别测定其 pH 值，以两者之差作为检验结果。

（1）取检验液 20 mL。

（2）加高锰酸钾溶液 20 mL、硫酸溶液 2 mL、碘化钾 1 g。

2. 方法二

（1）溶液配制。

· 氢氧化钠标准滴定溶液 $[c(NaOH) = 0.1\ mol/L]$：按 GB/T 601 中规定的方法进行配制及标定。

· 氢氧化钠标准滴定溶液 $[c(NaOH) = 0.01\ mol/L]$：临用前取氢氧化钠标准滴定溶液 $[c(NaOH) = 0.1\ mol/L]$ 加水稀释 10 倍。

盐酸标准滴定溶液 $[c(HCl) = 0.1\ mol/L]$：按 GB/T 601 中规定的方法进行配制及标定。

· 盐酸标准滴定溶液 $[c(HCl) = 0.01\ mol/L]$：临用前取盐酸标准滴定溶液 $[C(HCl) =$

0.1 mol/L]加水稀释 10 倍。

· Tashiro 指示剂：溶解 0.2 g 甲基红和 0.1 g 亚甲基蓝于 100 mL 乙醇（体积分数为 95%）中。

（2）实验步骤。

精确量取 20 mL 检验液置于 100 mL 磨口瓶中，加入 0.1 mL Tashiro 指示剂，如果溶液颜色呈紫色，则用氢氧化钠标准滴定溶液[$c(NaOH) = 0.01$ mol/L]滴定；如果呈绿色，则用盐酸标准滴定溶液[$c(HCl) = 0.01$ mol/L]滴定，直至显灰色。以消耗氢氧化钠标准滴定溶液[$c(NaOH) = 0.01$ mol/L]或盐酸标准滴定溶液[$c(HCl) = 0.01$ mol/L]的体积（以 mL 为单位）作为检验结果。

3. 方法三

（1）溶液配制。

· 氢氧化钠标准滴定溶液[$c(NaOH) = 0.1$ mol]：按 GB/T 601 中规定的方法进行配制及标定。

· 氢氧化钠标准滴定溶液[$c(NaOH) = 0.01$ mol/L]：临用前取氢氧化钠标准滴定溶液[$c(NaOH) = 0.1$ mol/L]加水稀释 10 倍。

· 盐酸标准滴定溶液[$c(HCl) = 0.1$ mol/L]：按 GB/T 601 中规定的方法进行配制及标定。

· 盐酸标准滴定溶液[$c(HCl) = 0.01$ mol]：临用前取氢氧化钠标准滴定溶液[$c(NaOH) = 0.1$ mol/L]加水稀释 10 倍。

· 酚酞指示液（10 g/L）：称取 1 g 酚酞，溶于乙醇（体积分数为95%）并稀释至 100 mL。

· 甲基红指示液（1 g/L）：称取 0.1 g 甲基红，溶于乙醇（体积分数为95%）并稀释至 100 mL。

（2）实验步骤。

向 10 mL 检验液中加入 2 滴酚酞指示液，溶液不应呈红色；加入 0.4 mL 的氢氧化钠标准滴定溶液[$c(NaOH) = 0.01$ mol/L]，应呈红色；加入 0.8 mL 盐酸标准滴定溶液[$c(HCl) = 0.01$ mol/L]，红色应消失；加入 5 滴甲基红指示液，溶液应呈红色。

（六）蒸发残渣

1. 实验步骤

蒸发皿预先在 105℃下干燥至恒重。量取检验液 50 mL 加入蒸发皿中，在水浴上蒸干并在 105℃恒温箱中干燥至恒重。同法测定空白对照液。

2. 结果计算

按下式计算蒸发残渣：

$$m = [(m_{12} - m_{11}) - (m_{02} - m_{01})] \times 1\,000$$

式中：

m——蒸发残渣的质量，单位为 mg；

m_{11}——未加入检验液的蒸发皿质量，单位为 g；

m_{12}——加入检验液的蒸发皿质量，单位为 g；

m_{01}——未加入空白液的蒸发皿质量，单位为 g；

m_{02}——加入空白液的蒸发皿质量，单位为 g。

（七）炽灼残渣

1. 简述

本法在《中国药典》2000 年版二部附录Ⅷ N 中称为"炽灼残渣"，是指将药品（多为有机化合物）经加热灼烧至完全炭化，再加硫酸 0.5 ~ 1.0 mL 并炽灼（700℃ ~ 800℃）至恒重后遗留的金属氧化物或其硫酸盐。

2. 仪器与用具

（1）高温炉。

（2）坩埚：瓷坩埚、铂坩埚、石英坩埚。

（3）坩埚钳：普通坩埚钳、尖端包有铂层的铂坩埚钳。

（4）通风柜。

（5）分析天平：质量 0.1 mg。

3. 试药与试液

硫酸分析纯。

4. 操作方法

（1）空坩埚恒重：取坩埚置于高温炉内，将盖子斜盖在坩埚上，经 700℃ ~ 800℃ 炽灼约 30 ~ 60 min，取出坩埚，稍冷片刻（或使高温炉停止加热，待冷却至 300℃ 左右，取出坩埚），移置干燥器内并盖上盖子，放冷至室温（一般约需 60 min），精确称定坩埚重量（准确至 0.1 mg）。再在上述条件下炽灼 30 min，取出，置于干燥器内，放冷，称重；重复数次，直至恒重，备用。以上"炽灼"操作也可借助煤气灯进行。

（2）称取供试品：称取供试品 1 ~ 1.2 g 或该药品项下规定的重量，置于已炽灼至恒重的坩埚内，精确称定。

（3）炭化：将盛有供试品的坩埚斜置于电炉或煤气灯上缓缓灼烧（避免供试品骤然膨胀而逸出），炽灼至供试品全部炭化呈黑色，并不冒浓烟，放冷至室温。"炭化"操作应在通风柜内进行。

（4）灰化：除另有规定外，滴加硫酸 0.5 ~ 1 mL，使炭化物全部湿润，继续在电炉或煤气灯上加热至硫酸蒸气除尽，白烟完全消失（以上操作应在通风柜内进行）；将坩埚移置高温炉内，盖子斜盖于坩埚上，经 700℃ ~ 800℃ 炽灼 60 min，使供试品完全灰化。

（5）恒重：按操作方法（1）中自"取出坩埚，稍冷片刻"起，依该方法操作，直至恒重。以上"炽灼"操作也可借助煤气灯进行。

5. 实验步骤

称取样品 2 ~ 5 g 切成 5 mm × 5 mm 碎片，置于已灼烧恒重的坩埚内，精确称重。在通风柜中缓缓炽灼至完全炭化，放冷；加入 0.5 ~ 1 mL 硫酸使其湿化，低温加热至硫酸蒸气除尽，在 700℃ ~ 800℃ 下灼烧至完全灰化。置于干燥器内放至室温，称重，再在 700℃ ~ 800℃ 下灼烧至恒重。

6. 注意事项

（1）炭化与灰化的前一段操作应在通风柜内进行。供试品放入高温炉前，务必完全炭化并除尽硫酸蒸气，必要时，高温炉应加装排气管道。

（2）供试品的取量应根据炽灼残渣限度来决定，一般规定炽灼残渣限度为0.1%～0.2%，应使炽灼残渣的量在1～2mg之间，故供试品取量多为1～2g，炽灼残渣限度较高或较低的药品，可酌情减少或增加供试品的取量。

（3）炽灼残渣检查如同时做几个供试品时，坩埚宜预先编码标记，盖子与坩埚应编码一致。坩埚从高温炉取出的先后次序，在干燥器内的放冷时间，以及称量顺序，均应前后一致；同一干燥器内同时放置坩埚的数量最好不超过4个，否则不易恒重。

（4）坩埚放冷后干燥器内易形成负压，应小心开启干燥器，以免吹散坩埚内的轻质残渣。

（5）如需将炽灼残渣留作重金属检查，则炽灼温度必须控制在500℃～600℃。

（6）对含氟的供试品进行炽灼残渣检查时，应采用铂坩埚。在高温条件下夹取铂坩埚时，宜用钳头包有铂箔的坩埚钳。

7. 记录与计算

（1）记录：记录炽灼的温度、时间，供试品的称量，坩埚及残渣的恒重数据，计算结果等。

（2）计算公式如下：

$$A = \frac{M_2 - M_0}{M_1 - M_0} \times 100\%$$

式中：

A——炽灼残渣，%；

M_0——样品加入前坩埚的质量，单位为g；

M_1——样品加入后坩埚的质量，单位为g；

M_2——样品灼烧后坩埚的质量，单位为g。

8. 结果与判定

计算结果按"有效数字和数值的修约及其运算"修约，使之与标准中规定限度的有效数位一致，其数值小于或等于限度时，判为符合规定（当限度规定为小于0.1%，而实验结果符合规定时，报告数据应为"小于0.1%"或"0.1%"）；其数值大于限度时，判为不符合规定。

9. 附注

恒重，除另有规定外，是指在规定温度下连续两次炽灼后的重量差异在0.3mg以下的重量。

炽灼残渣检查中炽灼后的第二次称重，应连续炽灼30min。

（八）重金属总含量

1. 方法一

（1）原理。在弱酸性溶液中，铅、铬、铜、锌等重金属能与硫代乙酰胺作用生成不溶性有色硫化物。以铅为代表制备标准溶液进行比色，测定重金属的总含量。

（2）试剂及溶液配制。

• 乙酸盐缓冲液（pH 3.5）：取乙酰胺25g，加水25mL溶解后，加盐酸液（7mol/L）

38 mL，用盐酸液（2 mol/L）或氨溶液（5 mol/L）准确调节 pH 值至 3.5（电位法指示），用水稀释至 100 mL，即得。

• 硫代乙酰胺溶液：取硫代乙酰胺 4 g，加水使溶解至 100 mL，置冰箱中保存。临用前取混合液〔由氢氧化钠（1 mol/L）15 mL，水 5 mL 及甘油 20 mL 组成〕5 mL，加上述硫代乙酰胺溶液 1 mL，置水浴上加热 20 s，冷却，立即使用。

• 铅标准溶液：临用前，精确量取铅标准储备液稀释至所需浓度。

（3）实验步骤。精确量取待检验液 25 mL 于 25 mL 纳氏比色管中，另取一支 25 mL 纳氏比色管，加入铅标准溶液 25 mL，于上述两支比色管中分别加入乙酸盐缓冲液（pH 3.5）2 mL，再分别加入硫代乙酰胺溶液 2 mL，摇匀，放置 2 min，置于白色背景下从上方观察，比较颜色深浅。

检验液如显色，可在标准对照液中加入少量稀焦糖溶液或者其他无干扰的有色溶液，使之与检验液颜色一致。再在检验液和标准对照液中各加入 2 mL 硫代乙酰胺溶液，摇匀，放置 2 min。在白色背景下从上方观察，比较颜色深浅。

2. 方法二

（1）原理。在碱性溶液中，铅、铬、铜、锌等重金属能与硫代乙酰胺作用生成不溶性有色硫化物。以铅为代表制备标准溶液进行比色，测定重金属的总含量。

（2）溶液配制

氢氧化钠试液（43 g/L）：取氢氧化钠 4.3 g，加水使溶解成 100 mL。

硫化钠试液（100 g/L）：取硫化 1 g，加水使溶解成 10 mL。

铅标准贮备液（0.1 mg/mL）：称取硝酸铅 0.160 g，用 10 mL 硝酸（1+9）溶解，移入 1000 mL 容量瓶中，用水稀释至刻度。

（3）实验步骤。精确量取检验液 25 mL 于 25 mL 纳氏比色管中，另取一支 25 mL 纳氏比色管，加入铅标准溶液 25 mL，于上述两支比色管中分别加入乙酸盐缓冲液（pH 3.5）2 mL，再分别加入硫代乙酰胺溶液 2 mL，摇匀，放置 2 min，置白色背景下从上方观察，比较颜色深浅。

（九）部分重金属元素

1. 原子吸收分光光度计法

（1）仪器：原子吸收分光光度计主要由光源、原子化器、单色器、检测器、记录显示系统和数据处理系统等部分组成。

（2）分析方法（标准曲线法）：在仪器推荐的浓度范围内，至少制备 5 个含待测元素且浓度依次递增的标准溶液，以配制标准溶液用的溶剂将吸光度调零。然后依次测定各标准曲线溶液的吸光度，相对于浓度作标准曲线。

测定检验液和空白对照液，根据吸光度在标准曲线上查出相应浓度，计算元素的含量。

注：用原子吸收光谱法测定重金属的含量时可通过蒸发试验液使其浓缩来提高检测范围。

对每种金属的测定，都向 250 mL 的试验液中加入 2.5 mL 硝酸溶液（10 g/L）

2. 比色分析法

（1）锌。

- 原理：锌与锌试剂反应显色，在620 nm处测定吸光度。

- 溶液配制

①氯化钾溶液（7.455 g/L）：称取7.455 g氯化钾，加水稀释至1 000 mL。

②氢氧化钠溶液（4 g/L）：称取4 g氢氧化钠，加水稀释至1 000 mL。

③硼酸氯化钾缓冲液（pH 9.0）：称取硼酸3.09 g加氯化钾溶液（7.455 g/L）500 mL使之溶解，再加氢氧化钠溶液（4 g/L）210 mL，即得。

④氢氧化钠溶液（40 g/L）：称取4 g氢氧化钠，加水稀释至100 mL。

⑤锌试剂溶液：称取0.13 g锌试剂，加2 mL氢氧化钠试液溶解，用水稀释至100 mL。

⑥锌标准贮备液（0.1 mg/mL）：称取0.44 g七水硫酸锌（$ZnSO_4 \cdot 7H_2O$），溶于水，移入1 000 mL容量瓶中，稀释至刻度线。

⑦锌标准溶液：临用前精确量取锌标准贮备液稀释至所需浓度。

- 实验步骤：

①精确量取检验液5 mL置于10 mL容量瓶中，加2 mL硼酸氯化钾缓冲液与0.6 mL锌试剂溶液，用水稀释至刻度线，放置于1 h。

②精确量取空白液5 mL置于10 mL容量瓶中，加2 mL硼酸氯化钾缓冲液与0.6 mL锌试剂溶液，用水稀释至刻度线，放置1 h，即为测定吸光度用参比溶液。

③精确量取5 mL锌标准溶液，同法制成标准对照液，摇匀，放置1 h，置于1 mL比色皿中，在620 nm波长处测定吸光度。以参比液调零点。

- 结果计算

根据测得的吸光度值，按下式计算检验液相应重金属含量：

$$c_s = \frac{A_s}{A_r} \cdot c_r$$

式中：

c_s——检验液相应重金属的浓度，单位为μg/mL；

c_r——标准对照液相应重金属的浓度，单位为μg/mL；

A_s——检验液吸光度；

A_r——标准对照液吸光度。

（2）铅。

- 原理：铅离子在弱酸性（pH 8.6~11）条件下与双硫腙三氯甲烷溶液生成红色络合物。

- 试剂及溶液配制：

①双硫腙三氯甲烷储备液（1 g/L）：称取0.1 g双硫腙溶解于三氯甲烷中，稀释至100 mL，贮存于棕色瓶中，置于冰箱内保存。如双硫腙不纯，可用下述方法纯化：称取0.2 g双硫腙，溶于100 mL三氯甲烷中，经脱脂棉过滤于250 mL漏斗中，每次用20 mL体积分数为3%的氨水反复萃取数次，直至三氯甲烷层几乎无绿色为止。合并水层至另一分液漏斗中，每次用10 mL三氯甲烷洗涤水层两次。弃去三氯甲烷相，水层用体积分数为10%的硫酸酸化至双硫腙析出，再每次用100 mL三氯甲烷萃取两次，合并三氯甲烷层，倒入棕色瓶中。

②吸光度为 0.15 的双硫腙三氯甲烷溶液：临用前取适量双硫腙三氯甲烷储备液，用三氯甲烷稀释至吸光度为 0.15（波长 510 nm，1 cm 比色皿）。

③酚红指示液（1 g/L）：称取 0.1 g 酚红，溶于 100 mL 乙醇中，即得。

④柠檬酸铵溶液（500 g/L）：称取 50 g 柠檬酸铵溶于 100 mL 水中，以酚红为指示剂，用氨水碱化（pH 8.5~9），用双硫腙三氯甲烷储备液提取，每次 20 mL，至双硫腙绿色不变为止。弃去三氯甲烷层，水层再用三氯甲烷分次洗涤，每次 25 mL，至三氯甲烷层无色为止，弃去三氯甲烷层，取水层。

⑤氰化钾溶液（100 g/L）：称取 100 g 氰化钾溶于水中，并稀释至 100 mL。如试剂不纯，应先将 10 g 氰化钾溶于 20 mL 水中，按柠檬酸铵溶液（500 g/L）纯化的方法进行纯化后稀释至 100 mL。

⑥盐酸羟胺溶液（100 g/L）：称取 10 g 盐酸羟胺，溶于水中，稀释至 100 mL，如试剂不纯，按柠檬酸铵溶液（500 g/L）纯化的方法进行纯化。

⑦铅标准贮备液（0.1 mg/mL）：称取硝酸铅 0.161 g，用 10 mL 硝酸溶液（1+9）溶解，移入 1 000 mL 容量瓶中，用水稀释至刻度线，作为标准贮备液。

⑧铅标准溶液：临用前精确量取铅标准贮备液稀释至所需浓度。

• 实验步骤

精确量取检验液 50 mL，置于 250 mL 分液漏斗中，另取 1 mL 铅标准溶液加入另一 250 mL 分液漏斗中，加空白对照液稀释至 50 mL。向两支分液漏斗中各加入 0.2 mL 盐酸、3 滴盐酸羟胺溶液、2 mL 柠檬酸铵溶液，混匀。用氨水调节 pH 值至 8.5~9（溶液由黄色变成红色），加入 1 mL 氰化钾溶液、10 mL 双硫腙三氯甲烷溶液，振摇 2 min，静置分层。放出双硫腙三氯甲烷溶液于比色管中，在 20~60 min 内用分光光度计在 510 nm 处测定吸光度。以空白液调零点。

• 结果计算

根据测得的吸光度值，按下式计算检验液相应重金属含量：

$$c_s = \frac{A_s}{A_r} \cdot c_r$$

式中：

c_s——检验液相应重金属的浓度，单位为 μg/mL；

c_r——标准对照液相应重金属的浓度，单位为 μg/mL；

A_s——检验液吸光度；

A_r——标准对照液吸光度。

3. 原子荧光光谱法

（1）仪器。原子荧光光度计，使用时应按仪器说明书操作。

（2）分析方法（标准曲线法）。在原子荧光光度计推荐的浓度范围内，至少制备 5 个含待测元素且浓度依次递增的标准溶液，然后以配制标准溶液用的溶液为空白，依次测定各标准溶液的荧光强度，相对于浓度作标准曲线。

测定检验液和空白对照液，根据吸光度在标准曲线上查出相应浓度，计算元素的含量。

（十）材料中重金属总含量分析方法

1. 原理

在弱酸性溶液中，铅、铬、铜、锌等重金属能与硫代已酰胺作用生成不溶性有色硫化物。用铅标准溶液作标准进行比色，可测定它们的总含量。

2. 试剂及溶液配制

按（八）重金属总含量1. 方法一（2）试剂及溶液配置进行。

3. 检验液制备

取样品1~2 g切成5 mm×5 mm碎片，放入瓷坩埚内，缓缓炽灼至完全炭化，放冷，加入0.5~1 mL硫酸湿润，低温加热至硫酸蒸气消失后，加入硝酸0.5 mL，蒸干，至氧化氮蒸气除尽后放冷。再在500℃~600℃灼烧使之灰化，冷却后加入2 mL盐酸，置水浴上蒸干后加水15 mL。加酚酞试液一滴，再滴入氨试液至上述溶液变成微红色为止。加乙酸盐缓冲液（pH 3.5）2 mL微热溶解后，将溶液转移至25 mL纳氏比色管中，加水使成25 mL检验液。

将加入0.5~1 mL硫酸、0.5 mL硝酸和2 mL盐酸的另一瓷坩埚置于水浴上使之蒸干后，加乙酸盐缓冲液pH 3.5）2 mL与水15 mL，微热溶解后将溶液转移至25 mL纳氏比色管中，加一定量铅标准溶液，再用水稀释成25 mL作为标准对照液。

4. 试验步骤

在检验液和标准对照液中各加入2 mL硫代乙酰胺试液，摇匀，放置2min。在白色背景下从上方观察，比较颜色深浅。

注：检验液如显色，可在标准对照液中加入少量稀焦糖溶液或者其他无干扰的有色溶液，使之与样品液颜色一致。

（十一）材料中部分重金属元素含量分析方法

1. 原子吸收分光光度计法

（1）仪器。原子吸收分光光度计，使用时应按仪器说明书操作。

（2）分析方法（标准曲线法）。

在仪器推荐的浓度范围内，制备至少5个含待测元素且浓度依次递增的标准溶液，以配制标准溶液用的溶剂将吸光度调零，然后依次测定各标准溶液的吸光度，相对于浓度作标准

测定按（十）材料中重金属总含量分析方法3. 检验液制备的检验液和空白对照液，根据吸光度在标准曲线上查出相应浓度，计算元素的含量

2. 比色分析方法

（1）检验液制备。取样品1g~2g切成5mm×5mm碎片，放入瓷坩埚内，缓缓炽灼至完全炭化，放冷，加入0.5~1 mL硫酸湿润，低温加热至硫酸蒸气消失后，加入硝酸0.5 mL，蒸干，至氧化氮蒸气除尽后放冷。再在500℃~600℃灼烧使之灰化，冷却后加入2 mL盐酸，置水浴上蒸干后加水15 mL。加酚酞试液一滴，再滴入氨试液至上述溶液变成微红色为止。加水使成25 mL检验液。

同法制备空白对照液。

（2）锌。

取检验液和空白对照液按（九）部分重金属元素 2. 比色分析法（1）锌规定的方法进行。

（3）铅。

取检验液和空白对照液按（九）部分重金属元素 2. 比色分析法（1）铅规定的方法进行。

3. 原子荧光光谱法

（1）试样消解。

● 湿消解：取样品 2g，精确称重，切成 5mm×5mm 碎片，置 100 mL 锥形瓶中加 30 mL，硫酸 1.25 mL，摇匀后放置过夜，置电热板上加热消解。若消解液处理至 10 mL 左右时仍有未分解物质或色泽变深，取下放冷，补加硝酸 5～10 mL，再消解至 10 mL 左右观察，如此反复两三次，注意避免炭化。冷却，加水 25 mL，再蒸发至冒硫酸白烟。冷却，用水将内容物转入 50 mL 容量瓶中，加水成 50 mL 检验液。同法制备空白对照液。

● 干灰化：取样品 1g～2g，精确称重，于坩埚中。加质量浓度为 150g/L 硝酸镁溶液 10 mL 混匀，低热蒸干，将氧化镁 1g 仔细覆盖在杆渣上，炭化至无黑烟，再在 550℃ 灰化 4h。取出放冷，小心加 10 mL（1+1）以中和氧化镁并溶解灰分，转移至 50 mL 容量瓶中，加水成 50 mL 检验液。同法制备空白对照液。

● 其他方法：根据样品成分及工艺合理制定。

（2）仪器。

原子荧光光度计，使用时应按仪器说明书操作。

（3）分析方法。

在仪器推荐的浓度范围内，制备至少 5 个含待测元素且浓度依次递增的标准溶液，然后以配制标准溶液将吸光度调零。然后依次测定各标准溶液的吸光度，相对于浓度作标准曲线。

测定检验液和空白对照液，根据吸光度在标准曲线上查出相应浓度，计算元素的含量。

（十二）外吸光度

取检验液，必要时用 0.45 μm 的微孔滤膜过滤，在 5 h 内用 1 cm 比色皿与空白对照液比色，在规定的波长范围内测定吸光度。以下是紫外—可见分光光度法标准操作规程。

1. 简述

紫外—可见分光光度法是通过被测物质在紫外光区或可见光区的特定波长处或一定波长范围内光的吸收度，是对该物质进行定性和定量分析的方法。本法在药品检验中主要用于药品的鉴别、检查和含量测定。

定量分析通常选择被测物质在最大吸收波长处测出的吸收度，然后用对照品或吸收系数求算出被测物质的含量，多用于制剂的含量测定；对已知物质定性可用吸收峰波长或吸光度比值作为鉴别方法；若该物质本身在紫外光区无吸收，而其杂质在紫外光区有相当强度的吸收，或杂质的吸收峰处该物质无吸收，则可用本法作杂质检查。

物质对紫外辐射的吸收是由分子中原子的外层电子跃迁产生的，因此，紫外吸收主要决定于分子的电子结构，故紫外光谱又称电子光谱。有机化合物分子结构中如含有共轭体系、芳香环等发色基团，均可在紫外光区（200～400 nm）或可见光区（400～850 nm）产生吸收。通常使用的紫外—可见分光光度计的工作波长范围为190～900 nm，紫外吸收光谱为物质对紫外光区辐射的能量吸收图。朗伯—比尔（Lambert – Beer）定律为光的吸收定律，它是紫外—可见分光光度法定量分析的依据，其数学表达式为：

$$A = \log (1/T) = Ecl$$

式中：

A——吸光度；

T——透光率；

E——吸收系数；

c——溶液浓度；

l——光路长度。

如溶液的浓度 c 为 1%（g/mL），光路长度 l 为 1 cm，相应的吸光度即为吸收系数，以 $E_{1cm}^{1\%}$ 表示。如溶液的浓度 c 为摩尔浓度（mol），光路长度为 1 cm 时，则相应的吸收系数为摩尔吸收系数，以 ε 表示。

2. 仪器

紫外—可见分光光度计主要由光源、单色器、样品室、检测器、记录仪、显示系统和数据处理系统等部分组成。

为了满足紫外—可见光区全波长范围的测定，仪器备有两种光源，即氘灯和碘钨灯，前者用于紫外光区，后者用于可见光区。

单色器通常由入射狭缝、出射狭缝、平行光装置、色散元件、聚焦透镜或反射镜等组成。色散元件有棱镜和光栅两种，棱镜多用天然石英或熔融硅石制成，对 200～400 nm 波长的光的色散能力很强，对 600 nm 以上波长的光的色散能力较差，棱镜色散所得的光谱为非匀排光谱。光栅是将反射或透射光经衍射而达到色散作用，故常称为衍射光栅。光栅光谱是按波长作线性排列的，故为匀排光谱，双光束仪器多用光栅作为色散元件。

检测器有光电管检测器和光电倍增管检测器两种。

紫外—可见分光光度计依据其结构和测量操作方式的不同可分为单光束分光光度计和双光束分光光度计两类。单光束分光光度计有些仍为手工操作，即固定在某一波长，分别测量、比较空白、样品或参比的透光率或吸收度，操作比较费时，用于绘制吸收光谱图时很不方便，但适用于单波长的含量测定。双光束分光光度计借扇形镜交替切换光路使之分成样品 S 和参比 R 两光束，并先后到达检测器。检测器信号经调制分离成两光路对应信号，信号的比值可直接用记录仪记录。双光束分光光度计操作简单，测量快速，自动化程度高，但作含量测定时，为求准确起见，仍宜用固定波长测量方式。

3. 紫外—可见分光光度计的检定

（1）波长准确度。

• 波长准确度的误差范围：紫外—可见分光光度计波长准确度允许误差，紫外光区为 ±1.0 nm，500 nm 处为 ±2.0 nm。

• 波长准确度检定方法包括以下几种：

①用低压汞灯检定：关闭仪器光源，将汞灯（用笔式汞灯最方便）直接对准进光狭缝，如为双光束仪器，用单光束能量测定方式，采用波长扫描方式，扫描速度"慢"（如

15nm/min）、响应"快"、最小狭缝宽度（如0.1 nm）、量程0%～100%，在200～800 nm范围内单方向重复扫描3次，由仪器识别记录各峰值（若仪器无"峰检测"功能，必要时可对指定波长进行"单峰"扫描）。

单光束仪器以751G型为例，可将选择开关放在"×0.1"位置，透光率读数放在"100"（或选择开关放在"×1"，透光率放在"10"），关小狭缝，打开光闸门，缓缓转动波长盘，寻找汞灯546.07 nm峰出现的位置，若与波长读数不符，应调节仪器左侧准直镜的波长调整螺丝；如波长向短波长方向移动，应顺时针方向旋转波长调整螺丝；如向长波长方向移动，则应逆时针方向旋转波长调整螺丝。调整好后，再按汞灯的下列谱线测试，记录每条谱线与仪器波长读数的误差。

用于检定紫外—可见分光光度计的汞灯谱线波长为237.83 nm、253.65 nm、275.28 nm、296.73 nm、302.15 nm、313.16 nm、334.15 nm、365.02 nm、365.48 nm、366.33 nm、404.66 nm（紫色）、435.83 nm（蓝色）、546.07 nm（绿色）、576.96 nm（黄色）及579.07nm。

②用仪器固有的氘灯检定：本法主要用于日常工作中波长准确度的核对。用单光束能量测定方式，测量条件同上述低压汞灯的方法，对486.02 nm及656.10 nm两单峰进行单方向重复扫描3次。

③用氧化钬玻璃检定：将氧化钬玻璃放入样品光路，参比光路为空气，按测定吸收光谱图方法测定。校正自动记录仪器时，应考虑记录仪的时间常数，测定样品与校正时取同一扫描速度。

氧化钬玻璃在279.40 nm、287.50 nm、333.70 nm、360.90 nm、418.7 nm、460.00 nm、484.50 nm、536.20 nm及637.50 nm波长处有尖锐的吸收峰，可供波长检定用。氧化钬玻璃因制造的原因，每片氧化钬的吸收峰波长有差异。另外，在放置过程中也会发生波长漂移，因此需定期由计量部门校验。

④用高氯酸钬溶液检定：本法可供没有单光束测定功能的双光束紫外可见分光光度计波长准确度检定用。

高氯酸钬溶液的配制方法：取10%高氯酸为溶剂，加入氧化钬（Ho_2O_3）配成4%溶液，即得。

高氯酸钬溶液较强的吸收峰波长为241.13 nm、278.10 nm、287.18 nm、333.44 nm、345.47 nm、361.31 nm、416.28 nm、451.30 nm、485.29 nm、536.64 nm、640.52nm。

如果是双光束扫描仪器，但不是数据贮存型的（指直接将信号标记于记录纸上），记录的波长可能因记录笔滞后而非真实波长，为了准确测定，建议采用定点检定方式而不用扫描方式。

（2）吸收度准确度：精确称取在120℃下干燥至恒重的基准重铬酸钾60 mg，置于1 000 mL容量瓶中，用0.005 mol硫酸液溶解并稀释至1 000 mL，用配对的1cm石英池，以0.005 mol硫酸溶液为空白，在235.00 nm、257.00 nm、313.00 nm、350.00 nm处分别测定吸收度，然后换算成$E_{1cm}^{1\%}$，测得值应符合表2-15中规定的误差范围。

表 2 – 15　分光光度法允许误差范围

波长 （nm）	吸收强度	吸收系数 （$E_{1cm}^{1\%}$）	允许误差范围
235.00	最小	124.5	123.3 ~ 126.0
257.00	最大	144.0	142.8 ~ 146.2
313.00	最小	48.6	47.0 ~ 50.3
350.00	最大	106.6	105.5 ~ 108.5

分辨率、基线平直度、稳定度、绝缘电阻等项的检定，按现行国家技术监督局"双光束紫外—可见分光光度计检定规程"，应符合有关项下的规定。日常使用中，对以上两项，即波长和吸光度准确度应根据需要随时检查。

（3）杂散光的检查。可按下表所列的试剂和浓度，配制成水溶液，置于 1 cm 石英池中，在规定的波长处测定透光率，应符合表 2 – 16 中的规定。

表 2 – 16　杂散光的检查及限度

试剂	浓度 （%，g/ mL）	测定用波长 （nm）	透光率（%）
碘化钠	1.00	220.00	< 0.8
亚硝酸钠	5.00	340.00	< 0.8

4. 样品测定操作方法

（1）吸收系数测定（性状项下）：按各品种项下规定的方法配制供试品溶液，在规定的波长［参见 5. 注意事项（8）］测定其吸光度，并计算吸收系数，应符合规定。

（2）鉴别及检查：按各品种项下的规定，测定供试品溶液的最大及最小吸收波长，有的还需测定其在最大吸收波长与最小吸收波长处的吸光度比值，均应符合规定。

（3）含量测定包括以下方法：

• 对照品比较法：按各品种项下规定的方法，分别配制供试品溶液和对照品溶液，对照品溶液中所含被测成分的量应为供试品溶液中被测成分标示量的 100% ±10% 以内；用同一溶剂，在规定的波长处测定供试品溶液和对照品溶液的吸光度。

• 吸收系数法：按各品种项下规定的方法配制供试品溶液，在规定的波长及该波长 ±2 nm 处测定其吸光度，按各品种在规定条件下给出的吸收系数计算含量。

用本法测定时，吸收系数通常应大于 100，并注意仪器的校正和检定，如测定新品种的吸收系数，则需按后列"吸收系数测定法"的规定进行。

• 计算分光光度法：《中国药典》规定，计算分光光度法一般不宜用于含量测定，对于少数采用计算分光光度法的品种，应严格按各品种项下规定的方法进行。用本法时应注意，有一些吸光度是在待测成分吸收曲线的上升或下降陡坡处测定的，影响精度的因素较多，故应仔细操作，尽量使供试品和对照品的测定条件一致；若该品种不用对照品，如维生素 A 测定法（见《中国药典》附录），则应在测定前对仪器做仔细的校正和检定。

• 比色法：供试品本身在紫外 – 可见光区没有强吸收，或在紫外光区虽有吸收但为了

避免干扰或提高灵敏度,加入适当的显色剂,使反应产物的最大吸收移至可见光区。

用比色法测定时,由于显色时影响显色深浅的因素较多,应取供试品与对照品或标准品同时操作。除另有规定外,比色法所用的空白是指用同体积的溶剂代替对照品或供试品溶液,然后依次加入等量的相应试剂,并用同样的方法处理。

当吸光度和浓度关系不呈良好线性时,应取数份梯度量对照品溶液,用溶剂补充至同一体积,显色后测定各溶液的吸光度,然后以吸光度与相应的浓度绘制标准曲线,再根据供试品的吸光度在标准曲线上查得其相应的浓度,并求出其含量。

5. 注意事项

(1) 实验中所用的容量瓶和移液管均应经检定、校正、洗净后使用。

(2) 使用的石英池必须洁净。当石英池中装入同一溶剂,在规定波长测定各石英池的透光率,如透光率相差在0.3%以下者可配对使用,否则必须加以校正。

(3) 取石英池时,手指拿毛玻璃面的两侧。装样品溶液以池体积的4/5为度,使用挥发性溶液时应加盖,透光面要用擦镜纸由上而下擦拭干净,检视应无残留溶剂,为防止溶剂挥发后溶质残留在池子的透光面,可先用醮有空白溶剂的擦镜纸擦拭,然后再用干擦镜纸拭净。石英池放入样品室时应注意每次放入的方向相同。使用后用溶剂及水冲洗干净,晾干防尘保存,石英池如污染不易洗净时可用硫酸发烟硝酸(3:1,V/V)混合液稍加浸泡后,洗净备用。如用铬酸钾清洁液清洗时,石英池不宜在清洁液中长时间浸泡,否则清洁液中的铬酸钾结晶会损坏石英池的光学表面,并应充分用水冲洗,以防止铬酸钾吸附于石英池表面。

(4) 含有杂原子的有机试剂,通常均具有很强的末端吸收。因此,当作溶剂使用时,它们的使用范围均不能小于截止使用波长。例如甲醇、乙醇的截止使用波长为205 nm。另外,当溶剂不纯时,也可能增加干扰吸收。因此,在检查所用的溶剂在供试品所用的波长附近是否符合要求时,应将试剂置于1 cm石英池中,以空气为空白(即空白光路中不置任何物质)测定其吸光度,溶剂和石英池的吸光度应符合表2-17:

表2-17 以空气为空白测定溶剂在不同波长处的吸光度的规定

波长范围(nm)	220~240	241~250	251~300	300以上
吸光度	≤ 0.40	≤ 0.20	≤ 0.10	≤ 0.05

每次测定时应采用同一厂牌批号、混合均匀的同批溶剂。

(5) 称量应按《中国药典》规定的要求。配制测定溶液时稀释、转移次数应尽可能少,转移、稀释时所取容积一般应不少于5 mL。含量测定时供试品应称取2份,如采用对照品比较法,对照品一般也应称取2份。吸收系数检查也应称取供试品2份,平行操作,每份结果对平均值的偏差应在±0.5%以内。做鉴别或检查可取样品1份。

(6) 供试品溶液的浓度,除各品种项下已有注明者外,供试品溶液的吸光度以在0.3~0.7之间为宜,吸光度读数在此范围误差较小,并应结合所用仪器的吸光度线性范围,配制合适的读数浓度。

(7) 选用仪器的狭缝谱带宽度应小于供试品吸收带半高宽度的10%,否则测得的吸光度值会偏低，或以减小狭缝宽度时供试品溶液的吸光度不再增加为准。对于《中国药典》紫外可见分光光度法测定的大部分品种，可以使用 2 nm 缝宽，但当吸收带的半高宽小于 20 nm 时，则应使用较窄的狭缝，例如青霉素钾及钠的吸光度检查则需用 1 nm 缝宽或更窄，否则其 264 nm 的吸光度会偏低。

（8）测定时除另有规定者外，应在规定的吸收峰 ±2 nm 处，再测几点的吸光度，以核对供试品的吸收峰位置是否正确，并以吸光度最大的波长作为测定波长，除另有规定外吸光度最大波长应在该品种项下规定的波长 ±2 nm 以内，否则应考虑试样的同一性、纯度以及仪器波长的准确度。

（9）用于制剂含量测定时，应注意供试液与对照液的 pH 值是否一致，如 pH 值对吸收有影响，则应调溶液的 pH 值一致后再测定吸光度。

6. 结果计算

（1）对照品比较法：可根据供试品溶液及对照品溶液的吸光度与对照品溶液的浓度以正比法算出供试品溶液的浓度，再计算含量。

$$C（样品）= A（样品）\times C（对照）/ A（对照）$$

式中：

A——吸光度值；

C——测试液浓度，单位为 mg/ mL。

（2）吸收系数法：《中国药典》规定的吸收系数，是指正 $E_{1cm}^{1\%}$，即在指定波长时，光路长度为 1 cm，试样浓度换算为 1%（g/ mL）时的吸光度值，故应先求被测样品的 $E_{1cm}^{1\%}$ 值，再与规定的 $E_{1cm}^{1\%}$ 值比较，可计算出供试品的含量。

$$E_{1cm}^{1\%}（样品）= \frac{A}{c \times l}$$

式中：

A——供试品溶液测得的吸光度；

C——供试品溶液的百分浓度，即 100 mL 中所含溶质的克数，单位为 g/ mL；

l——石英池的光路长度 cm。

$$供试品的含量 = E_{1cm}^{1\%}（样品）/ E_{1cm}^{1\%}（标准）\times 100\%$$

式中：

$E_{1cm}^{1\%}$（样品）——根据前式计算出的供试品吸收系数；

$E_{1cm}^{1\%}$（标准）——《中国药典》或药品标准中规定的百分吸收系数。

7. 吸收系数测定法

本法主要用于新品种的吸收系数测定。

（1）测定方法：取精制样品精确称取一定量，使样品溶液配成吸光度读数在 0.6 ~ 0.8 之间，置于 1 cm 石英池中，在规定波长处按 5. 注意事项（8）的规定测出吸光度读数，然后再用同批溶剂将溶液稀释 1 倍，使吸光度读数在 0.3 ~ 0.4 之间，再按上述方法测定。样品应同时测定 2 份，同一台仪器测定的 2 份结果对平均值的偏差应不超过 ±0.3%，否则应重新测定。测定时，先按仪器正常灵敏度测试，然后再减小狭缝测定，直到减小狭缝吸光值不增加为止，取吸光度不改变的数据。再用 4 台不同型号的仪器复测。

吸收系数可根据朗伯 – 比尔定律求算，以下例说明：

已知某化合物的分子量为 287，用乙醇配成浓度为 0.003% 的溶液，在波长 297 nm 处，用 1 cm 石英池，测得吸光度为 0.613 9，求 $E_{1\,cm}^{1\%}$ 值及摩尔吸收系数 ε 值。

$$E_{1\,cm}^{1\%}\,(297\text{nm}) = \frac{A}{cl} = \frac{0.614}{0.003 \times 1} = 205$$

$$\varepsilon\,(297\text{nm}) = \frac{A}{cl} = \frac{0.614}{\dfrac{0.003 \times \dfrac{1\,000}{100}}{287} \times 1} = 5\,874$$

（2）测定注意事项。

● 样品应为精制品，水分或干燥失重应另取样测定并予以扣除。

● 所用的容量仪器及分析天平应经过检定，如有误差应加上校正值。

● 测定所用的溶剂，其吸光度应符合规定。石英池应于临用时配对或作空白校正。

● 称取样品时，其称量准确度应按《中国药典》规定要求。

● 所用的分光光度计应经过严格检定，特别是波长准确度和吸光度精度要进行校正，要注明测定时的温度。

（十三）铵

1. 铵离子

（1）原理。铵离子在碱性溶液中能与纳氏试剂反应生成黄色物质，通过与标准对照液比色，测定铵含量。

（2）溶液配制。

● 氢氧化钠溶液（40 g/L）：称取 4.0 g 氢氧化钠，用水溶解并稀释至 100 mL。

● 纳氏试剂（碱性碘化汞钾试液）：称取碘化钾 10 g，加水 10 mL 溶解后，缓缓加入二氯化汞的饱和水溶液，边加边搅拌，直至生成的红色沉淀不再溶解；加氢氧化钾 30 g 溶解后，再加二氯化汞的饱和水溶液 1 mL 或 1 mL 以上，并用适量的水稀释至 200 mL，静置，使之产生沉淀，即得，用时倾取上清液使用。检查：取本液 2 mL，加入含氨 0.05 mg 的水 50 mL 中，应即时显黄棕色。

● 铵标准贮备液（0.1 mg/ mL）：称取 0.297 g 于 105℃ ~110℃ 下干燥至恒重的氯化铵，用水溶解并稀释至 1 000 mL。

● 铵标准溶液：临用前精确量取铵标准贮备液稀释至所需浓度。

（3）实验步骤。精确量取 10 mL 检验液于 25 mL 纳氏比色管中，另取一支 25 mL 纳氏比色管，加入 10 mL 铵标准溶液，于上述两支比色管中分别加入 2 mL 氢氧化钠溶液（40g/L），使溶液显碱性。随后用蒸馏水稀释至 15 mL，加入 0.3 mL 纳氏试剂。

30 s 后进行检查，比较检验液与对照液的颜色深浅。

2. 铵盐

（1）主题内容和适用范围。本程序规定了铵盐的检查方法和注意事项，使其规范化、标准化，并描述了更改信息；本程序是适用于某些药品中存在微量铵盐的一种限度检查方法。

（2）引用标准。《中国药典》2010 年版二部附录Ⅷ K "铵盐检查法"、《中国药品检验标准操作规范》2010 年版第 220 页 "铵盐检查法"。

（3）简介。本法原理是将供试品置于蒸馏瓶中，加无氨蒸馏水与氧化镁，加热蒸馏，馏出液导入酸性溶液中。最后将溶液碱化，与碱性碘化汞钾试液显色，并与标准氯化铵溶液 2 mL 同法制得的对照液进行比较。

（4）仪器与用具。

500 mL 蒸馏瓶、直形冷凝管。

50 mL 纳氏比色管：应选玻璃外表面无划痕，色泽一致，无瑕疵，管内径和刻度线的高度均一致的质量好的玻璃比色管进行试验。

（5）试药与试液。

● 标准氯化铵溶液的配制：称取氯化铵 31.5 mg，置于 1 000 mL 容量瓶中，加无氨水适量使溶解并稀释到刻度线，摇匀即得（每 1 mL 相当于 10 μg 的 NH_4）。

● 无氨水：见《中国药典》附录Ⅵ A 项下。

● 碱性碘化汞钾试液：见《中国药典》附录Ⅻ B 项下。

（6）操作方法。

● 供试液的制备：取各品种项下规定量的供试品，置蒸馏瓶中，加无氨水 200 mL 与氧化镁 1 g。另取无氨水 5 mL，加稀盐酸 1 滴，置于 50 mL 纳氏比色管中，作为吸收液。加热蒸馏，馏出液导入前述纳氏比色管中，直至馏出液达 40 mL 时，将冷凝管尖端提出液面，用少量无氨水淋洗并停止蒸馏。馏出液加氢氧化钠试液 5 滴，加无氨水至 50 mL。

● 对照溶液的制备：取标准氯化铵溶液 2 mL，按上述方法操作，即得。

● 向上述两管中各加碱性碘化汞钾试液 2 mL，摇匀，放置 15 min，置于白色背景上，自上而下观察，比较颜色。

（7）注意事项。

● 在整个实验中，一定要使用无氨蒸馏水。

● 所用器具应事先用无氨蒸馏水冲洗。

● 停止蒸馏前，一定要先将冷凝管尖端提出液面，避免溶液倒吸。

● 在实验过程中应注意空气中氨气的干扰。

● 若碱性碘化汞钾试液放置时间过长，使用前应进行检查，方法为：取碱性碘化汞钾试液 2 mL，加入标准氯化铵溶液 5 mL 与无氨水 45 mL 的混合溶液中，应即时显黄棕色。

（8）记录。

记录实验室的室温、取样量、标准氯化铵溶液的取用量及实验结果。

（9）结果与判定。供试品管所显颜色浅于对照管时，判为符合规定；如供试品管所显颜色深于对照管时，则判为不符合规定。

（十四）环氧乙烷残留量测定（比色分析法）

1. 原理

环氧乙烷（EO）在酸性条件下水解成乙二醇，乙二醇经高碘酸氧化生成甲醛，甲醛与品红－亚硫酸试液反应产生紫红色化合物，通过比色分析可求得环氧乙烷含量。

2. 溶液配制

（1）0.1 mol 盐酸：取 9 mL 盐酸稀释至 1 000 mL。

（2）高碘酸溶液（5 g/L）：称取高碘酸 0.5 g，溶于水，稀释至 100 mL。

（3）硫代硫酸钠（10 g/L）：称取硫代硫酸钠 1g，溶于水，稀释至 100 mL。

（4）亚硫酸钠溶液（100 g/L）：称取 10 g 无水亚硫酸钠，溶于水，稀释至 100 mL。

（5）品红－亚硫酸试液：称取 0.1 g 碱性品红，加入 120 mL 热水溶解，冷却后加入 10% 亚硫酸钠溶液 20 mL、盐酸 2 mL，置于暗处。试液应无色，若发现有微红色，应重新配制。

（6）乙二醇标准贮备液：取一个外部干燥、清洁的 50 mL 容量瓶，加水约 30 mL，精确称重。精确量取 0.5 mL 乙二醇，迅速加入瓶中，摇匀，精确称重。两次称重之差即为溶液中所含乙二醇的重量，加水至刻度线，混匀，按下式计算其浓度：

$$c = \frac{m}{50} \times 1\ 000$$

式中：

c——乙二醇标准贮备液浓度，单位为 g/L；

m——溶液中乙二醇质量，单位为 g。

（7）乙二醇标准溶液（浓度 $c_1 = c \times 10^{-3}$）：精确量取标准贮备液 1 mL，用水稀释至 1 000 mL。

3. 样品浸提方法

（1）总则。有两种基本的样品浸提方法用于确定产业 EO 灭菌的医疗器械的 EO 残留量，即模拟使用浸提法和极限浸提法。

模拟使用浸提法是指采用使浸提尽量模拟产品使用的方法。这一模拟过程使测量的 EO 残留量相当于患者使用该器械的实际 EO 摄入量。极限浸提法是指再次浸提测得的 EO 残留量小于首次浸提测得值的 10%，或多次浸提测得的累积残留量无明显增加。

宜在取样后制备浸提液，否则应将供试样品封于由聚四氟乙烯密封的金属容器中保存。

引用本部分方法时，若未规定浸提方法，则均按极限浸提法进行。

（2）模拟使用浸提法。采用模拟使用浸提法时，应在产品标准中根据产品的具体使用情况，规定在最严格的预期使用条件下的浸提方法和采集方法。并尽量采用以下条件：

• 浸提介质：用水作为浸提介质。

• 浸提温度：整个或部分与人体接触的器械在 37℃（人体温度）浸提，不直接与人体接触的器械在 25℃（室温）浸提。

• 浸提时间：当确定浸提时间时，应考虑在推荐或预期使用最为严格的时间条件下进行，但不短于 1 h;

• 浸提表面：器械与药液或血液接触表面。

（3）极限浸提法。

取样品上有代表性的部位，截成 5 mm 长的碎块，称取 2 g 置于容量瓶中，加 0.1 mol 盐酸 10 mL，室温放置 1 h，作为供试品溶液。

对于容器类样品，可加 0.1 mol 盐酸至公称容量，在 37℃ ±1℃ 下恒温 1 h，作为供试品溶液。

4. 实验步骤

（1）取 5 支纳氏比色管，分别精确加入 0.1 mol 盐酸 2 mL，再精确加入 0.5 mL、1 mL、1.5 mL、2 mL、2.5 mL 乙二醇标准储备液。另取一支纳氏比色管，精确加入 0.1 mol 盐酸 2 mL 作为空白对照。

（2）于上述各管中分别加入高碘酸溶液（5 g/L）0.4 mL，摇匀，放置 1 h。然后分别滴加硫代硫酸钠溶液（10 g/L）至出现的黄色恰好消失。再分别加入品红－亚硫酸试液 0.2 mL，再用蒸馏水稀释至 10 mL，摇匀，35℃～37℃条件下放置 1 h，于 560 nm 波长处以空白液作参比，测定吸光度。绘制吸光度－体积标准曲线。

（3）精确量取供试品溶液 2 mL 于纳氏比色管中，按上述步骤操作，根据测得的吸光度从标准曲线上查出供试品溶液相应的体积。

5. 结果计算

环氧乙烷残留量用绝对含量或相对含量表示。

（1）按下式计算样品中环氧乙烷的绝对含量：

$$W_{EO} = 1.775 V c_1 m$$

式中：

W_{EO}——单位样品中环氧乙烷绝对含量，单位为 mg；

V——标准曲线上查出的供试品溶液相应的体积，单位为 mL；

c_1——乙二醇标准储备液浓度，单位为 g/L；

m——单位样品的质量，单位为 g。

（2）按下式计算样品中环氧乙烷的相对含量：

$$C_{EO} = 1.775 V c_1 \times 10^3$$

式中：

c_{EO}——单位样品中环氧乙烷相对含量，单位为 μg/g；

V——标准曲线上查出的供试品溶液相应的体积，单位为 mL；

c_1——乙二醇标准贮备液浓度，单位为 g/L。

（3）对于容器类样品，按下式计算容器中环氧乙烷的绝对含量：

$$W_{EO} = 0.335 V c_1 V_1$$

式中：

W_{EO}——单位样品中环氧乙烷绝对含量，单位为 mg；

V——标准曲线上查出的供试品溶液相应的体积，单位为 mL；

c_1——乙二醇标准贮备液浓度，单位为 g/L；

V_1——单位样品的公称容量，单位为 mL。

（4）对于容器类样品，按下式计算容器中环氧乙烷的相对含量：

$$C_{EO} = 0.335 V c_1 \times 10^3$$

式中：

C_{EO}——单位样品中环氧乙烷相对含量，单位为 μg/g；

V——标准曲线上查出的供试品溶液相应的体积，单位为 mL；

c_1——乙二醇标准储备液浓度，单位为 g/L。

（十五）环氧乙烷残留量测定（气相色谱法）

1. 仪器

气相色谱仪，使用时应按照仪器说明书操作。

2. 分析方法

任何气相色谱分析方法，只要证明分析可靠，都可以使用。"分析可靠"是指当对一规定环氧乙烷残留量的器械进行测定时，所选择的分析方法具有足够的准确度、精密度、选择性、线性和灵敏度，且要适合于所使用的分析的器械。

对不同的产品，需进行必要的方法学评价以确定所选择方法的可靠性。

3. 样品浸提方法

（1）总则。

有两种基本的样品浸提方法用于确定产业 EO 灭菌的医疗器械的 EO 残留量，即模拟使用浸提法和极限浸提法。

模拟使用浸提法是指采用使浸提尽量模拟产品使用的方法。这一模拟过程使测量的 EO 残留量相当于患者使用该器械的实际 EO 摄入量。极限浸提法是指再次浸提测得的 EO 残留量小于首次浸提测得值的 10%，或多次浸提测得的累积残留量无明显增加。

宜在取样后制备浸提液，否则应将供试样品封于由聚四氟乙烯密封的金属容器中保存。

引用本部分方法时，若未规定浸提方法，则均按极限浸提法进行。

（2）模拟使用浸提法。采用模拟使用浸提法时，应在产品标准中根据产品的具体使用情况，规定在最严格的预期使用条件下的浸提方法和采集方法。并尽量采用以下条件：

①浸提介质：用水作为浸提介质。

②浸提温度：整个或部分与人体接触的器械在 37℃（人体温度）浸提，不直接与人体接触的器械在 25℃（室温）浸提。

③浸提时间：当确定浸提时间时，应考虑在推荐或预期使用最为严格的时间条件下进行，但不短于 1h。

④浸提表面：器械与药液或血液接触表面。

（3）极限浸提法。

极限浸提法包括热极限浸提法和溶剂极限浸提法。

本部分推荐以水为溶剂的极限浸提方法。

注：GB/T16886.7 给出了环氧乙烷残留量测定的相关信息。

4. 极限浸提法实验步骤

（1）供试品溶液制备：取产品上与人体接触的 EO 相对残留含量最高的部件进行试验，截为 5 mm 长的碎块（或 10 mm² 片状物），取 1 g 放入 20 mL 萃取容器中，精确加入 5 mL 水，密封，60℃ ±1℃ 温度下平衡 40min。

（2）环氧乙烷标准储备液配制：取外部干燥的 50 mL 容量瓶，加入 30 mL 水，加瓶塞，精确称重。用注射器注入 0.6 mL 环氧乙烷，补加瓶塞，轻轻摇匀，盖好瓶塞，称重，前后两次称重之差即为溶液中所含环氧乙烷重量。加水至刻度线制成含环氧乙烷 10 mg/mL 的溶液，作为标准储备液。

（3）绘制标准曲线：用储备液配制 1～10 μg/mL 六个系列浓度的标准溶液。精确量取 5 mL，置于 20 mL 萃取容器中，密封，恒温（60℃±1℃）中平衡 40 min。

用进样器依次从平衡后的标准样中迅速取上部气体，注入进样室，记录环氧乙烷的峰高（或面积）。绘出标准曲线（X：EO 浓度，μg/mL；Y：峰高或面积）。

（4）实验样品的测量：用进样器从平衡后的试样萃取容器中迅速取上部气体，注入进样室，记录环氧乙烷峰高（或面积）。

根据标准曲线计算出样品相应的浓度。

如果所测样品结果不在标准曲线范围内，应改标准溶液的浓度重新作标准曲线。

5. 结果计算

环氧乙烷残留量用绝对含量或相对含量表示。

（1）按下式计算单位产品中环氧乙烷的绝对含量：

$$W_{EO} = 5\ cm_1/m_2 \times 10^{-3}$$

式中：

W_{EO}——单位产品中环氧乙烷绝对含量，单位为 mg；

5——量取的浸提液体积，单位为 mL；

c——标准曲线上查出的供试品溶液相应的浓度，单位为 μg/mL；

m_1——单位产品的质量，单位为 g；

m_2——称样量，单位为 g。

（2）按下式计算样品中环氧乙烷的相对含量：

$$C_{EO} = 5\ c/m$$

式中：

C_{EO}——单位产品中环氧乙烷相对含量，单位为 mg；

5——量取的浸提液体积，单位为 mL；

c——标准曲线上查出的供试品溶液相应的浓度，单位为 μg/mL；

m——称样量，单位为 g。

（十六）pH 值的测定

1. 主题内容和适用范围的测定

本程序规定了 pH 值的测定方法和各种标准缓冲液的配制及保存方法，使其规范化、标准化，并描述了更改信息。

本程序适用于药品的 pH 值测定。

2. 引用标准

《中国药典》2010 年版一部附录Ⅶ G 和二部附录Ⅵ H "pH 值测定法"、《中国药品检验标准操作规范》2010 年版第 172 页 "pH 值测定法"。

3. 简介

pH 值测定法是测定水溶液中氢离子活度的一种方法。

pH 值即水溶液中氢离子活度（以每 1 000 毫升中摩尔数计算）的负对数，pH = $-\lg a_{H^+}$。实际测定中并不能测得单个氢离子准确的活度，只能是一个近似的数值。目前广泛应用的 pH 标度是 pH 的实用值。它是以实验为基础的，其定义为：

$$pH = pHs + （E - E_s）/k$$

式中：

E 与 E_s——电池中含有供试品溶液与标准溶液时测得的电动势；

pHs——标准溶液的已知 pH 值；

k——每改变 1 个 pH 单位时的电位变化值。

测定 pH 值时需选择适宜的对氢离子敏感的电极与参比电极组成电池。常用的对氢离子敏感的电极（简称指示电极）有玻璃电极、氢电极、醌－氢醌电极与锑电极等；参比电极有甘汞电极、银－氯化银电极等。最常用的电极为玻璃电极与饱和甘汞电极。现已广泛使用将指示电极与参比电极组合一体的复合电极。

除另有规定外，水溶液的 pH 值应以玻璃电极为指示电极、饱和甘汞电极为参比电极的不低于 0.01 级的酸度计进行测定。

4. 仪器校正用的标准缓冲液

（1）配制标准缓冲液用水，应是新沸放冷除去二氧化碳的蒸馏水或纯化水（pH 5.5 ~ 7.0），并应尽快使用，以免二氧化碳重新溶入，造成测定误差。

• 草酸盐标准缓冲液：精确称取在 54℃ ±3℃ 下干燥 4 ~ 5 h 的草酸三氢钾 12.71 g，加水溶解并稀释至 1 000 mL。

• 邻苯二甲酸氢钾标准缓冲液：精确称取在 115℃ ±5℃ 下干燥 2 ~ 3 h 的邻苯二甲酸氢钾 10.21 g，加水溶解并稀释至 1 000 mL。

• 磷酸盐标准缓冲液：精确称取在 115℃ ±5℃ 下干燥 2 ~ 3 h 的无水磷酸氢二钠 3.55 g 与磷酸二氢钾 3.40 g，加水溶解并稀释至 1 000 mL。

• 硼砂标准缓冲液：精确称取硼砂 3.81 g（注意避免风化），加水溶解并稀释至 1 000 mL，置于聚乙烯塑料瓶中，密封，避免空气中的二氧化碳进入。

• 氢氧化钙标准缓冲液：于 25℃ 用无二氧化碳的水制备氢氧化钙的饱和溶液，取上清液使用。存放时应防止空气中的二氧化碳进入。一旦出现浑浊，应弃去重配。

上述标准缓冲液必须用 pH 值基准试剂配制。不同温度时标准缓冲液的 pH 值见表2 - 18：

表 2 - 18　不同温度时标准缓冲液的 pH 值

温度/℃	草酸盐 标准缓冲液	邻苯二甲酸氢钾 标准缓冲液	磷酸盐 标准缓冲液	硼砂 标准缓冲液	氢氧化钙 标准缓冲液（25℃）
0	1.67	4.01	6.98	9.64	13.43
5	1.67	4.00	6.95	9.40	13.21
10	1.67	4.00	6.92	9.33	13.00
15	1.67	4.00	6.90	9.28	12.81
20	1.68	4.00	6.88	9.23	12.63
25	1.68	4.01	6.86	9.18	12.45
30	1.68	4.02	6.85	9.14	12.29

（续上表）

温度/℃	草酸盐 标准缓冲液	邻苯二甲酸氢钾 标准缓冲液	磷酸盐 标准缓冲液	硼砂 标准缓冲液	氢氧化钙 标准缓冲液（25℃）
35	1.69	4.02	6.84	9.10	12.13
40	1.69	4.04	6.84	9.07	11.98
45	1.70	4.05	6.83	9.04	11.84
50	1.71	4.06	6.83	9.01	11.71
55	1.72	4.08	6.83	8.99	11.57
60	1.72	4.09	6.84	8.96	11.45

（2）标准缓冲液最好新鲜配制，在抗化学腐蚀、密封的容器中一般可保存两至三个月，如发现有浑浊、发霉或沉淀等现象，不能继续使用。

5. 操作方法

（1）由于各酸度计的精度与操作方法有所不同，应严格按各仪器说明书与注意事项进行操作。

（2）测定之前，按各品种项下的规定，选择两种标准缓冲液（pH 值相差约 3 个单位），使供试品溶液的 pH 值处于二者之间。

（3）开机通电预热数分钟，调节零点与温度补偿（有的可能不需要调零），选择与供试液 pH 值较接近的标准缓冲液进行校正（定位），使仪器读数与标示 pH 值一致；用水充分淋洗电极数次，然后用滤纸吸干，再将电极浸入另一种标准缓冲液进行核对，误差应不超过 0.02 个 pH 单位。如大于此偏差，则应仔细检查电极，如已损坏，应更换；否则，应调节斜率，使仪器读数与第二种标准缓冲液的标示 pH 值相符合。

重复上述定位与核对操作，直至不需要调节仪器为止。读数与两标准缓冲液的标示 pH 值相差应不大于 0.02 个 pH 值单位。

（4）按规定取样或制备样品（配制供试品溶液用水同配制标准缓冲液用水），置于小烧杯中，用供试品溶液充分淋洗电极数次，然后用滤纸吸干，再将电极浸入供试品溶液中，轻摇供试液平衡稳定后，进行读数。

对弱缓冲液（如水）的测定要特别注意，先用邻苯二甲酸氢钾标准缓冲液校正仪器，更换供试品溶液进行测定，并重新取供试品溶液再测；读数时，必须将供试品溶液轻摇均匀，平衡稳定后再进行读数，直至 pH 值的读数在 1 min 内改变不超过 0.05 个 pH 单位为止；然后再用硼砂标准缓冲液校正仪器，再如上法测定。两次 pH 值的读数相差应不超过 0.1，取两次 pH 值读数的平均值为其 pH 值。

供试品溶液的 pH 值大于 9 时，应选用适宜的无钠误差的玻璃电极进行测定。

（5）当 pH 值不需很精确时，可使用 pH 试纸或指示剂进行粗略比较。

第三章

化学检验常见设备

第一节　电子天平

电子天平是以电磁力或电磁力矩平衡原理进行称量的天平。其特点是称量准确可靠、显示快速清晰并且有自动检测系统、简便的自动校准装置以及超载保护等装置。

一、分类及结构组成

电子天平分类：1 mg 以下级别称为电子精密天平，0.1 mg 级别称为电子分析天平，0.01 mg 级别称为准微量天平，1 μg 级别称为微量天平，0.1 μg 及以上级别称为超微量电子天平。

电子天平的主要组成部分有以下几个：

1. 秤盘

秤盘多为金属材料制成，安装在天平的传感器上，是天平进行称量的承受装置。它具有一定的几何形状和厚度，以圆形和方形的居多。

2. 称重传感器

传感器是电子天平的关键部件之一，由外壳、磁钢、极靴和线圈等组成，装在秤盘的下方。

3. 位置检测器

位置检测器是由高灵敏度的远红外发光管和对称式光敏电池组成的，它的作用是将秤盘上的载荷转变成电信号输出。

4. PID 调节器

PID（比例、积分、微分）调节器的作用，就是保证称重传感器快速而稳定地工作。

5. 功率放大器

功率放大器的作用是将微弱的信号进行放大，以保证天平的精度和工作要求。

6. 低通滤波器

低通滤波器的作用是排除外界和某些电器元件产生的高频信号的干扰，以保证称重传感器的输出为一恒定的直流电压。

7. 模数（A/D）转换器

模数转换器的优点在于转换精度高，易于自动调零，能有效地排除干扰，将输入信号转换成数字信号。

8. 微计算机

微计算机是电子天平的数据处理部件，它具有记忆、计算和查表等功能。

9. 显示器

现在的显示器基本上有两种：一种是数码管的显示器，另一种是液晶显示器。它们的作用是将输出的数字信号显示在显示屏幕上。

10. 机壳

机壳的作用是保护电子天平免受灰尘等物质的侵害，同时也是电子元件的基座。

11. 气泡平衡仪（水平仪）

气泡平衡仪的作用是便于工作中有效地判断天平水平位置。

12. 底脚

底脚是电子天平的支撑部件，同时也是电子天平水平的调节部件。

二、使用原理

处于磁场中的通电导体（导线或线圈）将产生一种电磁力，力的方向可用物理学中的"左手定则"来判定，如果通过导体的电流大小和方向以及磁场的方向已知的话，则有电磁力的关系式：

$$F = BLI\sin\theta$$

式中：

F——电磁力；

B——磁感应强度；

L——受力导线长度；

I——电流强度；

$\sin\theta$——通电导体与磁场夹角的正弦。

从式中不难看出电磁力 F 的大小与磁感应强度 B 成正比，与导线长度 L 和电流强度 I 也成正比，还和通电导体与磁场的正弦夹角成正比。在电子天平中，通电导体与磁场的夹角通常为 $90°$，即 $\sin90° = 1$，这时通电导体所受的磁场力最大，所以上式可改写成：

$$F = BLI$$

由于上式中的 B、L 在电子天平中均是一定的，也可视为常数，那么电磁力的大小就决定于电流强度的大小了，亦即电流增大，电磁力也增大；电流减少，电磁力也减小。电流的大小是由天平秤盘上所加载荷的大小，也就是被秤物体的重力大小决定的。当大小相等方向相反的电磁力与重力达到平衡时，则有：

$$F = mg = BLI$$

上式即为电子天平的电磁平衡原理式。通俗地讲，就是当秤盘上加上载荷时，使其秤盘的位置发生了相应的变化，这时位置检测器将此变化量通过 PID 调节器和放大器转换成线圈中的电流信号，并在此采样电阻上转换成与载荷相对应的电压信号，再经过低通滤波器和模数（A/D）转换器，变换成数字信号给计算机进行数据处理，并将此数据显示在显示屏幕上，这就是电子天平的基本原理。

三、操作步骤

1. 仪器安装

（1）工作环境。电子天平为高精度测量仪器，故仪器安装位置应注意：安装平台稳定、平坦，避免震动；避免阳光直射和受热，避免在湿度大的环境工作；避免在空气直接流通的通道上工作。

（2）天平安装。严格按照仪器说明书操作。

2. 天平使用

（1）调水平：天平开机前，应观察天平后部水平仪内的水泡是否位于圆环的中央，否则应通过天平的地脚螺栓调节，左旋升高，右旋下降。

（2）预热：天平在初次接通电源或长时间断电后开机时，至少需要 30 min 的预热时间。因此，实验室电子天平在通常情况下，不要经常切断电源。

（3）天平自检：电子天平设有自检功能，进行自检时，天平显示"CAL……"，稍待片刻，闪显"100"，此时应将天平自身配备的 100 g 标准砝码轻推入，天平即开始自校，片刻后显示"100. 000 0"，继后显示"0"，此时应将 100 g 标准砝码拉回，片刻后天平显示"00. 000 0"；天平自检完毕，即可称量。

（4）放入被称物：将被称物预先放置使之与天平室的温度一致，必要时先用台式天平称出被称物的大约重量。开启天平侧门，将被称物置于天平载物盘中央。放入被称物时应戴手套或用带橡皮套的镊子镊取，不应直接用手接触，并且必须轻拿轻放。

（5）读数：天平自动显示被称物的重量，等稳定后（显示屏左侧亮点消失）即可读数并记录。

（6）关闭天平，进行使用登记。

四、维护保养

（1）天平室要保持高度清洁，清扫天平室时，只能用带潮气的布擦拭，绝不能用湿透的拖把拖地。潮湿物品切勿带入室内，以免增加湿度。

（2）应随时清洁天平外部，至少一周清洁一次。一般可用软毛刷、绒布或麂皮拂去天平上的灰尘，清洁时注意不得用手直接接触天平零件，以免水分遗留在零件上引起金属氧化和量变；因此应戴细纱手套或极薄的胶皮手套，并顺其金属光面条纹进行清洁，以免零件光洁度受损；为避免有害物质的存留，在每次称量完毕后，应立即清洁底座；横梁上之玛瑙刀口的工作棱边应保持高度清洁，常使用麂皮顺其棱边前后滑动，用慢速清洁，中刀承和边刀垫之玛瑙平面及各部之玛瑙轴承也用麂皮清洁；阻尼器的壁上可用软毛刷和麂皮清洁后，再用 20～30 倍放大镜观察是否仍有细小物质存在。

（3）在电子分析天平和砝码附近应放有该天平和砝码实差的检定合格证书，以便衡量时获得准确的数据。

（4）天平玻璃框内需放防潮剂，最好用变色硅胶，并注意更换。

（5）搬动电子分析天平时一定要卸下横梁、吊耳和秤盘。远距离搬动还要包装好，箱外应标志方向和易损符号，并注有"精密仪器切勿倒置"等字样。

（6）将天平置于稳定的工作台上避免振动、气流及阳光照射。

（7）称量易挥发和具有腐蚀性的物品时，要盛放在密闭的容器中，以免腐蚀和损坏电子天平。

（8）经常对电子天平进行自校或定期外校，保证其处于最佳状态。

（9）如果电子天平出现故障应及时检修，不可带"病"工作。

（10）电子天平不可过载使用以免损坏天平。

（11）电子天平若长期不用时应暂时收藏为好。

第二节　电热设备

实验室常用的电热设备有电炉、电热板、电热套、高温炉、烘箱和恒温水浴锅等。使用各种电热设备的注意事项：

（1）电压必须与用电设备的额定工作电压匹配，电源功率要足够，电线规格必须符合要求，要用专用插座。

（2）设备绝缘良好。

（3）不能直接放在木质、塑料等可燃性实验台上，要用隔热材料隔开。

（4）按操作规程正确使用与操作。

一、电炉

（一）概况

电炉是实验室中常用的加热设备，特别是没有煤气设备的实验室更是离不开它。电炉靠电阻丝通过电流产生热能。

（二）工作原理

电炉的结构简单，一条电炉丝嵌在耐火土炉盘的凹槽中，炉盘固定在铁盘座上，电炉丝两头套几节小瓷管后，连接到瓷接线柱上与电源线相连，即成为一个普通的圆盘式电炉。用铁板盖严的盘式电炉称暗式电炉，它可用于不能直接用明火加热的实验。

（三）注意事项

（1）电炉电源最好用电闸开关，不要只靠插头控制，功率较大的电炉尤其应该如此。

（2）电炉不要放在木质、塑料等可燃的实验台上，以免因长时间加热而烤坏台面，甚至引起火灾。电炉应放在水泥台上，或在电炉与木台间垫上足够的隔热层。

（3）若加热的是玻璃容器，必须垫上石棉网。若加热的为金属容器，要注意容器不能触及电炉丝，最好是在断电的情况下取放加热容器。

（4）被加热物若能产生腐蚀性或有毒气体，应放在通风柜中进行。

（5）炉盘内的凹槽要保持清洁，及时清除污物（先断开电源），以保持炉丝良好，延长使用寿命。

（6）更换炉丝时，新换上炉丝的功率应与原来的相同。

（7）电源电压应与电炉本身规定的使用电压相同。

二、电热板

（一）概况

电热板是一种用电热合金丝作发热材料，用云母软板作绝缘材料，外包以薄金属板（铝板、不锈钢板等）进行加热的设备。电热板实质上是一种封闭式电炉，是实验室中特别实用的电热设备之一。根据板材质的不同，电热板主要分为不锈钢电热板、陶瓷电热板、铸铝铸铁电热板、铸铜电热板、玻璃纤维电热板等。由于电热板结构简单，散热均匀，易于安装，加热时无明火、无异味，安全性较好，适用于各种工作环境。目前，电热板已被广泛应用于工业、农业、民用、国防、科技和医疗卫生等领域。

（二）工作原理

电热板的发热材料为电热合金丝，它的工作原理非常简单，就是基本的电热效应。电热板工作时，电流通过电热合金丝使其发热，将电能转换为热能，并传导给外层的壳体。电热板设计有绝缘材料，保证电热合金丝工作时的电流不会给使用者造成安全隐患。

（三）注意事项

1. 安装注意事项

（1）所装位置接触面应平整无凹凸现象。

（2）应放置在干燥处，避免浸水以影响自身绝缘性能。

（3）安装时应先检查安装位置与电热元件规格是否相符，使用电压是否相同。

（4）安装以后应再检查内六脚螺栓、接线座螺栓及接线螺栓是否锁紧，以免热胀冷缩影响产品的使用寿命。

2. 使用注意事项

（1）持续使用温度应小于240℃，瞬时温度不超过300℃。

（2）工作电压选取以大功率—高电压、小功率—低电压为原则，特殊需要可以例外。

（3）必须使用与仪器要求相符的电源，电源插座应采用三孔安全插座，并安装地线。

（4）首次使用会有微烟产生，属于正常现象。

（5）使用过程中应防止加热介质溢出器皿，流入箱体损坏电器。

（6）使用中如出现故障应切断电源再进行检修。

（7）禁止空烧。

三、电热套

（一）概况

电热套是加热烧瓶的专用电热设备，由无碱玻璃纤维和金属加热丝编制的半球形加热内套和控制电路组成，是实验室通用加热仪器的一种。其具有升温快、温度高、操作简便、经久耐用的特点，是做精确控温加热实验的最理想仪器。按功能的不同，电热套可分为电子调温电热套、恒温数显电热套、数显搅拌电热套、调温搅拌电热套、微电脑电热套等。

（二）结构特征

电热套是用无碱玻璃纤维作绝缘材料，将 Cr_2ONi_8O 合金丝簧装置于其中，用硅酸铝棉经真空定型的半球形保温体保温，外壳一次性注塑成型，上盖采用静电喷塑工艺，由于采用球形加热，可使容器受热面积达到 60% 以上，如图 3 - 1 所示。控温采用计算机芯片做主控单元，采用多重数字滤波电路和模糊 PID 控制算法，测量精度高，冲温小，单键轻触操作，双屏显示，内、外热电偶测温，可控硅控制输出，160～240V 宽电压电源，并有断偶保护功能，具有升温快、温度高、操作简便、经久耐用的特点。

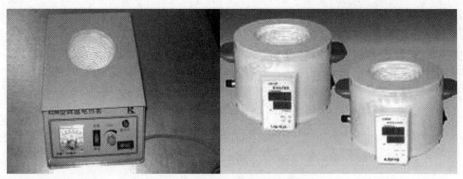

图 3 - 1 常见电热套外观

（三）使用方法

（1）插入 220V 电源，打开电源开关，显示窗显示"K"，设定窗显示"400"字样，为本电器配用 K 型热电偶，最高控制温度为 400℃，3 s 后，显示窗显示室温，设定窗显示上次设定温度值。

（2）单键操作，按设定加"△"或设定减"▽"键不放，将快速设定出所需的加热温度，如 100℃，绿灯亮表示加温，绿灯灭表示停止。微电脑将根据所设定温度与现时温度的温差大小确定加热量，确保无温冲一次升温到位，并保持设定值与显示值 ±1℃ 温差下的供散热平衡，使加热过程轻松完成。

（3）电热套左下方有一橡胶塞子，用来保护外用热电偶插座不腐蚀生锈和导通内线用，拔掉则内探头断开，机器停止工作。如用外用热电偶时应将此塞子拔掉保存，将外用热电偶插头插入插座并锁紧螺母，然后将不锈钢探棒放入溶液中进行控温加热。

（4）该电器设有断偶保护功能，当热电偶连接不良时，显示窗百位上显示"1"或"hhhh"，绿灯灭，电器即停止加温，需检查后再用。

（四）注意事项

（1）仪器应有良好的接地。

（2）第一次使用时，套内有白烟和异味冒出，颜色由白色变为褐色再变成白色属于正常现象，因玻璃纤维在生产过程中含有油质及其他化合物，应放在通风处，数分钟后即可正常使用。

（3）3 000 mL 以上电热套使用时有"吱吱"响声是炉丝结构不同及与可控硅调压脉冲信号有关，可放心使用。

（4）液体溢入套内时，请迅速关闭电源，将电热套放在通风处，待干燥后方可使用，以免漏电或电器短路发生危险。

（5）长期不用时，请将电热套放在干燥、无腐蚀气体处保存。

（6）请不要空套取暖或干烧。

（7）环境湿度相对过大时，可能会有感应电透过保温层传至外壳，请务必接地线，并注意通风。

四、精密烘箱

（一）概况

烘箱，采用国家重点推广的节能环保加热新技术，通过电源使电热管加热，产生热源，当它被加热物体吸收时可直接转变为热能，从而获得快速干燥效果，达到缩短生产周期、节约能源、提高产品质量等目的。

1. 结构

烘箱箱体由角钢、薄钢板制成，如图3-2所示。外壳与工作室间填充玻璃纤维保温与隔热。加热系统装置在工作室的顶部。水平式循环通风，使箱内的温度更加均匀。本烘箱能有效地避免工作室内存在的梯度温差及温度过冲现象，且能提高工作室内的温度均匀性。

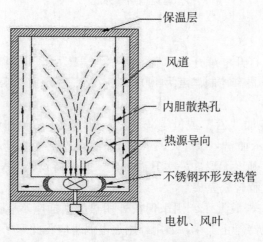

图3-2 烘箱正视图

2. 温度控制

采用智能程序温控仪控温，PID参数自整定，固态继电器调功率，无触点连续调节，自动完成烘干全过程，能满足任何固化曲线的要求，操作简便，性能可靠。配用热敏元件探头组成自动恒温控制，控温精度灵敏，室温300℃任意选择设定。工作室内温度可以从仪表直接读出。恒温时间可达99.99 h。

3. 精密烘箱的产品特点

（1）采用微电脑高精度温度控制器，按上下键即可输入参数，设定方便简单，同时显示设定温度测量，提供恒温条件，以利于实验或干燥的进行。

（2）液体膨胀式超温断电保护装置，确保实验物品的安全。

（3）采用高效压缩玻璃棉，保温效果显著。

（4）特殊设计的强制循环送风系统，保证工作温度分布均匀。

（5）独立的立式拼装设计，使箱体结构合理，占地面积小，有效利用空间。

4. 产品用途

精密烘箱可用于工矿企业、化验室、科研单位等做干燥、热处理、消毒灭菌以及保湿作用。

（二）操作流程

接通电源→打开空气开关→按下启动按钮（风机启动）→按下加热启动→电流表工作设定温度→设定恒温时间→达到时间后报警→切断加热电源→风机继续工作到达设定停机时间后风机停止工作。

（三）工作原理

FR－1210 精密烘箱（精密干燥箱）是由不锈钢发热管通电后发热，经过高效离心风机利用空气流动将发热管中的热量带到工作室内部，在工作室内与被烘烤物品进行热量交换，以达到烘烤或干燥的目的。

（四）注意事项

（1）烘箱放置处要有一定的空间，四面离墙体要有一定距离，建议 2 m 以上。

（2）烘的物品排列不能太密，烘箱底部（散热板）上不可放物品，以免影响热风循环。

（3）禁止烘焙易燃、易爆物品及有挥发性和腐蚀性的物品。

（4）烘焙完毕后先切断电源，然后方可打开工作室门，切记不能直接用手接触烘焙的物品，要用专用的工具或戴隔热手套取烘焙的物品，以免烫伤。

（5）使用烘箱时，温度不能超过烘箱的最高使用温度，一般烘箱在 250℃ 以下。

五、电热恒温水浴锅

（一）概况

电热恒温水浴锅是实验室低温加热设备，常用来加热和蒸发易挥发、易燃的有机溶剂及进行温度低于 100℃ 的恒温实验。

电热恒温水浴锅是内外双层箱式的加热设备，面板为单层，按不同规格开有一定数目的孔，每孔配有四个金属（铜、铝或不锈钢）套圈和小盖，选择套圈可放置大小不同的被加热的仪器。由于电热恒温水浴锅工作水箱选材为不锈钢，具有优越的抗腐蚀性能，温度精确，自动控温；操作简便，使用安全等特点，被广泛应用于干燥、浓缩、蒸馏、浸渍化学试剂、浸渍药品和生物制剂，也可用于水浴恒温加热和其他温度实验，是生物、遗传、病毒、水产、环保、医药、卫生、生化实验室、分析室教育科研的必备工具。

图 3 - 3　恒温水浴锅

（二）结构特点

电热恒温水浴锅分内外两层，内层由整块紫铜板

（或铝板、不锈钢板）冲压而成；外壳常用薄钢板（或不锈钢板）制成，表面烤漆。内层与外壳夹层间充填玻璃棉等保温材料，槽底安的铜管，管内的电炉丝为加热元件。温度控制器一般采用铟钢式、玻璃棒式或双金属片式等膨胀式触点控制方法。有的产品采用热敏元件作为感温探头的电子温度控制器。

水浴锅侧面有电源开关、调温旋钮和指示灯；水箱下侧有放水阀门；水箱上侧可插入温度计。

（三）使用方法

（1）电热恒温水浴锅应安放在水平的台面上，电源使用三孔插座，中间一孔有效接地。

（2）关闭放水阀门，向内锅加清水，加水量约为内锅容积的2/3。为缩短加热时间，也可按需要的温度加入适量热水。

（3）将0℃~100℃的温度计插入软木塞或胶塞内，再插到面板上的温度计插孔中，温度计下端距离搁板2 cm左右。

（4）接通电源，电源指示灯亮（绿色）。按顺时针方向旋转温度调节旋钮，并置于某一适当的刻度，这时加热指示灯亮（红色），水浴锅内电热管通电，水开始受热升温。

（5）使用完毕，关闭电源开关；如长期不用，应将水全部放净、擦干。

（四）注意事项

（1）恒温控制器之刻度仅作温度对照指示，并非温度指示刻度。

（2）在未加水之前，切勿打开电源，以防电热管的热丝烧毁。

（3）箱内外应经常保持整洁。

（4）如遇恒温控制失灵，说明控制器上的传感器失灵，调换后即可使用。

第三节　pH计

pH计是一种常用的仪器设备，主要用来精密测量液体介质的酸碱度值，配上相应的离子选择电极也可以测量离子电极电位MV值，广泛应用于工业、农业、科研、环保等领域。该仪器也是食品厂、饮用水厂办理QS、HACCP认证的必备检验设备。

一、分类及结构组成

人们根据生产与生活的需要，科学地研究生产了许多型号的酸度计，按测量精度可分0.2级、0.1级、0.01级或更高精度；按仪器体积分有笔式（迷你型）、便携式、台式，还有在线连续监控测量的在线式；根据使用的要求可分笔式（迷你型）与便携式pH酸度计，一般是检测人员带到现场检测使用，选择pH酸度计的精度级别是根据用户测量所需的精度决定的，而后根据用户方便使用而选择各式形状的pH计；按便携性分为便携式pH计、台式pH计和笔式pH计；按用途分为实验室用pH计和工业在线pH计等；按先进程度分为经济型pH计、智能型pH计、精密型pH计或分为指针式pH计和数显式pH计。

pH计由三个部件构成：一个参比电极；一个玻璃电极，其电位取决于周围溶液的

pH；一个电流计，该电流计能在电阻极大的电路中测量出微小的电位差。

二、使用原理

pH 计是实验室中用来测定溶液的浓度/酸碱度的仪器。许多化学反应和实验条件都受溶液酸碱特性的影响，对酸碱条件要求不高的实验，溶液的酸碱度可以用 pH 试纸来测量，但对酸碱条件要求高、pH 值对测定结果有影响的实验，需要用酸度计来测量。现代 pH 计具有结构简单、操作方便、测量准确和自动化程度高的优点。

pH 计属于电化学分析仪器，基于电位分析法的原理测量氢离子浓度。电位分析法是根据测量化学原电池的电极电位 E，用能斯特方程求得溶液中待测离子的浓度。所谓化学原电池是一种借助氧化还原反应将化学能转变为电能的装置，由正负两个电极组成，中间由 KCl 盐桥接通电路，当用导线将原电池的两级连接起来时，便产生了电流。我们通过测量两电极之间的电极电位，代入能斯特方程式，即可求得溶液中的氢离子浓度：

$$E = E_0 - 2.302\ 59\ \frac{RT}{nF}\lg a_x$$

式中：

E——电极电位；

a_x——离子浓度；

E_0——标准电势。

酸度计的结构是由电极和电流计两部分组成。电极部分是基于化学原电池的原理设计而成，由测量电极和参比电极组成，其中测量电极能对被测离子有响应，电极电位随离子浓度而变化，而参比电极对任何离子无响应，电极电位对离子浓度变化保持不变。pH 计用的测量电极（指示电极）为玻璃膜氢离子选择电极，对氢离子变化敏感，专门检测溶液中氢离子浓度的变化，内有金属内参比电极（Ag - AgCl）和内参比液；参比电极（外参比电极），与被测离子浓度无关，提供不变的参考电位的电极，由甘汞电极 $Hg_2Cl_2 - Hg_2$ 及外参比液饱和 KCl 溶液组成，其中 KCl 溶液测量时要保证渗出，使盐桥畅通。现在实验室常用的电极为复合电极，使用方便。由于测得的玻璃电极电位与溶液的 pH 值成正比关系，且电机内部溶液的氢离子浓度不变，所以只要测出此电位差就可知被测溶液的 pH 值。

三、操作步骤

（一）安装

（1）将多功能电极架插入电极梗座内。

（2）将 pH 复合电极和温度传感器夹在多功能电极架上。

（3）拉下 pH 电极前段的电极套。

（4）用蒸馏水清洁复合电极，清洁后用滤纸吸干电极底部的水分，然后将复合电极和温度传感器浸入被测溶液中。

（二）开机

一共有四种工作状态，即 pH 测量、MV 测量、设置参数电极标定和等电位点选择，仪器各工作状态可通过相应的键进行切换，按下"ON/OFF"键，仪器自动进入 pH 测量

状态。

(三) 参数设定

当仪器处于 pH 或 MV 测量状态下，按下"设置"键，仪器即进入"设置参数"状态，可以设置日期、手动温度、测量方式、打印方式、操作者编号和标定间隔时间等参数。通过按"△"和"▽"键移动光标位置，""指向所需设置的参数项，按"确定"键，则对选中的参数项进行设置。如按"取消"键，仪器退出设置参数状态，进入 pH 或 MV 测量状态。

(四) 等电位点

仪器处于任何工作状态下，按下"ISO"键，仪器即进入"等电位点"选择工作状态，仪器设有三个等电位点，即 7.00 pH、12.00 pH、17.00 pH。可以通过"△"和"▽"键选用所需的等电位点。

(五) 电极标定

1. 一点标定：用于自动校准仪器的定位值，在测量精度要求不高时采用

(1) 将 pH 复合电极插入仪器的测量电极插座内，并将该电极用蒸馏水清洗干净，放入 pH 标准缓冲液 A（规定五种标准缓冲液的任意一种）中。

(2) 在仪器处于任何工作状态下，按"校准"键，仪器即进入"校定 1"工作状态，此时，仪器显示"标定 1"以及当前测得的 pH 值和温度值。

(3) 当显示屏上的 pH 值读数趋于稳定后，按"确认"键，仪器显示"标定 1 结束"以及 pH 值、EO 值和斜率值，说明仪器已经完成一点标定。此时按"pH"、"MV"和校准键均有效，如按下其中某一键，则仪器进入相应的工作状态。

2. 二点标定：为了提高 pH 值的测量精度

(1) 在完成一点标定后，将电极取出重新用蒸馏水清洗干净，放入 pH 标准缓冲液 B 中。

(2) 再按"校准"键，使仪器进入"标定 2"工作状态，仪器显示"标定 2"以及当前的 pH 值和温度值。

(3) 当显示屏上的 pH 值读数趋于稳定后，按下"确认"键，仪器显示"标定 2 结束"以及 pH 值、EO 值和斜率值，说明仪器已经完成二点标定。此时按"pH"、"MV"键均有效，如按下其中某一键，则仪器进入相应的工作状态。

(六) pH 值测量

开机时，如不需要对 pH 复合电极进行校准，则仪器自动进入 pH 设置的测量方式工作状态，仪器显示当前溶液的 pH 值、温度值以及斜率值。若需标定电极，则按上述方法进行，然后再按"pH"键，仪器进入 pH 设置的测量方式工作状态。

四、维护保养

每隔一个月左右，应对电极进行清洗，先用柔和的水流喷洗附着物，再将电极浸泡于清洗液中一段时间，而后用清水洗净。每次清洗之后，要用缓冲液进行标定。

(1) 电极球泡前端不应有气泡，如有气泡应用力甩出。

(2) 电极从浸泡瓶中取出后，应在去离子水中晃动并甩干，不要用纸巾擦拭球泡，否

则由于静电感应电荷转移到玻璃膜上，会延长电势稳定的时间，更好的方法是使用被测溶液冲洗电极。

（3）pH 复合电极插入被测溶液后，要搅拌晃动几下再静止放置，这样会加快电极的响应。尤其是使用塑壳 pH 复合电极时，搅拌晃动要更厉害一些，因为球泡和塑壳之间会有一个小小的空腔，电极浸入溶液后有时空腔中的气体来不及排出会产生气泡，使球泡或液接界与溶液接触不良，因此必须用力搅拌、晃动以排出气泡。

（4）在黏稠性试样中测试之后，电极必须用去离子水反复冲洗，以除去黏附在玻璃膜上的试样。有时还需先用其他溶液洗去试样，再用水洗去溶液，浸入浸泡液中活化。

（5）避免接触强酸强碱或腐蚀性溶液，如果测试此类溶液，应尽量减少浸入时间，用后清洗干净。

（6）避免在无水乙醇、重铬酸钾、浓硫酸等脱水性介质中使用，它们会损坏球泡表面的水合凝胶层。

（7）塑壳 pH 复合电极的外壳材料是聚碳酸酯塑料 PC，PC 塑料在有些溶液中会溶解，如四氯化碳、三氯乙烯、四氢呋喃等，如果测试中含有以上溶液，就会损坏电极外壳，此时应改用玻璃外壳的 pH 复合电极。

第四节　紫外—可见分光光度计

1852 年，比尔（Beer）参考了布给尔（Bouguer）在 1729 年和朗伯（Lambert）在 1760 年发表的文章，提出了分光光度的基本定律，即液层厚度相等时，颜色的强度与呈色溶液的浓度成比例，从而奠定了分光光度法的理论基础，这就是著名的朗伯—比尔定律。1854 年，杜包斯克（Duboscq）和奈斯勒（Nessler）等人将此理论应用于定量分析化学领域，并且设计了第一台比色计。1918 年，美国国家标准局制成了第一台紫外—可见分光光度计。此后，紫外—可见分光光度计经过不断改进，又出现自动记录、自动打印、数字显示、微机控制等各种类型的仪器，使分光光度法的灵敏度和准确度得到不断提高，其应用范围也不断扩大。紫外—可见分光光度法自问世以来，在应用方面有了很大的发展，尤其是在相关学科发展的基础上，促使分光光度计仪器不断创新，功能更加齐全，拓宽了分光光度法的应用范围。

一、分类及结构组成

紫外—可见分光光度计的类型很多，但可归纳为三种类型，即单光束分光光度计、双光束分光光度计和双波长分光光度计。

紫外—可见分光光度计通常由以下几个部分组成：

1. 辐射源（光源）

对光源的主要要求是在仪器操作所需的光谱区域内，能发射连续的具有足够强度和稳定的辐射，而且使用寿命长。紫外光区及可见光区的辐射光源有白炽光源和气体放电光源两类，紫外光区主要采用低压和直流氢灯或氘灯。

2. 单色器

单色器是从光源辐射的复合光中分离出单色光的光学装置。单色器通常由入射狭缝、准直元件、色散元件、聚焦元件和出射狭缝组成。最常用的色散元件有棱镜和光栅。

3. 吸收池

由于玻璃吸收紫外线，所以通常可见光区用玻璃吸收池，而紫外光区用石英吸收池。

4. 光敏检测器

对分光光度计检测器的要求是在测定的光谱范围内应具有高的灵敏度，对辐射强度呈线性响应，响应快，适于放大，并且有高稳定性和低的"噪音"水平。常用的光电检测器有光电管检测器和光电倍增管检测器。

5. 信号指示系统

信号指示系统的作用是放大信号并以适当方式指示或记录下来。早期常用的信号指示装置有直读检流计、电位调节指示装置以及数字显示或自动记录装置等。现在很多型号的分光光度计都可与计算机配套使用，一方面可对分光光度计进行操作控制，另一方面可进行数据处理。

二、使用原理

物质的吸收光谱本质上就是物质中的分子和原子吸收了入射光中的某些特定波长的光能量，相应地发生了分子振动能级跃迁和电子能级跃迁的结果。由于各种物质具有各自不同的分子、原子和不同的分子空间结构，其吸收光能量的情况各不相同。因此，每种物质就有其特有的、固定的吸收光谱曲线，可根据吸收光谱上的某些特征波长处的吸光度的高低判别或测定该物质的含量，这就是分光光度定性和定量分析的基础。分光光度分析就是根据物质的吸收光谱研究物质的成分、结构和物质间相互作用的有效手段。

又因为许多物质在紫外—可见光区有特征吸收峰，所以可用紫外—可见分光光度法对这些物质分别进行测定（定量分析和定性分析）。紫外—可见分光光度法使用原理基于朗伯—比尔定律。

朗伯—比尔定律是光吸收的基本定律，数学表达式 $A = \log\ (1/T) = Kbc$，是分光光度法定量分析的依据和基础。当入射光波长一定时，溶液的吸光度 $A = \log\ (1/T) = Kbc$ 是吸光物质的浓度 c 及吸收介质厚度 b（吸收光程）的函数。

三、操作步骤

1. 开机

（1）打开稳压电源，打开电脑和仪器电源，视需要打开恒温水循环装置。

（2）打开软件"UVProbe"，点击快捷键"Connect"，仪器自检，待 15 项检查全部通过后，可进行下一步操作。

2. Photometric Module

（1）点击快捷键"Photometric"，激活 Photometric Module。

（2）File > New，建立一个数据文件；Edit > Method，编辑方法，设置各参数。保存数据文件（∗.pho）和方法文件（∗.pmd）。

（3）在参比池、样品池上均放置空白溶液，执行 Auto Zero，将吸光度调零。

（4）在 Standard Table 上输入标准曲线的浓度等信息，在参比池、样品池上放置空白溶液和标准溶液，点击快捷键"Read Std"，读出每个点的吸光度值，绘出标准曲线。

（5）在 Sample Table 上输入待测样品信息，在参比池、样品池上放置空白溶液和待测样品，点击快捷键"Read Unk"，可得到待测样品的浓度。

3．Spectrum Module

（1）点击快捷键"Spectrum"，激活 Spectrum Module。

（2）Edit > Method，编辑方法，设置各参数，保存方法文件（*.smd）。

（3）在参比池、样品池上均放置空白溶液，点击快捷键"Baseline"，输入扫描范围，进行基线校正。

（4）在参比池、样品池上放置空白溶液和待测样品，点击快捷键"Start"可得到相应的光谱图，扫描结束，保存数据文件（*.spc）。

（5）可点击快捷键 Peak Pick/Point Pick/Peak Area 等，查看峰参数。

4．Kinetics Module

（1）点击快捷键"Spectrum"，激活 Kinetics Module。

（2）File > New，建立一个数据文件；Edit > Method，编辑方法，设置各参数。保存数据文件（*.kin）和方法文件（*.kmd）。

（3）在参比池、样品池上均放置空白溶液，执行 Auto Zero，将吸光度调零。

（4）在参比池、样品池上放置空白溶液和待测样品，点击"Start"，开始测定，在 Time Course Graph 图上显示 Abs.~time 曲线。

（5）可使用各快捷键编辑峰、点等信息，也可使用 Michaelis – Menten 方程计算动力学参数。

5．关机

（1）实验完毕，点击快捷键"Disconnect"，关闭软件。

（2）关闭电脑和仪器电源，关闭稳压电源，关闭恒温水循环装置。

（3）洗净比色皿，清理实验台，打扫实验室卫生。

四、维护保养

（1）每次使用后应检查样品室是否积存有溢出溶液，经常擦拭样品室，以防废液腐蚀部件或光路系统。

（2）仪器使用完毕应盖好防尘罩，可在样品室及光源室内放置硅胶袋防潮，但开机时必须取出。

（3）仪器液晶显示器及键盘日常使用时应注意防止划伤，并注意防水、防尘、防腐蚀等。

（4）定期进行性能指标检测，发现问题及时上报。

（5）仪器长期不使用时，应定期更换硅胶，每隔两星期开机运行 1 h，确保仪器的正常使用。

第五节　原子吸收光谱仪

原子吸收光谱法（AAS）是 20 世纪 50 年代中期出现并逐渐发展起来的一种仪器分析方法。原子吸收光谱法也称为原子吸收分光光度分析法，它是根据物质的基态原子蒸气对特征波长光的吸收，测定试样中待测元素含量的分析方法，简称原子吸收分析法。

1955 年，澳大利亚物理学家瓦尔西（A. Walsh）发表了"原子吸收光谱在化学分析中的应用"一文，奠定了原子吸收光谱法的理论基础。20 世纪 60 年代中期，原子吸收光谱法步入迅速发展的阶段。非火焰原子化器的发明和使用，使原子吸收光谱法的灵敏度有了较大的提高，应用更为广泛。近年来，随着计算机、微电子技术、自动化、人工智能技术和化学计量等的迅速发展，各种新材料与元器件的出现，大大改善了仪器性能，使原子吸收光谱仪的精度和准确度及自动化程度得到了极大的提高，使原子吸收分析法成为衡量元素分析灵敏且有效的方法之一。它能够直接测定 70 多种元素，已成为一种常规的分析测试手段，广泛应用于各个领域，特别是在环境、生物医药、食品检验等部门获得了广泛的应用。

一、原子吸收的原理

元素原子的核外电子层具有各种不同的电子能级，最外层的电子在一般情况下处于最低的能级状况，整个原子也处于最低能级状态——基态。基态原子的外层电子得到能量以后，就会发生电子从低能态向高能态的跃迁。这个跃迁所需的能量为原子中的电子能级差 ΔEe。当有一能量等于 ΔEe 的这一特定波长的光辐射通过含有基态原子的蒸汽时，基态原子就吸收了该辐射的能量而跃迁到激发态，而且，是跃迁到第一激发态，所以不难理解，基态原子所吸收的辐射是原子的共振辐射线，即：

$$A^0 + hv \rightarrow A^*　（A^0、A^* 分别表示基态和激发态原子）$$

$$\Delta E_e = E_{A^*} - E_{A^0} = hv$$

在通常的原子吸收测定条件下，原子蒸气中基态原子数近似等于总原子数。在原子蒸气中（包括被测元素原子），可能会有基态与激发态存在。根据热力学的原理，在一定温度下达到平衡时，基态与激发态的原子数的比例遵循 Boltzman 分布定律。

$$\frac{Ni}{N_0} = \frac{g_i}{g_0} e^{-\frac{E_i}{kT}}$$

式中：

N_i 与 N_0——激发态与基态的原子数；

g_i / g_0——激发态与基态的统计权重，它表示能级的简并度；

T——热力学温度；

k——Boltzman 常数；

E_i——激发能。

从上式可知，温度越高，N_i/N_0 值越大，即激发态原子数随温度升高而增加，而且按指数关系变化；在相同的温度条件下，激发能越小，吸收线波长越长，N_i/N_0 值越大。尽管如此变化，但是在原子吸收光谱中，原子化温度一般小于 3 000 K，大多数元素的最强共振线都低于 600 nm，N_i/N_0 值绝大部分在 10^{-3} 以下，激发态和基态原子数之比小于千分之一，激发态原子数可以忽略。因此，基态原子数 N_0 近似等于总原子数 N。

二、原子吸收光谱仪

原子吸收光谱仪在结构上与普通分光光度计类似，只是用锐线光源代替连续光源，用原子化器代替通常用的吸收池而已。原子吸收光谱仪主要由光源、原子化器、分光系统、检测系统四部分组成。如图 3-4 是火焰原子吸收光谱仪的结构示意图。

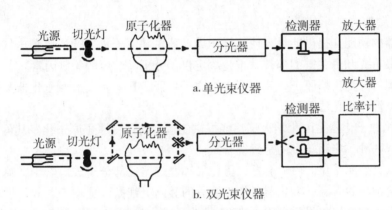

图 3-4　火焰原子吸收光谱仪基本构造示意图

由锐线光源发射出的待测元素的特征光谱线，通过原子化器，被火焰中待测元素基态原子吸收后，进入分光器（分光系统），经分光后，由检测器转化为电信号，最后经放大在读数系统读出。双光束仪器与单光束仪器的不同之处在于，双光束被分光器分成两束光：一束测量光，一束参比光（不经过原子化器）。两束光交替地进入单色器，然后进行检测。通过参比光束的作用，可以克服光源不稳定而造成基线漂移的影响。

1. 光源

光源的作用是辐射待测元素的共振线，以供试样吸收之用。其要求：锐线光源，其发射的共振辐射的半宽度应明显小于被测元素吸收线的半宽度；辐射强度大，背景低（低于共振辐射强度的 1%），保证足够的信噪比，以提高灵敏度；强度的稳定性好；使用寿命长。

空心阴极灯、蒸气放电灯、高频无极放电灯都能满足这些要求，目前应用最广的是空心阴极灯。

空心阴极灯（HCL）又称元素灯，是一种气体放电管，其结构如图 3-5 所示。它是由一个碳棒上镶钛丝或钽丝的阳极和一个由发射所需特征谱线的金属或合金制成的圆筒形阴极构成的。两电极密封于带有石英窗的玻璃管中，管中充有几百帕的低压惰性气体。

空心阴极灯具有以下特点：

（1）强度大，元素在灯内可以重复多次的溅射、激发，激发频率高。

（2）半宽度小，工作电流小（2～5 mA），温度低。

（3）稳定性取决于外电源的稳定性，当供电稳定时，灯的稳定性好。

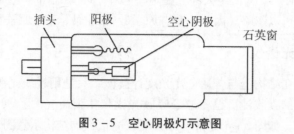

图 3－5　空心阴极灯示意图

2. 原子化器

原子化器的功能是提供能量，使试样干燥、蒸发并原子化，产生原子蒸气，这是原子吸收光谱仪最重要和最关键的部件，也是决定仪器分析灵敏度的关键因素。

原子化器可分为火焰原子化器和非火焰原子化器，其中非火焰原子化器又包含石墨炉原子化器和低温原子化法两种。

（1）火焰原子化器是由化学火焰热能提供能量，使被测原子原子化。其可分为预混合式和全消耗式两种，应用较多的是预混合式。

预混合式火焰原子化器由喷雾器、雾化器和燃烧器三部分组成。其中，喷雾器是将试液雾化，供给细小的雾滴；雾化器是使气溶胶的雾滴更细微、更均匀，并与燃气、助燃气混合均匀后进入燃烧器将试液雾化；燃烧器是形成火焰，使进入火焰的气溶胶蒸发和原子化。

火焰原子化器结构简单，操作方便，应用较广；火焰稳定，重现性及精密度较好；基体效应及记忆效应较小。但雾化效率低，原子化效率低（一般低于30%），检测限比非火焰原子化器高；使用大量载气，起了稀释作用，使原子蒸气浓度降低，也限制了其灵敏度和检测限；某些金属原子易受助燃气或火焰周围空气的氧化作用生成难溶氧化物或发生某些化学反应，也会减少原子蒸气的密度。

（2）石墨炉原子化器是用电热能提供能量来实现元素原子化的。

石墨炉原子化器由电源、保护气系统、石墨炉三部分组成。其中，电源是提供低压电压（约为 10～25 V）、大电流（可达 500 A）的供电系统，可以使石墨管迅速升温，通过控制可以进行程序阶梯升温，最高温度可达 3 000 K；保护气通常使用惰性气体氩（Ar），保护气系统是控制保护气的，仪器启动，保护气氩（Ar）流通，空烧完毕后，切断保护气氩（Ar）。石墨炉炉体周围通有冷却水，以保护炉体。

石墨炉原子化器灵敏度高，检测限低，这是由于温度较高，原子化效率高；管内原子蒸气不被载气稀释，原子在吸收区域中平均停留时间长；经干燥、灰化过程，起到了分离、富集的作用；原子化温度高，可用于分析较难挥发和原子化的元素；在惰性气体保护下原子化，对于易形成难解离氧化物的元素分析更为有利；进样量少，溶液试样量仅为 1～50μL，固体试样量仅为几毫克。但精密度较差，管内温度不均匀，是由进样量、进样位置的变化，以及管内原子浓度的不均匀等因素所致；基态效应、化学干扰较严重，有记忆效应，背景较强；仪器装置较复杂，价格较贵，需要水冷或气冷。

（3）低温原子化法又称化学原子化法，其原子化温度为室温到几百摄氏度。常用的有汞低温原子化法和氢化物原子化法。

汞低温原子化法：汞在室温下有较大的蒸气压，沸点仅为375℃。只要对试样进行适当的化学预处理还原出汞原子，然后由载气（Ar 或 N_2，也可用空气）将汞原子蒸气送入气体吸收池内测定。

氢化物原子化法：适用于 Ge、Sn、Pb、As、Sb、Bi、Se 和 Te 等元素的测定。在一定酸度下，将被测元素还原成极易挥发和分解的氢化物，如 AsH_3、SnH_4 等。这些氢化物由载气送入石英管加热，再进行原子化及吸光度的测量。氢化物可将被测元素从大量的溶液中分离出来，其检测限比火焰法低 1~3 个数量级，选择性好，干扰性少。

3. 分光器

分光器由入射狭缝和出射狭缝、反射镜及色散元件组成。色散元件一般用的是光栅。分光器的作用主要是将光源发射的被测元素的共振吸收线与其他邻近的谱线分开。分光器介于原子化器和检测器之间，防止原子化器内发出辐射干扰检测器，避免光电倍增管疲劳。

4. 检测器

检测器通常为光电倍增管，光电倍增管的工作电源具有较高的稳定性。使用时应注意光电倍增管的疲劳现象，避免使用过高的工作电压、过强的照射光和过长的照射时间。

三、定量分析过程

1. 样品制备

样品制备的第一步是取样，取样量大小要适当，取样量过小，不能保证必要的测定精度和灵敏度；取样量太大，增加了工作量和实际的消耗量。取样量的大小取决于试样中被测元素的含量、分析方法和所要求的测量精度。

在样品制备过程中的一个重要问题就是防止污染。污染是限制灵敏度和检出限的重要原因之一，主要污染来源有水、空气、容器和试剂等，即使是最纯的离子交换水，仍含有少量杂质。在普通的化学实验室中，空气中通常含有 Fe、Cu、Mg、Si 等元素，一般来说，大气污染是很难校正的。容器污染程度因其材质和使用程度而不同，且温度越高污染越大。对于容器的选择要根据测定的要求而定，容器必须洗净。对于不同的容器，应选择合适的洗涤方法。

样品的损失也是不容忽视的，对于浓度很低（小于 $1\mu g/mL$）的溶液，由于吸附等原因，一般说来是不稳定的，不能作为储备液，使用时间最好不要超过 2 天。作为储备液，应该浓度较大（一般在 1 000 $\mu g/mL$ 以上）。无机储备液或试样溶液应放在聚乙烯容器中保存，维持必要的酸度，保存在清洁、低温、阴暗的地方。有机储备液在储存过程中，应避免与塑料、胶木瓶盖等直接接触。

不同的样品有不同的前处理方法，同一样品也有多种前处理方法，选择不同方法的依据就是方便快捷，同时又要尽量减少样品的用量，减少有效成分的流失。样品处理是原子吸收光谱法测定的关键步骤之一，故应寻找简便、有效的样品处理方法技术。样品的前处

理主要有以下几种：

（1）湿式消解法：将样品置于烧杯或者三角烧瓶中，加酸（不同产品使用不同的酸）放在电热板或者电炉上进行加热消解。其优点是设备简单，能处理大量样品。

（2）干式消解法：将样品置于瓷坩埚中，放在电热板上加热碳化，再移入马弗炉中灰化，放冷后加少量混合酸，小火加热至残渣中无碳粒。其适用于有机物含量较多的样品（食品、塑料制品等），但是要注意 Hg、As、Se、Te、Sb 等低沸点元素的挥发。

（3）压力消解法：将样品置于带盖的聚四氟乙烯的密封内罐中，加入酸，将内罐放入不锈钢的套筒内，压紧套筒的盖子，放入烘箱中加热，通常加热温度在 120℃ ~ 180℃ 之间。其优点是酸消耗量少，空白低，试样消解效果好，元素几乎不损失，环境污染小等，但是消解时间长。

（4）微波消解法：与压力消解法类似，也是在聚四氟乙烯的密封内罐中消解，不同的是其需要使用微波加热进行消解。其优点是酸消耗量小，空白低，试样消解效果好，元素几乎不损失，环境污染小，使用硝酸就可以消解大部分有机样品，消解速度较快。但是，微波消解价格较高，样品处理能力不如湿式消解法和干式消解法。

2. 标准曲线法

标准曲线法是最常用的方法，适用于共存组分互不干扰的试样。配一组浓度合适的标准溶液系列（试样溶液的浓度尽可能包含在内），由低浓度到高浓度分别测定吸光度。以浓度为横坐标，吸光度为纵坐标绘制 $A - c$ 标准曲线图。由标准曲线求得试样溶液中待测元素的浓度。

3. 标准加入法

若试样基本组成复杂，且基体成分对测定又有明显干扰，此时可采用标准加入法。

取若干份（如 4 份）等量的试样溶液，分别加入浓度为 0、c_1、c_2、c_3 的标准溶液，稀释到同一体积后，在相同条件下分别测定吸光度。以加入的被测元素浓度为横坐标，对应吸光度为纵坐标，绘制 $A - c$ 曲线图，延长该曲线至与横坐标相交处，即为试样溶液中待测元素的浓度 c_x。

使用标准加入法时应注意：

（1）此法可消除基体效应带来的影响，但不能消除分子吸收、背景吸收的影响。

（2）应保证标准曲线的特性，否则曲线外推易造成较大的误差。

四、原子吸收光谱仪的维护

1. 空心阴极灯的维护

空心阴极灯如长期搁置不用，会因漏气、气体吸附等原因不能正常使用，甚至不能点燃，所以每隔两三个月应将不常用的灯点燃 2 ~ 3 h，保持灯的性能。

空心阴极灯使用一段时间以后会衰老，致使发光不稳、光强减弱、噪声增大及灵敏度下降。在这种情况下，可用激活器再次激活，或者把空心阴极灯反接后在规定的最大工作电流下通电半个多小时。多数元素灯在经过激活处理后其使用性能在一定程度上得到恢复，可延长灯的使用寿命。

装卸元素灯时应拿灯座，不要拿灯管，以防止灯管破裂或通光窗口被玷污，导致光能量下降。如有污垢,可用脱脂棉蘸上 1∶3 的无水乙醇和乙醚的混合液轻轻擦拭进行清除。

2. 氘灯的维护

不要在氘灯电流调节器处于很大值时开启氘灯,以免因大电流的冲击而影响其使用寿命。使用氘灯切勿频繁开关,以免影响其使用寿命。

3. 透镜的维护

外光路的透镜不应用手触摸,要保存清洁,透镜表面如落有灰尘,可用洗耳球吹去或用擦镜纸轻轻擦掉,千万不能用嘴去吹,以免留下口水圈。如沾有污垢,可用乙醇和乙醚的混合液清洗。光学零件不能用汽油等溶液和重铬酸钾—硫酸液清洗。石墨炉原子化器在石墨管两端的透镜易被样液污染,要经常检测、清洗。

4. 雾化燃烧系统的维护

(1) 全系统的维护。分析任务完成后,应继续点火,喷入去离子水约 10 min,以清除雾化燃烧系统中的任何微量样品。溢出的溶液,特别是有机溶液滴,应予以清除,废液应及时清倒。每周应对雾化燃烧系统清洗一次,若分析样品浓度较高,则每天分析完毕都应清洗一次。若使用有机溶液喷雾或在空气—乙炔焰中喷入高浓度的 Cu、Ag、Hg 盐溶液,则工作后应立即清洗,防止这些盐类生成不稳定的乙炔化合物,引起爆炸。有机溶液的清洗方法是先喷与样品互溶的有机溶液 5 min,再喷丙酮 5 min,然后再喷 1% HNO_3 5 min,最后再喷去离子水 5 min。

(2) 喷雾器的维护。如发现进样量小,则可能是毛细管被堵塞。若毛细管被气泡堵塞,可把它从溶液中取出,继续通压缩空气,并用手指轻轻弹动即可。若被溶质或其他物质堵塞,可点火喷纯溶液。如无改善,可用软细金属清除。若仍然不通,则应更换毛细管。

(3) 雾化室的维护。雾化室必须定期清洗,清洗时可先取下燃烧器,可用去离子水从雾化室上口灌入,让水从废液管排走。若喷过浓酸、碱溶液及含有大量有机物的试样后应马上清洗。注意检查排液管下的水封是否有水,排液管不要插进废液中,防止二次水封导致排液不畅。

(4) 燃烧器的维护。燃烧器的长缝点燃后应呈现均匀的火焰,若火焰不均匀,长时间出现明显的不规则变化——缺口或锯齿形,说明缝被碳或无机盐沉积物或溶液滴堵塞,需清除。可把火焰熄灭后,先用滤纸插入擦拭。如不起作用,可吹入空气,同时用单面刀沿缝细心刮除,让压缩空气将刮下的沉积物吹掉,但要注意不要把缝刮伤。必要时可以卸下燃烧器,拆开清洗。

5. 石墨炉的维护

石墨炉与石墨管连接的两个端面要保持平滑、清洁,保证两者之间紧密连接。如发现石墨锥有污染要立即清除,以防止随气流进入石墨管中,造成测量误差,影响测试结果。

石墨炉温度的标定:可取高纯度金属丝直径 0.5 nm、长 3~5 cm 插入石墨炉中按工作程序升温,从金属丝头部看是否熔融而知温度标称值与实际温度之差。

6. 其他

经常检测氩气、乙炔气和压缩空气的各个连接管道,保证不泄漏。经常检测乙炔的压力,保证压力大于 500 kPa,以防止丙酮挥发进入管道而损坏仪器。

第六节　气相色谱

气相色谱（Gas Chromatography，简称"GC"）是指用气体作为流动相的色谱法，是20世纪50年代出现的一项重大科学技术成就。气相色谱仪除了用于定量和定性分析外，还能测定样品在固定相上的分配系数、活度系数、分子量和比表面积等物理化学常数。它是一种对混合气体中各组成分进行分析检测的仪器。

色谱分析仪器由载气带入，通过对待检测混合物中组分有不同保留性能的色谱柱，使各组分分离，依次导入检测器，以得到各组分的检测信号。按照导入检测器的先后次序，经过对比，可以区别出是哪一组分，根据峰高度或峰面积可以计算出各组分含量。

一、分类及结构组成

（一）气相色谱仪的分类

气相色谱仪分为两类：一类是气固色谱仪，另一类是气液分配色谱仪。这两类色谱仪所进行分离的固定相不同，但仪器的结构是通用的。

（二）气相色谱仪的基本构造

气相色谱仪的基本构造有两部分，即分析单元和显示单元。前者主要包括气源及控制计量装置、进样装置、恒温器和色谱柱；后者主要包括检定器和自动记录仪。色谱柱（包括固定相）和检定器是气相色谱仪的核心部件。

（三）气相色谱仪的六大系统

1. 载气系统

气相色谱仪中的气路是一个载气连续运行的密闭管路系统。整个载气系统要求载气纯净、密闭性好、流速稳定，以及流速测量准确。

2. 进样系统

进样就是把气体或液体样品迅速而定量地加到色谱柱上端。

3. 分离系统

分离系统的核心是色谱柱，它的作用是将多组分样品分离为单个组分。色谱柱分为填充柱和毛细管柱两类。

4. 检测系统

检测器的作用是把被色谱柱分离的样品组分根据其特性和含量转化成电信号，经放大后，由记录仪记录成色谱图。

通常采用的检测器有热导检测器、火焰离子化检测器、氦离子化检测器、超声波检测器、光离子化检测器、电子捕获检测器、火焰光度检测器、电化学检测器和质谱检测器等。

（1）热导检测器（TCD）属于浓度型检测器，即检测器的响应值与组分在载气中的浓度成正比。它的基本原理是基于不同物质具有不同的热导系数，它几乎对所有的物质都有响应，是目前应用最广泛的通用型检测器。由于在检测过程中样品不被破坏，因此可用于制备和其他联用鉴定技术。

（2）氢火焰离子化检测器（FID）是利用有机物在氢火焰的作用下化学电离而形成离子流，借测定离子流强度进行检测。该检测器灵敏度高、线性范围宽、操作条件不苛刻、噪声小、死体积小，是有机化合物检测常用的检测器。但是检测时样品易被破坏，一般只能检测那些在氢火焰中燃烧产生大量碳正离子的有机化合物。

（3）电子捕获检测器（ECD）是利用电负性物质捕获电子的能力，通过测定电子流进行检测的。ECD 具有灵敏度高、选择性好的特点。它是一种专属型检测器，是目前分析衡量电负性有机化合物最有效的检测器，元素的电负性越强，检测器灵敏度越高，对含卤素、硫、氧、羰基、氨基等的化合物有很高的响应。电子捕获检测器已广泛应用于有机氯和有机磷农药残留量、金属配合物、金属有机多卤或多硫化合物等的分析测定。它可用氮气或氩气作载气，最常用的是高纯氮。

（4）火焰光度检测器（FPD）对含硫和含磷的化合物有比较高的灵敏度和选择性。其检测原理是，当含磷和含硫物质在富氢火焰中燃烧时，分别发射具有特征的光谱，透过干涉滤光片，用光电倍增管测量特征光的强度。

（5）质谱检测器（MSD）是一种质量型、通用型检测器，其原理与质谱相同。它不仅能给出一般 GC 检测器所能获得的色谱图（总离子流色谱图或重建离子流色谱图），而且能够给出每个色谱峰所对应的质谱图。通过计算机对标准谱库的自动检索，可提供化合物分析结构的信息，故是 GC 定性分析的有效工具。该检测器常被称为色谱—质谱联用（GC－MS）分析，是将色谱的高分离能力与质谱的结构鉴定能力结合在一起。

5. 信号记录或微机数据处理系统

近年来，气相色谱仪主要采用色谱数据处理机。色谱数据处理机可打印记录色谱图，并能在同一张记录纸上打印出处理后的结果，如保留时间、被测组分质量分数等。

6. 温度控制系统

该系统用于控制和测量色谱柱、检测器、气化室温度，是气相色谱仪的重要组成部分。气相色谱仪分为两类：一类是气固色谱仪，另一类是气液分配色谱仪。这两类色谱仪所进行分离的固定相不同，但仪器的结构是相同的。

二、使用原理

色谱仪利用色谱柱先将混合物分离，然后利用检测器依次检测已分离出来的组分。色谱柱的直径为几毫米，其中填充有固体吸附剂或液体溶剂，所填充的吸附剂或溶剂称为固定相。与固定相相对应的还有一个流动相。流动相是一种与样品和固定相都不发生反应的气体，一般为氮气或氢气。待分析的样品在色谱柱顶端注入流动相，流动相带着样品进入色谱柱，故流动相又称为载气。载气在分析过程中是连续地以一定流速流过色谱柱的；而样品则只是一次一次地注入，每注入一次得到一次分析结果。样品在色谱柱中得以分离是基于热力学性质的差异。固定相与样品中的各组分具有不同的亲和力（对气固色谱仪是吸附力不同，对气液分配色谱仪是溶解度不同）。当载气带着样品连续地通过色谱柱时，亲和力大的组分在色谱柱中移动速度慢，因为亲和力大意味着固定相拉住它的力量大，亲和力小的则移动速度快。四根柱管实际上是一根，是用来表示样品中各组分在不同瞬间的状态的。样品是由 A、B、C 三个组分组成的混合物。在载气刚将它们带入色谱柱时，三者是完全混合的。经过一定时间，即载气带着它们在柱中走过一段距离后，三者开始分离。再继续前进，三者便分离开。固定相对它们的亲和力是 A > B > C，故移动速度是 C > B > A。走在最前面的组分 C 首先进入紧接在色谱柱后的检测器，如状态（Ⅳ），而后 B 和 A 也依次进入检测器。检测器对每个进入的组分都给出一个相应的信号。将样品注入载气为计时起点，到各组分经分离后依次进入检测器，检测器给出对应于各组分的最大信号（常称峰值）所经历的时间称为各组分的保留时间 Tr。实践证明，在条件（包括载气流速、固定相的材料和性质、色谱柱的长度和温度等）一定时，不同组分的保留时间 Tr 也是一定的。因此，反过来可以从保留时间推断出该组分是何种物质，故保留时间可以作为色谱仪器实现定性分析的依据。

检测器对每个组分所给出的信号，在记录仪上表现为一个个的峰，称为色谱峰。色谱峰上的极大值是定性分析的依据，而色谱峰所包罗的面积则取决于对应组分的含量，故峰面积是定量分析的依据。一个混合物样品注入后，由记录仪记录得到的曲线，称为色谱图。分析色谱图就可以得到定性分析和定量分析的结果。

载气由载气钢瓶提供，经过载气流量调节阀稳流和转子流量计检测流量后到样品气化室。样品气化室有加热线圈，以使液体样品气化；如果待分析样品是气体，气化室便不必加热。气化室本身就是进样室，样品可以经它注射加入载气。载气从进样口带着注入的样品进入色谱柱，经分离后依次进入检测器而后放空。检测器给出的信号经放大后由记录仪记录下样品的色谱图。

气相色谱仪是一种多组分混合物的分离、分析工具，它是以气体为流动相，采用冲洗法的色谱柱技术。当多组分的分析物质进入到色谱柱时，由于各组分在色谱柱中的气相和固定液液相间的分配系数不同，因此各组分在色谱柱的运行速度也不同，经过一定的柱长后，依次离开色谱柱进入检测器，经检测后转换为电信号传送至数据处理工作站，从而完成对被测物质的定性、定量分析。

三、操作步骤

（1）打开氮气、氢气、空气发生器的电源开关（或氮气钢瓶总阀），调整输出压力稳定在 0.4 MPa 左右（气体发生器一般在出厂时已调整好，不用再调整）。

（2）打开气相色谱仪，气体净化器的氮气开关转到"开"的位置。注意观察气相色谱仪载气 B 的柱前压上升并稳定大约 5 min 后，打开气相色谱仪的电源开关。

（3）设置各工作部件温度。TVOC 分析的条件设置：

●柱箱：柱箱初始温度50℃、初始时间10 min、升温速率5℃/min、终止温度250℃、终止时间10 min；

●进样器和检测器：250℃。

苯分析时的色谱条件：

●柱箱：柱箱初始温度100℃、初始时间0min、升温速率0℃/ min、终止温度0℃、终止时间0 min；

●进样器和检测器：150℃。

（4）点火：待检测器（按"显示→换档→检测器"可查看检测器温度）温度升到

100℃以后，打开净化器上的氢气、空气开关阀到"开"的位置。观察气相色谱仪上的氢气和空气压力表，使其分别稳定在0.1 MPa和0.15 MPa左右。按住点火开关（每次点火时间不能超过8 s）点火，同时用明亮的金属片靠近检测器出口，当火点着时在金属片上会看到明显的水汽；如果在6~8 s内氢气没有被点燃，要松开点火开关，再重新点火。在点火操作的过程中，如果发现检测器出口内白色的聚四氟帽中有水凝结，可旋下检测器收集极帽，把水清理掉。在色谱工作站上判断氢火焰是否点燃的方法为观察基线在氢火焰点着后的电压值是否高于点火之前。

（5）打开电脑及工作站A，打开一个方法文件——TVOC分析方法或苯分析方法，显示屏左下方应有蓝字显示当前的电压值和时间。接着可以转动色谱仪放大器面板上点火按钮上边的"粗调"旋钮，检查信号是否为通路（转动"粗调"旋钮时，基线应随之变化）。待基线稳定后，进样品并同时点击"启动"按钮或按一下气相色谱仪旁边的快捷按钮，进行色谱数据分析。分析结束时，点击"停止"按钮，数据即自动保存。

（6）关机程序：首先关闭氢气和空气气源，使氢火焰检测器灭火。在氢火焰熄灭后再将柱箱的初始温度、检测器温度及进样器温度设置为室温（20℃~30℃），待温度降至设置温度后，关闭气相色谱仪电源，最后关闭氮气。

（7）使用热解析仪分析标准样品。

• TVOC分析时：首先把热解析仪的温度设置为300℃，把六通阀的开关置于反吹位置，固定好热解析管接头。待热解析仪的温度稳定在300℃后，用微量进样器抽取1 μL一定浓度的标准样品，将进样针扎入热解析仪的进样口，然后缓慢地将样品推入热解析管中，打开反吹气开关阀并同时计时，到5 min时关闭反吹开关阀。接着把金属毛细管插入进样口B内，随后把热解析管移到加热炉内加热，同时开始计时。加热1 min后，将热解析仪的六通阀转换到"进样"位置，接着马上按色谱面板上的"起始"键和工作站的"启动"键，进行样品分析。5 min后再把六通阀转换到反吹位置，将金属毛细管从进样口拔出，打开反吹气开关阀以活化热解析管。

• 苯分析时：首先把热解析仪的温度设置为300℃，把六通阀的开关置于反吹位置，固定好热解析管接头。待热解析仪的温度稳定在320℃后，用气密进样针抽取一定量标准浓度气体，将进样针扎入热解析仪的进样口，然后缓慢地将样品推入热解析管中，打开反吹气开关阀并同时计时，到5 min时关闭反吹开关阀。接着把金属毛细管插入进样口B内，随后把热解析管移到加热炉内加热，同时开始计时。加热1 min后，将热解析仪的六通阀转换到"进样"位置，接着马上按工作站的"启动"键，进行样品分析。5 min后再把六通阀转换到反吹位置，将金属毛细管从进样口拔出，打开反吹气开关阀以活化热解析管。

（8）样品分析。

• TVOC分析时：首先把热解析仪的温度设置为300℃，把六通阀的开关置于反吹位置，固定好已经采集了现场样品的热解析管。待热解析仪的温度稳定在300℃后，把金属毛细管插入进样口B内，随后把热解析管移到加热炉内加热，同时开始计时。加热1 min后，将热解析仪的六通阀转换到"进样"位置，接着马上按色谱面板上的"起始"键和工作站的"启动"键，进行样品分析。5 min后再把六通阀转换到反吹位置，将金属毛细管从进样口拔出，打开反吹气开关阀以活化热解析管。

• 苯分析时：首先把解析仪的温度设置为 300℃，把六通阀的开关置于反吹位置，固定好已采集了现场样品的热解析管。待热解析仪的温度稳定在 320℃后，把金属毛细管插入进样口 B 内，随后把热解析管移到加热炉内加热，同时开始计时。加热 1 min 后，将热解析仪的六通阀转换到"进样"位置，接着马上按工作站的"启动"键，进行样品分析。5min 后再把六通阀转换到反吹位置，将金属毛细管从进样口拔出，打开反吹气开关阀以活化热解析管。

四、维护保养

1. 仪器内部的吹扫、清洁

气相色谱仪停机后，打开仪器的侧面和后面面板，用仪表空气或氮气对仪器内部灰尘进行吹扫，对积尘较多或不容易吹扫的地方用软毛刷配合处理。吹扫完成后，对仪器内部存在有机物污染的地方用水或有机溶剂进行擦洗，对水溶性有机物可以先用水进行擦拭，对不能彻底清洁的地方可以再用有机溶剂进行处理，对非水溶性或可能与水发生化学反应的有机物用不与之发生反应的有机溶剂进行清洁，如甲苯、丙酮、四氯化碳等。注意，在擦拭仪器过程中不能对仪器表面或其他部件造成腐蚀或二次污染。

2. 电路板的维护和清洁

气相色谱仪准备检修前，切断仪器电源，首先用仪表空气或氮气对电路板和电路板插槽进行吹扫，吹扫时用软毛刷配合对电路板和插槽中灰尘较多的部分进行仔细清理。操作过程中应尽量戴手套，以防止静电或手上的汗渍等对电路板上的部分元件造成影响。

吹扫工作完成后，应仔细观察电路板的使用情况，看印刷电路板或电子元件是否有明显被腐蚀的现象。对电路板上沾染有机物的电子元件和印刷电路用脱脂棉蘸取酒精小心擦拭，电路板接口和插槽部分也要进行擦拭。

3. 进样口的清洗

在检修时，对气相色谱仪进样口的玻璃衬管、分流平板、进样口的分流管线、EPC 等部件分别进行清洗是十分必要的。

（1）玻璃衬管和分流平板的清洗：从仪器中小心取出玻璃衬管，用镊子或其他小工具小心移去衬管内的玻璃毛和其他杂质，移取过程不要划伤衬管表面。

如果条件允许，可将初步清理过的玻璃衬管在有机溶剂中用超声波进行清洗，烘干后使用；也可以用丙酮、甲苯等有机溶剂直接清洗，清洗完成后经过干燥即可使用。

分流平板最为理想的清洗方法是在溶剂中超声处理，烘干后使用；也可以选择合适的有机溶剂清洗，即从进样口取出分流平板后，首先采用甲苯等惰性溶剂清洗，再用甲醇等醇类溶剂进行清洗，烘干后使用。

（2）分流管线的清洗：气相色谱仪用于有机物和高分子化合物的分析时，许多有机物的凝固点较低，样品从气化室经过分流管线放空的过程中，部分有机物在分流管线凝固。

气相色谱仪经过长时间的使用后，分流管线的内径逐渐变小，甚至完全被堵塞。分流管线被堵塞后，仪器进样口显示压力异常，峰形变差，分析结果异常。在检修过程中，无论事先能否判断分流管线有无堵塞现象，都需要对分流管线进行清洗。分流管线的清洗一般选择丙酮、甲苯等有机溶剂，对堵塞严重的分流管线有时用单纯清洗的方法很难清洗干净，需要采取一些其他辅助的机械方法来完成，可以选取粗细合适的钢丝对分流管线进行简单的疏通，然后再用丙酮、甲苯等有机溶剂进行清洗。由于事先不容易对分流部分的情况做出准确判断，所以对手动分流的气相色谱仪来说，在检修过程中对分流管线进行清洗是十分必要的。

对于 EPC 控制分流的气相色谱仪，由于长时间使用，有可能使一些细小的进样垫屑进入 EPC 与气体管线接口处，随时可能对 EPC 部分造成堵塞或造成进样口压力变化，所以每次检修过程应尽量对仪器 EPC 部分进行检查，并用甲苯、丙酮等有机溶剂进行清洗，然后烘干处理。

由于进样等原因，进样口的外部随时可能会形成部分有机物凝结，可用脱脂棉蘸取丙酮、甲苯等有机物对进样口进行初步的擦拭，然后对擦不掉的有机物先用机械方法去除，注意在去除凝固有机物的过程中一定要小心操作，不要对仪器部件造成损伤。将凝固的有机物去除后，再用有机溶剂对仪器部件进行仔细擦拭。

4. TCD 和 FID 检测器的清洗

TCD 检测器在使用过程中可能会被色谱柱流出的沉积物或样品中夹带的其他物质所污染。TCD 检测器一旦被污染，仪器的基线便出现抖动，噪声增加，因此有必要对检测器进行清洗。

惠谱（HP）的 TCD 检测器可以采用热清洗的方法，具体为关闭检测器，把柱子从检测器接头上拆下，把柱箱内检测器的接头用死堵堵死，将参考气的流量设置到 20~30 mL/min，设置检测器温度为 400℃，热清洗 4~8 h，降温后即可使用。

国产或日产 TCD 检测器污染可用以下方法，即仪器停机后，将 TCD 的气路进口拆下，用 50 mL 注射器依次将丙酮（或甲苯，可根据样品的化学性质选用不同的溶剂）、无水乙醇、蒸馏水从进气口反复注入 5~10 次，用吸耳球从进气口处缓慢吹气，吹出杂质和残余液体，然后重新安装好进气接头，开机后将色谱柱温升到 200℃，检测器温度升到 250℃，通入比分析操作气流大 1~2 倍的载气，直到基线稳定为止。

对于严重污染的 TCD 检测器，可将出气口堵死，从进气口注满丙酮（或甲苯，可根据样品的化学性质选用不同的溶剂），保持 8 h 左右，排出废液，然后按上述方法处理。

FID 检测器在使用中稳定性好，对使用要求相对较低，使用普遍，但在长时间使用过程中，容易出现检测器喷嘴和收集极积炭等问题，或有机物在喷嘴或收集极处沉积等情况。对 FID 积炭或有机物沉积等问题，可以先对检测器喷嘴和收集极用丙酮、甲苯、甲醇等有机溶剂进行清洗；当积炭较厚不能清洗干净的时候，可以对检测器积炭较厚的部分用细砂纸小心打磨。注意在打磨过程中不要对检测器造成损伤。初步打磨完成后，对污染部分进一步用软布进行擦拭，再用有机溶剂进行最后清洗，一般即可消除。

第七节　高效液相色谱

高效液相色谱（High Performance Liquid Chromatography，简称"HPLC"）是指流动相为液体的技术。早期的液相色谱（经典液相色谱）是将小体积的试液注入色谱柱上部，然

后用洗脱液（流动相）洗脱。这种经典色谱法，流动相依靠自身的重力穿过色谱柱，柱效差（固定相颗粒不能太小），分离时间很长。高效液相色谱法是在经典色谱法的基础上，引用了气相色谱的理论，在技术上，流动相改为高压输送色谱柱，是以特殊的方法用小粒径的填料填充而成，从而使柱效大大高于经典液相色谱（每米塔板数可达几万或几十万）；同时，柱后连有高灵敏度的检测器，可对流出物进行连续检测。

一、分类及结构组成

液相色谱法（LC）可分为液固色谱法（LSC）和液液色谱法（LLC）。此外，还有超临界流体色谱法（SFC），它以超临界流体（界于气体和液体之间的一种物相）为流动相（常用 CO_2），因其扩散系数大，能很快达到平衡，故分析时间短，特别适用于手性化合物的拆分。

HPLC 的出现不过四十多年的时间，但这种分离分析技术的发展十分迅猛，目前应用也十分广泛，其仪器结构和流程也多种多样。高效液相色谱仪一般都具备贮液器、高压泵、梯度洗脱装置（用双泵）、进样器、色谱柱、检测器、恒温器、记录仪等主要部件。高效液相色谱仪的结构示意图见图 3-6：

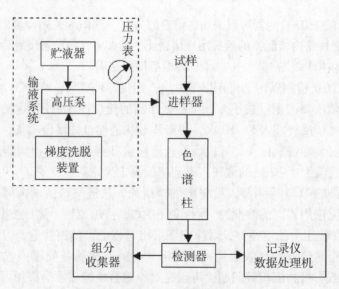

图 3-6　高效液相色谱仪结构示意图

（一）高压泵

HPLC 使用的色谱柱很细（1~6 mm），所用固定相的粒度也非常小（几微米到几十微米），所以流动相在柱中流动受到的阻力很大。在常压下，流动相流速十分缓慢，柱效低且费时，为了达到快速、高效分离，必须给流动相施加很大的压力，以加快其在柱中的流动速度，为此必须用高压泵进行高压输液。所以，高压、高速是高效液相色谱的特点之一。

（1）HPLC 使用的高压泵应满足下列条件：

● 流量恒定，无脉动，并有较大的调节范围（一般为 1~10 mL/min）。

● 能抗溶剂腐蚀。

● 有较高的输液压力，对于一般分离，$60 \times 10^5 Pa$ 的压力就满足了；对于高效分离，要求达到 $150 \times 10^5 Pa \sim 300 \times 10^5 Pa$。

（2）高压泵的分类如下：

● 往复式柱塞泵：当柱塞推入缸体时，泵头出口（上部）的单向阀打开，同时，流动相进入的单向阀（下部）关闭，这时就输出少量的流体。反之，当柱塞向外拉时，流动相入口的单向阀打开，出口的单向阀同时关闭，一定量的流动相就由其贮液器吸入缸体中。这种泵的特点是不受整个色谱体系中其余部分阻力稍有变化的影响，连续供给恒定体积的流动相。

● 气动放大泵：其工作原理是压力为 P_1 的低压气体推动大面积（S_A）活塞 A，则在小面积（S_B）活塞 B 输出压力增大至 P_2 的液体。压力增大的倍数取决于 A 和 B 两活塞的面积比，如果 A 与 B 的面积之比为 50∶1，则压力为 $5 \times 10^5 Pa$ 的气体就可得到压力为 $250 \times 10^5 Pa$ 的输出液体。这是一种恒压泵。

（二）梯度洗脱装置

类似于 GC 中的程序升温，梯度洗脱已成为现代高效液相色谱中不可缺少的部分。梯度洗脱就是载液中含有两种（或更多）不同极性的溶剂，在分离过程中按一定的程序连续改变载液中溶剂的配比和极性，通过载液中极性的变化来改变被分离组分的分离因素，以提高分离效果。梯度洗脱可以分为以下两种：

（1）低压梯度（也叫外梯度）：在常压下，预先按一定程序将两种或多种不同极性的溶剂混合后，再用一台高压泵输入色谱柱。

（2）高压梯度（或称内梯度）：利用两台高压输液泵，将两种不同极性的溶剂按设定的比例送入梯度混合室，混合后，进入色谱柱。

（三）进样器

（1）注射器进样装置：进样所用微量注射器及进样方式与 GC 法一样。进样压力小于 $150 \times 10^5 Pa$，当进样压力大于 $150 \times 10^5 Pa$ 时，必须采用停流进样。

（2）高压定量进样阀：与 GC 法用的流通法相似，能在高压下进样。

（四）色谱柱

色谱柱是色谱仪最重要的部件，是色谱仪的心脏。通常用厚壁玻璃管或内壁抛光的不锈钢管制作，对于一些有腐蚀性的样品且要求耐高压时，可用铜管、铝管或聚四氟乙烯管。

柱子内径一般为 $1 \sim 6$ mm，常用的标准柱型是内径为 4.6 mm 或 3.9 mm，长度为 $15 \sim 30$ cm 的直形不锈钢柱。填料颗粒度 $5 \sim 10$ μm，柱效以理论塔板数计大约为 7 000 ~ 10 000。

色谱柱发展趋势是减小填料粒度和柱径以提高柱效。

（五）检测器

1. 紫外光度检测器

紫外光度检测器的作用原理是基于被分析试样组分对特定波长紫外光的选择性吸收，组分浓度与吸光度的关系遵守朗伯—比尔定律。它是最常用的检测器，应用最广，对大部

分有机化合物有响应。其特点是：

（1）灵敏度高，即使对紫外光吸收很弱的物质也能够检测到。

（2）线性范围宽。

（3）流通池可做得很小（1 mm×10 mm，容积8 μL）。

（4）对流动相的流速和温度变化不敏感，可用于梯度洗脱。

（5）波长可选，易于操作。例如，使用装有流通池的紫外—可见分光光度计（可变波长检测器）。

其缺点是对紫外光完全不吸收的试样不能检测；同时溶剂的选择受到限制。

2. 光电二极管阵列检测器

光电二极管阵列是紫外检测器的一个重要进展。阵列由1 024个光电二极管阵列组成，每个光电二极管宽仅50 μm，各检测一窄段波长。在检测器中，光源发出的紫外或可见光通过液相色谱流通池，在此流动相中的各个组分进行特征吸收，然后通过狭缝，进入单色器进行分光，最后由光电二极管阵列检测，得到各个组分的吸收信号，经计算机快速处理，得到三维立体谱图。

3. 荧光检测器

荧光检测器是一种高灵敏度、高选择性的检测器，对多环芳烃，维生素 B、黄曲霉素、卟啉类化合物、农药、药物、氨基酸、甾类化合物等有响应。荧光检测器的结构及工作原理和荧光光度计相似。

4. 差示折光检测器

差示折光检测器是除紫外检测器之外应用最多的检测器，是借连续测定流通池中溶液折射率的方法来测定试样浓度的检测器。溶液的折射率是纯溶剂（流动相）和纯溶质（试样）折射率乘以各物质的浓度之和。因此溶有试样的流动相和纯流动相之间折射率之差可表示试样在流动相中的浓度。

5. 电导检测器

电导检测器的作用原理是根据物质在某些介质中电离后所产生电导的变化来测定电离物质含量的。

二、固定相和流动相

在色谱分析中，如何选择最佳的色谱条件以实现最理想分离，是色谱工作者的重要工作，也是用计算机实现 HPLC 分析方法建立和优化的任务之一。本部分着重讨论填料基质、化学键合固定相和流动相。

（一）基质（担体）

HPLC 填料可以是陶瓷性质的无机物基质，也可以是有机聚合物基质。无机物基质主要是硅胶和氧化铝。无机物基质刚性大，在溶剂中不容易膨胀。有机聚合物基质主要有交联苯乙烯—二乙烯苯、聚甲基丙烯酸酯。有机聚合物基质刚性小、易压缩，溶剂或溶质容易渗入有机基质中，可导致填料颗粒膨胀，结果减少传质，最终使柱效降低。

硅胶基质的填料被用于大部分的 HPLC 分析，尤其是小分子量的待分析物，聚合物填料用于大分子量的待分析物质，主要用来制成分子排阻和离子交换柱。

（二）化学键合固定相

将有机官能团通过化学反应共价键合到硅胶表面的游离羟基上而形成的固定相称为化学键合相。这类固定相的突出特点是耐溶剂冲洗，并且可以通过改变键合相有机官能团的类型来改变分离的选择性。

化学键合相按键合官能团的极性分为极性键合相和非极性键合相两种。

（1）分离中等极性和极性较强的化合物可选择极性键合相。氰基键合相对双键异构体或含双键数不等的环状化合物的分离有较好的选择性；氨基键合相具有较强的氢键结合能力，对某些多官能团化合物如甾体、强心甙等有较好的分离能力，氨基键合相上的氨基能与糖类分子中的羟基产生选择性相互作用，故被广泛用于糖类的分析，但它不能用于分离羰基化合物，如甾酮、还原糖等，因为它们之间会发生反应生成 Schiff 碱；二醇基键合相适用于分离有机酸、甾体和蛋白质。

（2）分离非极性和极性较弱的化合物可选择非极性键合相。利用特殊的反相色谱技术，例如反相离子抑制技术和反相离子对色谱法等，非极性键合相也可用于分离离子型或可离子化的化合物。短链烷基键合相用于极性化合物的分离；而苯基键合相适用于分离芳香化合物。

（三）流动相

1. 流动相的性质要求

一个理想的液相色谱流动相溶剂应具有低黏度、与检测器兼容性好、易于得到纯品和低毒性等特征。

选好填料（固定相）后，强溶剂使溶质在填料表面的吸附减少，相应的容量因子 k（在一定温度下，化合物在两相间达到分配平衡时，在固定相与流动相中的浓度之比）降低；而较弱的溶剂使溶质在填料表面吸附增加，相应的容量因子 k 升高。因此，k 值是流动相组成的函数。塔板数 N（用于定量表示色谱柱的分离效率，简称"柱效"）一般与流动相的黏度成反比。所以选择流动相时应考虑以下几个方面：

（1）流动相应不改变填料的任何性质。低交联度的离子交换树脂和排阻色谱填料有时遇到某些有机相会溶胀或收缩，从而改变色谱柱填床的性质。碱性流动相不能用于硅胶柱系统；酸性流动相不能用于氧化铝、氧化镁等吸附剂的柱系统。

（2）纯度。色谱柱的寿命与大量流动相通过有关，特别是当溶剂所含杂质在柱上积累时。

（3）必须与检测器匹配。使用 UV 检测器时，所用流动相在检测波长下应没有吸收，或吸收量很小。当使用示差折光检测器时，应选择折光系数与样品差别较大的溶剂作为流动相，以提高灵敏度。

（4）黏度要低（应小于 2cp）。高黏度溶剂会影响溶质的扩散、传质，降低柱效，还会使柱压增加，延长分离时间。最好选择沸点在 100℃ 以下的流动相。

（5）样品的溶解度要适宜。如果溶解度欠佳，样品会在柱头沉淀，不但影响了纯化分离，且会使柱子恶化。

（6）样品易于回收，应选用挥发性溶剂。

2. 流动相的选择

在化学键合相色谱法中，溶剂的洗脱能力与它的极性相关。在正相色谱中，溶剂的强

度随极性的增强而增加；在反相色谱中，溶剂的强度随极性的增强而减弱。

正相色谱的流动相通常采用烷烃加适量极性调整剂。

反相色谱的流动相通常以水作为基础溶剂，再加入一定量的能与水互溶的极性调整剂，如甲醇、乙腈、四氢呋喃等。极性调整剂的性质及其所占比例对溶质的保留值和分离选择性有显著影响。一般情况下，甲醇—水系统已能满足多数样品的分离要求，且流动相黏度小、价格低，是反相色谱最常用的流动相。但 Snyder 则推荐采用乙腈—水系统做初始实验，因为与甲醇相比，乙腈的溶剂强度较高且黏度较小，并可满足在紫外 185～205 nm 处检测的要求。因此，综合来看，乙腈—水系统要优于甲醇—水系统。

在分离含极性差别较大的多组分样品时，为了使各组分均有合适的 k 值并分离良好，也需采用梯度洗脱技术。

3. 流动相的 pH 值

采用反相色谱法分离弱酸（$3 \leqslant pKa \leqslant 7$）或弱碱（$7 \leqslant pKa \leqslant 8$）样品时，通过调节流动相的 pH 值，以抑制样品组分的解离，增加组分在固定相上的保留，并改善峰形的技术称为反相离子抑制技术。对于弱酸，流动相的 pH 值越小，组分的 k 值越大，当 pH 值远远小于弱酸的 pKa 值时，弱酸主要以分子形式存在；对于弱碱，情况相反。分析弱酸样品时，通常在流动相中加入少量弱酸，常用 50 mmol/L 磷酸盐缓冲液和 1% 醋酸溶液；分析弱碱样品时，通常在流动相中加入少量弱碱，常用 50 mmol/L 磷酸盐缓冲液和 30 mmol/L 三乙胺溶液。

4. 流动相的脱气

HPLC 所用流动相必须预先脱气，否则容易在系统内溢出气泡影响泵的工作。气泡还会影响柱的分离效率，影响检测器的灵敏度、基线稳定性，甚至使仪器无法检测（噪声增大，基线不稳，突然跳动）。此外，溶解在流动相中的氧还可能与样品、流动相甚至固定相（如烷基胺）反应。溶解气体还会引起溶剂 pH 值的变化，给分离或分析结果带来误差。

溶解氧能与某些溶剂（如甲醇、四氢呋喃）形成有紫外吸收的络合物，此络合物会提高背景吸收（特别是在 260 nm 以下），并导致检测灵敏度的轻微降低，更重要的是，它会在梯度淋洗时造成基线漂移或形成鬼峰（假峰）。在荧光检测中，溶解氧在一定条件下还会引起淬灭现象，特别是对芳香烃、脂肪醛、酮等。在某些情况下，荧光响应可降低达95%。在电化学检测中（特别是还原电化学法），氧的影响更大。

除去流动相中的溶解氧将大大提高 UV 检测器的性能，也将改善在一些荧光检测应用中的灵敏度。常用的脱气方法有加热煮沸、抽真空、超声、吹氦等。

5. 流动相的滤过

所有溶剂使用前都必须经 0.45 μm（或 0.22 μm）滤过，以除去杂质微粒，色谱纯试剂也不例外（除非在标签上标明"已滤过"）。

用滤膜过滤时，特别要注意分清有机相（脂溶性）滤膜和水相（水溶性）滤膜。有机相滤膜一般用于有机溶剂，过滤水溶液时流速低或滤不动；水相滤膜只能用于过滤水溶液，严禁用于过滤有机溶剂，否则滤膜会被溶解，溶有滤膜的溶剂不得用于 HPLC。对于混合流动相，可在混合前分别过滤，如需混合后过滤，首选有机相滤膜。现在已有混合型滤膜出售。

6. 流动相的贮存

流动相一般贮存于玻璃、聚四氟乙烯或不锈钢容器内，不能贮存在塑料容器中，因为许多有机溶剂如甲醇、乙酸等可浸出塑料表面的增塑剂，导致溶剂受污染。这种被污染的溶剂如用于 HPLC 系统，可能造成柱效降低。贮存容器一定要盖严，防止溶剂挥发引起组成变化，也防止氧和二氧化碳溶入流动相。

磷酸盐、乙酸盐缓冲液很易长霉，应尽量新鲜配制使用，不要贮存；如确需贮存，可在冰箱内冷藏，并在 3 天内使用，用前应重新滤过。容器应定期清洗，特别是盛水、缓冲液和混合溶液的瓶子，以除去底部的杂质沉淀和可能生长的微生物。因为甲醇有防腐作用，所以盛甲醇的瓶子无此现象。

7. 卤代有机溶剂应特别注意的问题

卤代有机溶剂可能含有微量的酸性杂质，能与 HPLC 系统中的不锈钢反应。卤代有机溶剂与水的混合物比较容易分解，不能存放太久。卤代有机溶剂（如 CCl_4、$CHCl_3$ 等）与各种醚类（如乙醚、二异丙醚、四氢呋喃等）混合后，可能会反应生成一些对不锈钢有较大腐蚀性的产物，这种混合流动相应尽量不使用，或新鲜配制。此外，卤代有机溶剂（如 CH_2Cl_2）与一些反应性有机溶剂（如乙腈）混合静置时，还会产生结晶。总之，卤代有机溶剂最好新鲜配制使用。如果是和干燥的饱和烷烃混合，则不会产生类似问题。

8. HPLC 用水

HPLC 应用中要求超纯水，如检测器基线的校正和反相柱的洗脱。

三、使用原理

高效液相色谱法按分离机制的不同分为液固吸附色谱法、液液分配色谱法（正相与反相）、离子交换色谱法、离子对色谱法及分子排阻色谱法。

（一）液固吸附色谱法

液固吸附色谱法使用固体吸附剂，待分离组分在色谱柱上的分离原理是根据固定相对组分吸附力大小不同而分离。分离过程是一个吸附—解吸附的平衡过程。常用的吸附剂为硅胶或氧化铝，粒度 5 ~ 10 μm，适用于分离分子量为 200 ~ 1 000 的组分，大多数用于非离子型化合物，离子型化合物易产生拖尾，常用于分离同分异构体。

（二）液液色谱法

液液分配色谱法是将特定的液态物质涂于担体表面，或化学键合于担体表面而形成的固定相，分离原理是根据待分离组分在流动相和固定相中的溶解度不同而分离。分离过程是一个分配平衡过程。

涂布式固定相应具有良好的惰性。其流动相必须预先用固定相饱和，以减少固定相从担体表面流失，温度的变化和不同批号流动相的区别常引起柱子的变化，另外在流动相中存在的固定相也使样品的分离和收集复杂化。由于涂布式固定相很难避免固定液流失，现已很少采用。现在多采用的是化学键合固定相，如 C_{18}、C_8、氨基柱、氰基柱和苯基柱。

液液分配色谱法按固定相和流动相的极性不同可分为正相色谱法（NPC）和反相色谱法（RPC）。

1. 正相色谱法

该法采用极性固定相（如聚乙二醇、氨基与腈基键合相），流动相为相对非极性的疏水性溶剂（烷烃类如正己烷、环己烷），常加入乙醇、异丙醇、四氢呋喃、三氯甲烷等以调节组分的保留时间。常用于分离中等极性和极性较强的化合物（如酚类、胺类、羰基类及氨基酸类等）。

2. 反相色谱法

该法一般用非极性固定相（如 C_{18}、C_8），流动相为水或缓冲液，常加入甲醇、乙腈、异丙醇、丙酮、四氢呋喃等与水互溶的有机溶剂以调节保留时间。适用于分离非极性和极性较弱的化合物。反相色谱法在现代液相色谱中应用最为广泛，据统计，它占整个 HPLC 应用的 80% 左右。

随着柱填料的快速发展，反相色谱法的应用范围逐渐扩大，现已应用于某些无机样品或易解离样品的分析。为控制样品在分析过程中的解离，常用缓冲液控制流动相的 pH 值。但需要注意的是，C_{18} 和 C_8 使用的 pH 值通常为 2.5～7.5（2～8），太高的 pH 值会使硅胶溶解，太低的 pH 值会使键合的烷基脱落。有报告称新商品柱也可在 pH1.5～10 范围操作。

（三）离子交换色谱法

离子交换色谱法的固定相是离子交换树脂，常用苯乙烯与二乙烯交联形成的聚合物骨架，在表面末端芳环上接上羧基、磺酸基（称阳离子交换树脂）或季氨基（阴离子交换树脂）。待测组分在色谱柱上的分离原理是树脂上可电离离子与流动相中具有相同电荷的离子及待测组分的离子进行可逆交换，根据各离子与离子交换基团具有不同的电荷吸引力而分离。

缓冲液常用作离子交换色谱的流动相。待分离组分在离子交换柱中的保留时间除跟组分离子与树脂上的离子交换基团作用强弱有关外，还受流动相的 pH 值和离子强度影响。pH 值可改变化合物的解离程度，进而影响其与固定相的作用。流动相的盐浓度大，则离子强度高，不利于样品的解离，导致样品较快流出。

离子交换色谱法主要用于分析有机酸、氨基酸、多肽及核酸等。

（四）离子对色谱法

离子对色谱法又称偶离子色谱法，是液液色谱法的分支。它是根据待分离组分离子与离子对试剂离子形成中性的离子对化合物后，在非极性固定相中溶解度增大，从而使其分离效果改善。其主要用于分析离子强度大的酸碱物质。

分析碱性物质常用的离子对试剂为烷基磺酸盐，如戊烷磺酸钠、辛烷磺酸钠等。另外高氯酸、三氟乙酸也可与多种碱性样品形成很强的离子对。

分析酸性物质常用四丁基季铵盐，如四丁基溴化铵、四丁基铵磷酸盐。

离子对色谱法常用 ODS 柱（即 C_{18}），流动相为甲醇—水或乙腈—水，水中加入 3～10 mmol/L 的离子对试剂，在一定的 pH 值范围内进行分离。被测组分留时间与离子对性质、浓度、流动相组成及其 pH 值、离子强度有关。

（五）分子排阻色谱法

分子排阻色谱法的固定相是有一定孔径的多孔性填料，流动相是可以溶解样品的溶剂。小分子量的化合物可以进入孔中，滞留时间长；大分子量的化合物不能进入孔中，直接随流动相流出。它利用分子筛对分子量大小不同的各组分排阻能力的差异而完成分离。常用于分离高分子化合物，如组织提取物、多肽、蛋白质、核酸等。

四、操作步骤

（1）过滤流动相，根据需要选择不同的滤膜。

（2）对抽滤后的流动相进行超声脱气 10~20 min。

（3）打开 HPLC 工作站（包括计算机软件和色谱仪），连接好流动相管道，连接检测系统。

（4）进入 HPLC 控制界面主菜单，点击"manual"，进入手动菜单。

（5）有一段时间没用，或者换了新的流动相，需要先冲洗泵和进样阀。冲洗泵，直接在泵的出水口，用针头抽取。冲洗进样阀，需要在"manual"菜单下，先点击"purge"，再点击"start"，冲洗时速度不要超过 10mL/min。

（6）调节流量。初次使用新的流动相，可以先试一下压力，流速越大，压力越大，一般不要超过 2 000pai。点击"injure"，选用合适的流速，点击"on"，走基线，观察基线的情况。

（7）设计走样方法。点击"file"，选取"select users and methods"，可以选取现有的各种走样方法。若需建立一个新的方法，点击"new method"。选取需要的配件，包括进样阀、泵、检测器等。选完后，点击"protocol"。一个完整的走样方法需要包括：①进样前的稳流，一般 2~5 min；②基线归零；③进样阀的 loading - inject 转换；④走样时间，因不同的样品而不同。

（8）进样和进样后操作。选定走样方法，点击"start"进样，所有的样品均需过滤。方法走完后，点击"postrun"，可记录数据和做标记等。全部样品走完后，再用上面的方法走一段基线，洗掉剩余物。

五、维护保养

1. 检测器的维护和保养

（1）检测器是高效液相色谱仪器的数据收集部分，由很多的电子和光学元件组成，禁止拆卸更改仪器内部元件，防止损坏或影响准确度。

（2）仪器内部的流通池是流动相流过的元件，样品的干净程度和微生物的生长都可能污染流通池，导致无法检测或检测结果不准，所以在使用了一段时间以后要先用水冲洗流通池和管路，再换有机溶剂冲洗。

（3）当仪器检测数据出现明显波动，基线噪音变大时要冲洗仪器管路，冲洗后如果还是没有改善就应该检测氘灯能量，如果能量不足就应更换新的氘灯。

（4）仪器在每次使用完之后都要用水和一定浓度的有机溶剂冲洗管路，保证下次使用时管路和系统的清洁。

2. 泵的维护和保养

为了延长泵的使用寿命和维持其输液的稳定性，必须按照下列注意事项进行操作：

（1）防止任何固体微粒进入泵体，因为尘埃或其他任何杂质微粒都会磨损柱塞、密封环、缸体和单向阀，因此应预先除去流动相中的所有固体微粒。流动相最好在玻璃容器内蒸馏，而常用的方法是过滤，可采用 Millipore 滤膜（0.2 μm 或 0.45 μm）等滤器。泵的入口都应连接砂滤棒（或片）。输液泵的滤器应经常清洗或更换。

（2）流动相不应含有任何腐蚀性物质，含有缓冲液的流动相不应保留在泵内，尤其是在停泵过夜或更长时间的情况下。如果将含缓冲液的流动相留在泵内，由于蒸发或泄漏，甚至只是由于溶液的静置，就可能析出盐的微细晶体，这些晶体将和上述固体微粒一样损坏密封环和柱塞等。因此，必须泵入纯水将泵充分清洗后，再换成适合于色谱柱保存和有利于泵维护的溶剂（对于反相键合硅胶固定相，可以是甲醇或甲醇—水）。

（3）泵工作时要注意防止溶剂瓶内的流动相被用完，否则空泵运转也会磨损柱塞、缸体或密封环，最终产生漏液。

（4）输液泵的工作压力决不要超过规定的最高压力，否则会使高压密封环变形，产生漏液。

（5）流动相应该先脱气，以免在泵内产生气泡，影响流量的稳定性，如果有大量气泡，泵就无法正常工作。

3. 色谱柱的维护和保养

（1）避免压力和温度的急剧变化及任何机械震动。温度的突然变化或者使色谱柱从高处掉下都会影响柱内的填充状况；柱压的突然升高或降低也会冲动柱内填料，因此在调节流速时应该缓慢进行，在阀进样时阀的转动不能过缓。

（2）应逐渐改变溶剂的组成，特别是在反相色谱中，不应直接从有机溶剂全部改变为水，反之亦然。

（3）一般说来色谱柱不能反冲，只有在生产者指明该柱可以反冲时，才可以反冲除去留在柱头的杂质；否则反冲会迅速降低柱效。

（4）选择使用适宜的流动相（尤其是 pH），以避免固定相被破坏。有时可以在进样器前面连接一预柱，分析柱是键合硅胶时，预柱也为硅胶，可使流动相在进入分析柱之前预先被硅胶"饱和"，避免分析柱中的硅胶基质被溶解。

（5）避免将基质复杂的样品尤其是生物样品直接注入柱内，需要对样品进行预处理或者在进样器和色谱柱之间连接一保护柱。保护柱一般是填有相似固定相的短柱。保护柱可以而且应该经常更换。

（6）经常用强溶剂冲洗色谱柱，清除保留在柱内的杂质。在进行清洗时，对流路系统中流动相的置换应以相混溶的溶剂逐渐过渡，每种流动相的体积应是柱体积的 20 倍左右，即常规分析需要 50 ~ 75 mL。

第八节　离子色谱

早在 20 世纪 40 年代，离子交换树脂就已用于离子性物质的分离，只不过那时只能进行一些简单的分离，不能对柱流出物进行连续的检测，而且分离效果差、耗时长。20 世纪 60 年代末，离子交换树脂性能有所改进，加上高压泵输送流动相，使分离的效果和速度都有大大的提高。1975 年，Small 等人成功地解决了用电导检测器连续检测流出物的难题，从此有了真正意义上的离子色谱法。20 世纪 80 年代初，离子色谱已经广泛地被人们所认同、接受，离子色谱的销售量每年以 15% 以上的速度递增。

当前，在国外无论是气相色谱还是高效液相色谱、离子色谱、毛细管电泳均是各行各业分析测试的首选工具，特别是作为科学研究中的色谱技术更是一种必不可少的分析方法。我国这几年的色谱技术也有了长足的进展，但由于经费、仪器设备等问题的制约，色谱技术在我国还没有像发达国家那样得到广泛应用，因此，在我国色谱技术还有进一步开发利用的广阔前景。

离子色谱是高效液相色谱（HPLC）的一种，是分析阴阳离子的一种液相色谱方法，以低交换容量的离子交换树脂为固定相对离子型物质进行分离，用电导检测器连续检测柱流出物电导变化，以此分析得到离子型物质浓度的一种色谱方法。该方法具有选择性好、灵敏、快速、简便等优点，并且可以同时测定多种组分。离子色谱中发生的基本过程就是离子交换，因此，离子色谱本质上就是离子交换色谱。

目前，离子色谱仪正朝着微型化、快速、高通量、多功能、和其他仪器联用等方向发展，呈现出新的趋势。近年来，对于离子色谱与 AAS、ICP - AES、ICP - MS 联用的研究越来越多，使离子色谱的高分离能力与其他分析法的定性能力相结合，对解决许多复杂问题很有帮助，特别是用于样品中各种元素的化学形态分析。目前离子色谱联用技术还处于发展阶段，许多技术还不成熟，有待进一步完善。随着接口和基体消除技术的发展，离子色谱联用技术将会得到更加广泛的应用。

目前，离子色谱法已成为一种常规的分析测试手段，广泛应用于各个领域，特别是在环境、生物医药、食品检验、制药、化工等部门获得了广泛的应用。在生物医药上，主要用于对血液、尿、输液成分、临床检查、人体微量元素的分析。

一、基本原理

离子色谱（Ion Chromatography，简称"IC"）的分离机理主要是离子交换，有三种分离方式，它们分别是高效离子交换色谱（HPIC）、离子排斥色谱（HPIEC）和离子对色谱（MPIC），离子交换色谱是最常用的离子色谱。用于三种分离方式的柱填料的树脂骨架基本都是苯乙烯二乙烯基苯共聚物（PS - DVB），但树脂的离子交换功能基和容量各不相同。HPIC 用低容量的离子交换树脂，HPIEC 用高容量的树脂，MPIC 用不含离子交换基团的多孔树脂。三种分离方式各基于不同分离机理，HPIC 的分离机理主要是离子交换，HPIEC 的分离机理主要为离子排斥，而 MPIC 的分离机理则主要是基于吸附和离子对的形成。

1. 高效离子交换色谱

应用离子交换的原理，采用低交换容量的离子交换树脂来分离离子，这在离子色谱中应用最为广泛，其主要填料类型为有机离子交换树脂。以苯乙烯二乙烯基苯共聚体为骨架，在苯环上引入磺酸基，形成强酸型阳离子交换树脂，引入叔胺基而成季胺型强碱性阴离子交换树脂，此交换树脂具有大孔或薄壳型或多孔表面层型的物理结构，以便于快速达到交换平衡。离子交换树脂耐酸碱可在任何 pH 范围内使用，易再生处理。使用寿命长，缺点是机械强度差、易溶易胀、受有机物污染。

硅质键合离子交换剂以硅胶为载体，将有离子交换基的有机硅烷与基表面的硅醇基反

应，形成化学键合型离子交换剂，其特点是柱效高、交换平衡快、机械强度高，缺点是不耐酸碱。

2. 离子排斥色谱

离子排斥色谱主要根据 Donnon 膜排斥效应，电离组分受排斥不被保留，而弱酸则有一定保留的原理。离子排斥色谱主要用于分离有机酸以及无机含氧酸根，如硼酸根、碳酸根和硫酸根有机酸等。它主要以高交换容量的磺化 H 型阳离子交换树脂为填料，以稀盐酸为淋洗液。

3. 离子对色谱

离子对色谱的固定相为疏水型的中性填料，可用苯乙烯、二乙烯基苯树脂或十八烷基硅胶（ODS），也有用 C_8 硅胶或 CN。流动相由含有所谓对离子试剂和含适量有机溶剂的水溶液组成，对离子是指其电荷与待测离子相反，并能与之生成疏水性离子。对化合物的表面活性剂离子，用于阴离子分离的对离子是烷基胺类，如氢氧化四丁基铵、氢氧化十六烷基三甲烷等；用于阳离子分离的对离子是烷基磺酸类，如己烷磺酸钠、庚烷磺酸钠等。对离子的非极性端亲脂，极性端亲水，其 CH_2 键越长则离子对化合物在固定相的保留越强，在极性流动相中，往往加入一些有机溶剂，以加快淋洗速度。此法主要用于疏水性阴离子以及金属络合物的分离，至于其分离机理则有三种不同的假说，其中一种普遍说法是反相离子对分配离子交换以及离子相互作用。

二、系统组成

IC 系统的构成与 HPLC 相同，仪器由进样器、分离柱、检测器和数据处理四个部分组成，在需要抑制背景电导的情况下通常还配有 MSM 或类似抑制器，如图 3 – 7 所示。其主要不同之处是 IC 的流动相要求耐酸碱腐蚀以及在可与水互溶的有机溶剂（如乙腈、甲醇和丙酮等）中不溶胀的系统。因此，凡是流动相通过的管道、阀门、泵、柱子及接头等均不宜用不锈钢材料，而是用耐酸碱腐蚀的 PEEK 材料。离子色谱最重要的部件是分离柱，柱管材料应是惰性的，一般均在室温下使用。高效柱和特殊性能分离柱的研制成功，是离子色谱技术迅速发展的关键。

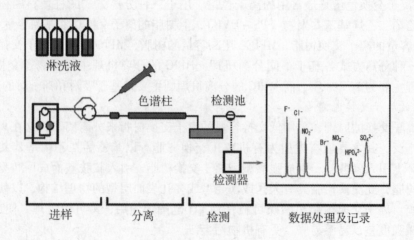

图 3 – 7 离子色谱仪的流程图及各结构示意图

1. 进样器

IC 对进样器的基本要求是耐高压、耐腐蚀、重复性好、操作方便。进样器的种类主要有六通进样阀、气动进样阀和自动进样器,如图 3 - 8 所示。

六通进样阀是目前最常用的。它的特点是进样量的重复性非常好,但普通六通进样阀在装样(LOAD)和进样(INJECT)两个位置之间流路被截断时,会在扳阀过程中产生一个瞬间的高压,非常容易引起流路的泄漏。现在比较好的六通进样阀由于采用了断前接通技术,基本上消除了这种瞬间高压,同时也大大减少了误操作的可能。考虑到流动相的腐蚀,PEEK 和陶瓷材料制成的六通进样阀最适合离子色谱仪使用。生产高压六通进样阀最著名的公司是美国的 RHEODYNE 公司,目前国内已有性能与之接近的产品。

气动进样阀是一种比较先进的进样阀。它采用一定压力的氮气作为动力,通过两路四通加载定量管进行装样和进样,能有效减少手动进样带来的误差,其不方便之处在于必须使用氮气钢瓶。

自动进样器是一种自动化程度很高的系统,由软件控制,自动进行装样、进样、清洗,操作者只需将样品按顺序装入贮样机即可。自动进样器价格比较昂贵,一般只有高档仪器才会配备。

图 3 - 8　自动进样器

图 3 - 9　分离柱

2. 分离柱

与 HPLC 一样,分离柱是离子色谱仪最重要的组成部分,如图 3 - 9 所示。离子色谱的分离机理主要是离子交换,基于离子交换树脂上可离解的离子与流动相中具有相同电荷的溶质离子之间进行的可逆交换,不同的离子因与交换剂的亲和力不同而被分离。与HPLC 不同的是,离子色谱选择性的改变主要是通过采用不同的固定相来实现的。

(1) 阴离子交换分离柱使用的填料主要是表面附聚薄壳型阴离子交换树脂。树脂的内核是 PS - DVB 共聚物,核外是一层磺化层,最外层是粒度均匀的单层季铵化乳胶颗粒,以离子键结合在磺化层上。由于树脂的表面完全被乳胶颗粒覆盖,所以乳胶的性质决定了固定相的选择性。由于薄膜层快速的运动和大的渗透能力,薄壳材料比一般微孔离子交换物有更高的交换效能。这种类型的固定相的性能主要由三个因素决定,即 PS - DVB 树脂的交联度、乳胶颗粒的材料、季铵功能基的类型和结构。

（2）广泛应用的阳离子交换分离柱使用的是薄壳型树脂，树脂核是惰性 PS – DVB 共聚物，核的表面以共价键结合阳离子交换功能基。以前，阳离子交换功能基大多采用磺酸基，一价阳离子和二价阳离子在磺化阳离子交换剂上的保留行为差异太大，使得这两类离子的同时分析变得非常困难，只能分别进行。一价阳离子的洗脱采用无机强酸溶液，二价阳离子则采用柠檬酸与己二胺的混合溶液。研究表明，改变阳离子交换或离子交换功能基的密度可改变其选择性，从而达到一价阳离子和二价阳离子同时分离的目的。美国 Dionex 公司的 IonPacCS12A 阳离子交换分离柱使用接枝型羧酸和磷酸功能基的固定相；IonPacCS11 阳离子交换分离柱仍采用磺酸基固定相，但改变了交换基的密度。这两种分离柱都可以使用等浓度的溶液淋洗，一次进样，同时分离碱金属和碱土金属离子。最近，Kazutoku Ohta 等人以硅胶作固定相，利用硅胶本身的离子交换功能，采用添加了冠醚的淋洗液，成功地同时分离了一价和二价阳离子。

3. 检测器

用于 IC 的检测器主要有电导检测器、紫外—可见光检测器、安培检测器和荧光检测器等。其中电导检测器是日常 IC 分析中最常用的检测器；紫外可见光检测器可以作为电导检测器的重要补充；安培检测器主要用于能发生电化学反应的物质；荧光检测器的灵敏度要比紫外—可见光检测器高 2 ~ 3 个数量级，但在 IC 上的应用比较少。

三、操作步骤

1. 初次使用或者长时间未使用后再次使用前步骤

（1）初次使用或者长时间未使用后（抑制器与色谱柱未连接），开机时要进行排气。注意在此过程中确保淋洗液管的滤头浸泡在溶液中。

（2）排出气泡以后，等待 3 ~ 5 min 后，接柱子的 Peek 管出水正常后（按暂停）再接柱子。接完柱子后（按"启动"）观察主机屏幕上的泵压显示，若泵压上下稳定则可以继续下一步操作；若泵压上下浮动较大，则说明泵内还有残留气泡，则需要继续排气。注意千万不可让大量空气进入色谱柱。

（3）接好柱子后（泵压等一切正常），等待 1 ~ 2 min，柱子后端有溶液流出后，接好抑制电导池，等待仪器稳定即可。

2. 常规操作步骤

（1）淋洗液储备液的配置：称取分析纯的淋洗液化合物用超纯水（电阻率 ≥ 18.2MΩ）溶解后定容。淋洗液储备液使用聚丙烯（PP）瓶，在暗处及4℃左右的环境中，通常可以保存三个月。

（2）淋洗液使用液的配置：量取一定体积的储备液进行稀释，用 0.22 μm 水系微孔滤膜抽滤后倒入有盖的淋洗瓶中（为防止空气进入淋洗液管中每次都将淋洗瓶装满，约1L），拿到离子色谱仪旁，将有滤头的淋洗液管放入装有淋洗液的瓶中，滤头一定要插到瓶底，注意不要折叠。

（3）打开正压排气装置和色谱仪主机的电源，检查脱气机与主机之间的输液管中是否有气泡，若有气泡则进行排气。

（4）配制标准溶液及制作标准曲线：配一组浓度合适的标准溶液系列（试样溶液的浓度尽可能包含在内，标准溶液一定要经过 0.22 μm 水系过滤头过滤），由低浓度到高浓度分别进行测定，由标准曲线求得试样溶液中待测元素的浓度。

（5）样品前处理：样品前处理的目的是为了保护分离柱和改善谱图，使待测组分在溶液中呈离子状态，消除干扰组分的影响。常见的处理方法有稀释、过滤、固相萃取、消解、燃烧、萃取等。如水样中有悬浮物和沉淀物，要先用中速定性滤纸过滤后，再用0.22 μm水系滤膜过滤；如果待测样品浓度太高，则要进行适当稀释，否则会损坏分离柱。

（6）样品检测。

四、仪器维护

（1）每次工作完毕后，需要通超纯水15 min，然后关闭电流，最后关闭主机、正压排气装置和工作站。

（2）离子色谱仪短时间不用，则需要每个星期开机一次，先通入过滤后的超纯水，再通淋洗液使用液，每次开机2 h左右。若长时间不用，需向柱内泵入超纯水，然后取下柱子，用无孔接头将柱子两端堵死后，封存于盛有少量超纯水的玻璃瓶内。

（3）单向阀脏了会使基线不稳定，需要拆下来放入装有丙酮的烧杯内晃动清洗，然后用超纯水清洗数次，再安装使用。

（4）严格禁止油污和灰尘进入系统，以防污染。

（5）未经许可，不得擅自打开色谱主机或脱气机外壳。

第四章
化学实验室的建设

～～～～～～～～～～

随着人类社会生产力的发展和生产技术水平的提高，人们对所需物资、材料、仪器、设备等产品的质量要求也逐渐提高。而要控制和确认各类产品的质量，则需要依靠各类化验室分析检验系统的分析检验工作加以控制和确认。

实验室的建设，不仅要选购合理的仪器设备，还要综合考虑实验室的总体规划、合理布局和平面设计，以及供电、供水、供气、通风、空气净化、安全措施、环境保护等基础设施和基本条件，因此实验室的建设是一项复杂的系统工程。

建设现代化的实验室，首先要制定和提出实验室的总体规划，确定实验室建设项目的性质、目的、任务、依据和规模，确定各类实验室功能和工艺条件以及规模大小；同时做好调查研究，吸纳国内外同种性质、同等规模实验室建设的经验，编制好计划任务书；然后在各方面工作准备就绪后，做好实验室建筑设计工作，结合实际，绘制出富有时代感、先进的实验室建筑蓝图，为实验室施工建设提供可靠的依据。建造化验室，从拟定计划到建成使用，一般有编制计划任务书、选择和勘探基地、设计、施工，以及交付使用后的回访等几个阶段。

第一节　化验室的设计

化验室的设计工作是比较重要的阶段，应严格按照国家基本建设计划，并具体贯彻建设方针和政策。化验室的设计，一般包括化验室建筑设计、结构设计和设备设计等几个部分，它们之间既有分工，又相互密切配合。而建筑设计必须综合考虑建筑、结构、设备等工种的要求，以及这些工种的相互联系和制约。

由于化验室建筑的建造是一个较为复杂的过程，影响设计和建造的因素又很多，因此必须在施工前有一个完整的设计方案，综合考虑多种因素，编制一套设计施工图纸和文件。实践证明，遵循必要的设计程序，充分做好设计前的准备工作，划分必要的设计阶段，对提高化验室的建筑质量尤为重要。化验室建筑设计一般分为初步设计、技术设计和施工图设计等阶段。

1. 设计前的准备工作

（1）熟悉设计任务书，明确化验室建设项目的设计要求。这主要包括化验室总要求和目的说明；各化验室的具体使用要求、面积分配；化验室建筑各项所需费用；化验室基地范围、供电供水等环境要求；公害处理和噪声、振动等技术处理要求；设计期限及建设进度要求。

（2）从自身要求、建筑规模、造价等方面考虑，收集必要的设计原始数据。这些数据主要包括气象资料（所在地区的温湿度、风向风速等）、地形及地质资料（地形标高、土壤种类以及地震烈度等）、水电等设备管线资料（地下给水、排水、电缆等管线布置）。

（3）设计前做好充分的调查研究。可以深入访问有实践经验的人员和了解同类已建化验室的使用情况，明确细化各化验室的使用要求。同时，结合化验室的使用要求和建筑空间组合的特点，了解建筑材料的供应和结构施工等技术条件。另外，还应对基地进行现场勘探，深入了解基地和周围环境的现状及历史，当地地理条件、气候条件等。

2. 初步设计阶段

初步设计是化验室建筑设计的第一阶段，主要任务是提出设计方案，在已定的基地范围，按照设计任务书所拟定的化验室的使用要求，综合考虑技术、经济条件和建筑艺术等方面的要求，提出设计方案，确定化验室的组合方式，选定所用建筑材料和结构方案，确定化验室在基地的位置，说明设计意图，分析设计方案在技术上、经济上的合理性，并写出概算书。

3. 技术设计阶段

技术设计的主要任务是在初步设计的基础上，进一步确定各化验室之间的技术问题。其内容为各化验室相互提供资料、提出要求，并共同研究和协调编制拟建各化验室的图纸和说明书，结构工种应有化验室结构布置方案图，仪器设备也应提供相应的设备图纸。而对于不太复杂的化验室工程，则可以省略技术设计这一阶段。

4. 施工图设计阶段

施工图设计是化验室建筑设计的最后阶段。它在初步设计或技术设计的基础上，综合建筑、结构、设备等，相互交底，核对核实，深入了解材料供应、施工技术、设备等条件，把满足化验室工程施工的各项具体要求反映在图纸中，做到整套图纸齐全统一，明确无误。

第二节　化验室的设计方案要求

要建设一个现代化的化验室，为化验创造良好的环境，使其能更好地为生产、科研、教学服务，除了先进的科学仪器和完善的实验设备是提升科技水平、促进科研成果的必备条件以外，化验室的建设也是一个非常重要的物质条件。下面对化验室基本要求分述如下：

（一）化验室名称

（1）房间名称：根据实验室功能命名不同的实验室，如化学分析实验室、仪器分析实验室、光谱实验室、天平室及纯水室等。

（2）需要间数：同一类的房间需要几间。

（3）每间房间使用面积：房间面积大小与建筑模数化有关，应根据当地施工条件，采用何种模数及何种结构、形式比较符合实际。

（二）化验室建筑要求

对于化学分析实验室，一般应布置在下风方向及下游地段，保持一定的间距和良好的通风，应有绿化隔离，搞好排污和排毒处理，做好环境综合评估和治理。

1. 房间位置要求

（1）底层：设备重量较大或要求防震，则可设置在底层。

（2）朝向：化验室一般为南北朝向，并避免在东西向（尤其是西向）的墙上开门窗，以防止阳光直射化验室仪器、试剂等。若条件不允许，或取南北朝向后仍有阳光直射室内，应设计局部"遮阳"或采取其他补救措施。但有些辅助化验室房间或化验室本身要求朝北，需具体研究。另外，室内布局设计，也应考虑朝向的问题。

2. 房间尺寸要求

（1）化验室的平面尺寸。

化验室的平面尺寸主要取决于化验工作的要求，如岛式试验台宽度为 1.2 ~ 1.8 m，靠墙则为 0.78 ~ 0.90 m，试验台间通道一般为 1.5 ~ 2.1 m，试验台与外墙窗户的距离一般为 0.8 m。

（2）化验室的高度尺寸。

一般功能化验室操作空间高度不应小于 2.5 m。新建的化验室，建筑楼层高度采用 3.6 m 或 3.9 m。如化验室要求空气调节系统必须吊顶，则层高就相应地要增加。有些化验室是属于特殊类型的，则采用单独的尺寸。

3. 建筑模数的要求

按建筑模数排列各化验室。

（1）开间模数的要求。

化验室的开间模数主要取决于化验人员活动空间以及工程管网合理布置的必需尺度。目前常用的框架结构，常用的柱距有 4.0 m、4.5 m、6.0 m、6.5 m、7.2 m 等。

（2）进深模数要求。

化验室的进深模数取决于试验台的长度和其布置形式。而采用岛式还是半岛式试验台，则取决于通风柜的布置形式。目前，采用的进深模数有 6.0 m、6.7 m、7.2 m、8.4 m。

（3）层高模数要求。

化验室层高指的是相邻两楼板之间的高度。净高是指楼板底面与楼板面的距离。一般层高采用 3.6 ~ 4.2 m 之间。

4. 房间要求

房间要求一般清洁，有些化验室要求进行实验时房间内空气须达到一定的洁净度。除此以外，大多数化验室要求耐火。

5. 门的要求。

（1）门的开向：内开，门向房间内开；外开，主要设置在有爆炸危险的房间内；个别要求为双向弹簧，有的要求单向弹簧或推拉门。

（2）隔声：有的化验室要求安静，要求设置隔声门。

（3）保温：如冷藏室要求采用保温门。

（4）屏蔽：防止电磁场的干扰而设置屏蔽门。

6. 窗的要求

（1）开启：一般化验室采用向外开启的窗扇。

（2）固定：有洁净要求的化验室采用固定窗，避免灰尘进入室内。

（3）部分开启：在一般情况下窗扇是关闭的，用空气调节系统进行换气，当检修、停电时，则可以开启部分窗扇进行自然通风。

（4）双层：在寒冷地区或空调要求的房间采用。

（5）遮阳：根据化验室的要求而定，有时需要水平遮阳，有时需用垂直遮阳，也可用百叶窗。

（6）密闭：窗扇可以开启，但又要防止灰尘从窗缝进入，故采用密闭窗。

7. 墙面要求

一般要求，有些墙面要求清洁，可以冲洗。

（1）墙裙高度：离地面 1.2～1.5 m 左右的墙面作墙裙，便于清洁。

（2）保温：冷藏室墙面要求隔热。

（3）耐酸碱：有的化验室在实验时有酸碱气体逸出，要求设计耐酸碱的油漆墙面。

（4）吸声：实验时产生噪声，影响周围环境，墙面要做吸声材料。

（5）消音：实验时避免声音反射或外界的声音对实验有影响，墙面要进行消音设计。

（6）屏蔽：外界各种电磁波对化验室内部实验有影响，或化验室内部发出各种电磁波对外界有影响。

（7）色彩：根据实验的要求和舒适的室内环境选用墙面色彩，墙面色彩的选用应该与地面、平顶、实验台等的色彩取得协调。

8. 地面要求

一般要求清洁、防滑、干燥等。

（1）防震：实验本身所产生的震动，要求设置防震措施以免影响其他房间；另一种是实验本身或精密仪器本身所提出的防震要求。

（2）架空：由于管线太多或把架空的空间作为静压箱，设置架空地板，并提出架空高度。

9. 吊顶要求

一般化验室大多数不吊顶，而在化验室的顶板下再吊顶，一般用于要求较高的化验室。

10. 通风柜

化学实验室常利用通风柜进行各种化学试验，根据实验要求提出通风柜的长度、宽度和高度。

11. 实验台

实验台分岛式实验台（实验台四边可用）、半岛式实验台（实验台三边可用）、靠墙实验台和靠窗实验台（很少用）等。实验台的长、宽、高的尺寸须符合要求。

12. 固定壁柜

一般设置在墙与墙之间，不能移动的柜子。

13. 走廊要求

单面走廊净宽1.5 m左右；双面走廊净宽1.82 m，适用于长而宽的建筑。当走廊上空布置有通风管道或其他管道时，应加宽为2.4～3.0 m，以保证通风要求。检修走廊一般为1.5～2.0 m之间。安全走廊，一般设置在外侧，以便于疏散，宽度一般为1.2 m。

（三）建筑结构和楼面载荷

（1）化验室宜采用钢筋混凝土框架结构，可以方便调整房间间隔及安装设备，并具有较高的载荷能力。

（2）结构荷载，根据荷载性质分为恒载和活荷载。恒载是作用在结构上的不变的荷载；活荷载是作用在结构上的可变荷载，如各楼面活荷载、屋面活荷载等。

● 地面荷载：指底层地面荷载，即每平方米的面积内平均有多少千克的物体。

● 楼面荷载：指两层及两层以上的各层楼面活荷载。

● 屋面荷载：屋面上是否上人，雪荷载有多少等。

（3）一般办公大楼的楼板载荷为 200 kg/m^2，当实际载荷需要超过此数值时，应按实际载荷进行设计。

（4）当需要载荷量较大时，应安置在底层。在非专门设计的楼房内，化验室宜安排在较低的楼层。有的实验室内有特殊重的设备，如质谱仪、纯水设备等，须注明设备的重量、规格以及标明设备轴心线距离墙的尺寸。

（5）化验室应使用不脱落的墙壁涂料，也可镶嵌瓷片，以免墙灰脱落。

（6）化验室的操作台及地面应做防腐处理。对旧楼改建的化验室，必须注意楼板的承载能力，采取加强措施。

（7）防护墙密度。有 γ 射线的实验装置的建筑物，防护材料的选择以及厚度的选用均应根据各不同化验室的要求，仔细地考虑。

（四）采暖通风

1. 采暖

有蒸汽系统、热水系统两种方式。蒸汽系统是采用蒸汽供暖的系统；热水系统则采用热水供暖系统。同时还应注意房间采暖的温度要求。

2. 通风

在化学实验过程中，经常会产生各种难闻的、有腐蚀性的、有毒的或易爆的气体。这些有害气体如不及时排出室外，就会造成室内空气污染，影响实验人员的健康与安全，影响仪器设备的精度和使用寿命。因此，化验室通风是化验室设计中不可缺少的一个组成部分。化验室通风方式有自然通风、单排风、局部排风三种方式。自然通风，即不设置机械通风系统；单排风，即借助机械排风；局部排风，如化验室产生有害气体或气味等则需要局部排风。在有机械排风要求时，最好能提出每小时放气次数。除此以外，有些化验室要求恒温恒湿，采用空气调节系统可以保证化验室内的温度和湿度。提出温度及允许温差，包括相对湿度及允许湿度偏差。有些化验室的空气要求保持一定的洁净度时，则需要提出洁净等级。

（五）气体管道

气体管道分为蒸汽、氧气、真空、压缩空气及城市燃气等。

（六）给排水

1. 给水

化验室的给水任务，主要从室外给水管网引入进水管道。化验室内部供水系统尽量利用室外给水管网的压力直接供水。给水系统可分为直接供水方式、设有高位水箱的给水方式和设有加压泵和水箱的给水方式。化验室管道通常为明装设置，并应尽量沿墙、梁柱、墙角、走廊、天棚下敷设。在工艺和建筑工种有特殊要求时，管道可采用暗装，此时管道应尽可能暗设在地下室、管沟、天棚内或公共管廊内。暗设在管槽、竖井和天棚内的管道，在装有控制阀门处应留有检修门或检修孔。已建成使用的化验室如无特殊要求的，一般都采用明装。另外，室内除生产和生活用水外，还应根据消防要求设置消防给水系统。

室内消火栓一般都采用明装，应布置在经常有人出入和较明显的地方，如门厅、楼梯外、走廊等。在消火栓较多的消防管道上应用阀门分成若干段，当局部管道发生故障需维修时，用阀门切断，其他管道段上的消火栓仍处于备用状态。

2. 排水

化验室内由于化验盆、洗涤盆等卫生器具和其他用水设备数量较多且分散，所以相应的室内排水支管、干管也较多。室内管道布置时，要求管道能相对集中，排放整齐，使施工安装和操作维修方便；管道转弯较少，以减少管内阻塞的可能性；主干管要尽量靠近设备排水量最大、杂质较多的排水点设置；介质在管道内工作要有良好的水力条件等；管道敷设一般是尽量沿着墙、柱、墙角、柱角、天棚、走廊等设置；管道应尽量避免穿越放置有精密仪器、仪表、电气设备等的房间或卫生要求较高的房间。

化验室的排水管材一般为铸铁管。室内酸性排水管道地上部分采用硬聚氯乙烯塑料管，埋地部分宜用耐酸陶瓷管较好。排水中有酸性或碱性物质，需要说明其浓度及数量是多少。排水中有放射性物质，要注明有多少种放射性物质，浓度多少。在化学实验室、纯水室等应设置地漏，以便水管爆裂、水龙头跑水时能够及时排水，防止实验室被浸泡，危及仪器设备安全。

（七）电气

1. 照明用电

一般为日光灯和白炽灯。某些化验室注明要求工作面上有多少勒克斯。精密化验室的工作室，采光系数为0.2~0.25（或更大），当采用电气照明时，其照明应达到150~200lx。一般工作室采光系数可取0.1~0.12，电气照明的照度为80~100 lx。具有感光性实际化验室，在采光和照明设计时可以加滤光装置以削弱紫外线的影响。凡可能由于照明系统引发危险性，或有强腐蚀性气体的环境的照明系统，在设计时应采取相应的防护措施，如使用防爆灯具等。另外，还应设置事故照明，以防万一发生危险情况时需要照明。

2. 设备用电

工艺设备用电量（kW）应按每台设备的容量提出数据。供电电压、单相插座、三相插座，应标明其电压和插座的电流。每一实验台上都要设置一定数量的电源插座，至少要有一个三相插座，单相插座则可以设2~4个。这些插座应有开关控制和保险设备，以防万一发生短路时不致影响整个室内的正常供电。插座可设置在实验桌上或桌子边上，但应远离水盆和煤气、氢气等喷嘴口。化学实验室因有腐蚀性气体，配点导线宜采用铜芯线。物理实验室则可以采用铝芯导线。供电路数应根据实验的重要性，提出供电要求，如指明不能停电、要求电压稳定、频率稳定等。

（八）化验室建筑的防火

（1）化验室建筑的耐火等级：应取一二级，吊顶、隔墙及装修材料应采用防火材料。

（2）疏散楼梯：位于两个楼梯之间的化验室的门至楼梯间的最大距离为30 m，走廊末端的化验室的门至楼梯间的最大距离为15 m。

（3）走廊净宽：走廊净宽要满足安全疏散要求，单面走廊净宽最小为1.3 m，中间走廊净宽最小为1.4 m。不允许在化验室走廊上堆放药品柜及其他实验设施。

（4）安全走廊：为确保人员安全疏散，专用安全走廊净宽应达到1.2 m。

（5）化验室的出入口：单开间化验室的门可以设置一个，双开间以上的化验室的门应设置两个出入口，如不能全部通向走廊，其中一个可以通向邻室，或在隔墙上留有安全出

入的通道。

（九）防雷

建设地点的防雷情况要调查清楚，提出防雷要求。

第三节　主要化验室对环境的基本要求

不同功能的化验室由于实验性质的不同，各化验室对环境有其特殊的要求。一般来说，任何化验室应使化验室内的各种仪器设备、装置、化学试剂等，免受环境的影响以及有害气体的侵入。

1. 天平室

（1）天平室的温度、湿度的要求。

- 1、2 级精度天平，工作温度为 20 ℃ ±2 ℃，温度波动不大于 0.5 ℃/h，相对湿度为 50% ~60% 的环境中；
- 分度值为 0.001 mg 的 3、4 级天平，工作温度为 18 ℃ ~26 ℃，温度波动不大于 0.5 ℃/h，相对湿度为 50% ~75%；
- 一般生产企业化验室常用的 3 ~5 级天平，在称量精度要求不高的情况下，工作温度可以放宽到 17 ℃ ~ 33 ℃，单温度波动仍不大于 0.5 ℃/h，相对湿度可放宽到 50% ~90%；
- 天平室安置在底层时应注意做好防潮工作；
- 使用"电子天平"的化验室，天平室的温度应控制在 20 ℃ ±1 ℃，且温度波动不大于 0.5 ℃/h，以避免温度变化对电子元件和仪器灵敏度的影响，保证称量的精确度。

（2）天平室设置应避免阳光直射，不宜靠近窗户安放天平，也不宜在室内安装暖气片和大功率的灯泡（天平室应采用"冷光源"照明），以避免局部温度的不均匀影响称量精确度。

（3）有无法避免的振动时应安装专用天平防震台，当环境振动影响较大的时候，天平宜安装在底层，以便于采取防振措施。

（4）天平室只能使用抽排气装置进行通风。

（5）天平室应专室专用，即使是其他精密仪器，安装时也须用玻璃屏墙分隔，以减少干扰。

2. 精密仪器化验室

（1）精密仪器室尽可能保持温度、湿度恒定，一般温度在 15 ℃ ~30 ℃，有条件的最好控制在 18 ℃ ~25 ℃，湿度在 60% ~70%，需要恒温的仪器可装双层门窗及空调装置。

（2）大型精密仪器室应安装在专用化验室，一般有独立平台。

（3）精密电子仪器以及对电磁场敏感的仪器，应远离强磁场，必要时可加装电磁屏蔽。

（4）化验室地板应密致及防静电，一般不要使用地毯。

（5）大型精密仪器的供电电压应稳定，并应设计有专用地线。

（6）精密仪器室应具有防火、防噪声、防潮、防腐蚀、防尘、防有害气体进入等功能。

3. 化学分析实验室

（1）室内的温度、湿度要求较精密仪器化验室略宽松，可至 35 ℃，但温度波动不能过大（≤2 ℃/h）。

（2）室内照明宜用柔和自然光，要避免直射阳光。

（3）室内应配备专用的给水和排水系统。

（4）分析室的建筑应耐火或用不易燃烧的材料建成。门应向外开，以利于发生意外时人员的撤离。

（5）由于化验过程中常产生有毒或易燃的气体，因此化验室要有良好的通风条件。

4. 加热室

（1）加热操作台应使用防火耐热的材料，以保证安全。

（2）当有可能因热量散发而影响其他化验室工作时，应注意采用防热或隔热措施。

（3）设置专用排气系统，以排除试样加热、灼烧过程中排放的废气。

5. 通风柜室

（1）室内应有机械通风装置，以排除有害气体，并有新的空气供给操作空间。

（2）通风柜室的门、窗不宜靠近天平室及精密仪器室的门窗。

（3）通风柜室内应配备专用的给水、排水设施，以便操作人员接触有害物质时能够及时清洗。

（4）本室也可以附设于化学分析室，单排气系统应加强，以免废气干扰其他实验进行。

6. 试样制备室

（1）保证通风，避免热源、潮湿和杂物对试样的干扰。

（2）设置粉尘、废气的收集和排除装置，避免制样过程中的粉尘、废气等有害物质对其他试样的干扰。

7. 化学试剂、溶液的配制储存室

参考化学分析室条件，但需注意阳光暴晒，防止受强光照射使试样变质或受热蒸发，规模较小的化验室也可以附设在化学分析室内。

8. 储存室

分析试剂储存室和仪器储存室，供存放非危险性化学药品和仪器，要求阴凉通风、避免阳光暴晒，且不要靠近加热室、通风柜室。

9. 危险物品储存室

（1）通常应设置在远离主建筑物、结构坚固并符合防火规范的专用库房内。有防火门窗，通风良好，远离火源、热源，避免阳光暴晒。

（2）室内温度宜在 30 ℃以下，相对湿度不超过 85%。

（3）采用防爆型照明灯具，备有消防器材。

（4）库房内应使用防火材料制作的防火间隔、储物架，储存腐蚀性物品的柜、架应进行防腐蚀处理。

（5）危险试剂应分类分别存放，挥发性试剂存放时，应避免相互干扰。

（6）门窗应设遮阳板，并且朝外开。

第四节　基本化验室的基础设施建设

基本化验室内的基础设施有实验台与洗涤池、通风柜与管道检修井、带试剂架的工作台或辅助工作台、药品橱，以及仪器设备等。

一、基本化验室的室内布置

1. 实验台的布置方式

实验台的布置方式一般采用岛式、半岛式实验台。

岛式实验台，实验人员可以四周自由走动，缺点是占地面积比半岛式实验台大。而半岛式实验台有两种：一种为靠外墙设置，另一种为靠内墙设置。半岛式实验台的配管可直接从管道检修井或从靠墙立管直接引入，节省了走道面积，但靠内墙的半岛式实验台缺点是自然采光较差。为了便于发生危险时的人员疏散，实验台间的走道应全部通向走廊。

2. 化学实验台的设计

化学实验台有两种，即单面实验台（靠墙实验台）和双面实验台（包括岛式实验台和半岛式实验台）。双面实验台的应用比较广泛。

（1）长度：由于实验性质不同，其差别很大，应依据实际需要选择合适的尺寸。

（2）台面高度：一般选取 850 mm。

（3）宽度：实验台的每面净宽一般考虑 650 mm，最小不应小于 600 mm。台面上药品架部分可考虑宽 200 ~ 300 mm。一般双面实验台采用 1 500 mm，单面实验台为 650 ~ 850 mm。

（4）管线通道、管线盒与管线架：管线通道的宽度通常为 300 ~ 400 mm，靠墙实验台为 200 mm。

（5）药品架：其宽度不宜过宽，以能并列两个中型试剂瓶（500 mL）为宜，一般为 200 ~ 300 mm，靠墙药品架则为 200 mm。

（6）台面：通常为木结构或钢筋混凝土结构。台面四周可设有小凸缘，以防止台面冲洗时或台面上药液外溢。常见的有以下几种：

• 木台面：通常采用实心木，具有外表感觉暖和，容易修复，玻璃器皿不易碰坏等优点。

• 瓷砖台面：底层应以钢筋混凝土结构为好。

• 不锈钢面层：耐热、耐冲击性能良好，污物容易去除，适用于放射化学实验、有菌的生物化学实验和油料化验等。

• 塑料台面：具有耐酸、耐碱以及刚度好等优点。

二、基本化验室的通风系统

在化验过程中，经常会产生各种难闻的、有腐蚀性的、有毒或易爆的气体。这些有害气体如不及时排出室外，会造成室内空气污染，影响化验人员的健康与安全，影响仪器设备的精确度和使用寿命。

化验室的通风方式有两种，即局部排风和全室通风。局部排风是在有害物质产生后立即就近排出，这种方式能以较少的风量排走大量的有害物质，省能量且效果好，是改善现有实验室条件可行和经济的方法，也可能是适应新实验室通风建设的最好方式。对于有些实验不能采用局部排风，或局部排风满足不了排风要求时，可采用全室通风。

1. 通风柜

通风柜是实验室中最常用的一种局部排风设备，其性能好坏主要取决于通过通风柜空气的移动速度。

（1）通风柜种类：顶抽式、狭缝式、供气式、自然通风式和活动式通风柜。

●顶抽式通风柜：特点是结构简单、制造方便，因此在过去使用的通风柜中最常见。

●狭缝式通风柜：其顶部和后侧设有排风狭缝，后侧部分的狭缝有的设置一条（在下部），有的设置两条（在中部和下部）。

●供气式通风柜：这种通风柜是把占总排风量70%左右的空气送到操作口，或送到通风柜内，专供排风使用，其余30%左右的空气由室内空气补充。供给的空气可根据实验要求来决定是否需要处理。对于有空调系统的化验室或洁净化验室，采用这种通风柜比较理想。

●自然通风式通风柜：利用热压原理进行排风，其排风效果主要取决于通风柜内与室外空气的温差、排风管的高度和系统的阻力等。适合用于加热的场合。

●活动式通风柜：其化验工作台、洗涤池、通风柜设备都可随时移动。

（2）通风柜的平面布置包括以下几种：

●靠墙布置：最常用的一种布置方式。通风柜与管道井或走廊侧墙相接，减少排风管的长度，便于隐蔽管道，使室内整洁。

●嵌墙布置：两个相邻的房间内，通风柜可分别嵌在隔墙内，排风管也可布置在墙内。

●独立布置：在大型实验室内，可布置四面均可看到的通风柜。

对于有空调的化验室或洁净室，通风柜宜布置在气流的下风向，遮阳，既不干扰室内的气流组织，又有利于室内被污染的空气排走。

（3）通风柜的排风系统：通风柜的排风系统可分为集中式和分散式两种。

●集中式是把一层楼面或几层楼面的通风柜组成一个系统，或者整个实验楼分成一两个系统。它的特点是通风机少，设备投资省，而且对通风柜的数量稍有增减，以及位置的变更，都具有一定的适应性。但如果系统风管损坏需要检修时，那么整个系统的通风柜就无法使用。

●分散式是把一个通风柜或同房间的几个通风柜组成一个排风系统。它的特点是可根据通风柜的工作需要来启闭通风机，相互不受干扰，容易达到预定的效果，而且比集中式节省能源。分散式还有一个特点，是易于对排出不同性质的有害气体进行处理；其缺点是通风机的数量多、系统多，投资较大。

在划分系统时，同一个房间内如有两个以上的通风柜，应划为一个系统，避免一个通风柜在使用，其他的通风柜产生倒流，使室内受到污染。同样，一个房间内除了一个排风系统外，不宜再装置其他排风设备。

排风系统的通风机，一般都装在屋顶上，或顶层的通风机房内，这样可不占用使用面积，而且使室内的排风管道处于负压状态，以免有害物质由于管道的腐蚀或损坏，以及由于管道不严密而渗入室内。此外，通风机安装在屋顶上或顶层的通风机房内，检修方便，易于消声或减振。

在一般情况下，如果附近 50 m 以内没有较高建筑物时，排风系统有害物质排放高度应超过建筑物最高处 2 m 以上。

对一般通风柜可通过关闭柜门窗口大小或调整台面屏蔽物的位置来减少开启表面积，以达到较高的抽气速度。建议对一般无毒的有害物通风柜操作口处设计风速采用 0.25 ~ 0.38 m/s，对有毒及有危害物质采用 0.4 ~ 0.5 m/s，对极毒物及有少量放射性有害物质采用 0.5 ~ 0.6 m/s。

2. 排气罩

在化验室内，由于实验设备装置较大，或者实验操作上的要求，无法在通风柜中进行，但又要排走实验过程中散发的有害物质时可采用排气罩，常用排气罩有围挡式排气罩、侧吸罩、伞形罩三种。

排气罩的布置合理与否，直接影响着排气效果。根据排气罩气流速度的衰减特性和有害物的散发情况，排气罩的布置应注意以下几点：

(1) 尽量靠近有害物散发源。

(2) 对于有害物的不同散发情况采用不同的排气罩。如对于色谱仪，一般采用有围挡的排气罩；对于实验台面排风或槽口排风，可采用侧吸罩；对于加热槽，宜采用伞形罩。

(3) 排气罩要便于实验操作和设备检修。

3. 全室通风

化验室及有关辅助化验室（如药品库等），由于经常散发有害物质，需要及时排除。如果室内不设排风柜，又须排出有害物质，应进行全室通风。全室通风的方式有自然通风和机械通风两种。

(1) 自然通风：主要利用室内外的温度差，即室内外空气的密度差而产生的热压，把室内的有害气体排出室外。对于依靠窗口让空气任意流动的，称为无组织自然通风；对于依靠一定的进风口和出风竖井，让空气按所要求的方向流动的，称为有组织自然通风。有组织自然通风常见的做法是在外墙下部或门的下部装百叶风口，在房间内侧设置竖井，这只适用于有害物质浓度低的房间，适用于室内空气温度高于室外空气温度的场合。

(2) 机械通风：对于自然通风满足不了室内换气要求时，应采用机械通风，尤其是危险品库、药品库等。尽管有了自然通风，为了防止事故发生，也必须采用机械通风。过去常用的做法是在外墙上安装轴流风机，但效果较差，尽量避免在有窗的外墙上安装轴流风机，防止噪声。对于散发有腐蚀气体的房间如酸库等，不宜使用轴流风机；对于散发易爆气体的房间，必须采用防爆通风机。

第五节　精密仪器化验室的设施建设

精密仪器化验室主要放置各种现代化的精密仪器，因此进行设计时应满足仪器设备说明书提出的要求。其通常与基本化验室一样沿外墙布置，并可将它们集中在某一区域内，有利于各化验室的联系，同时还应考虑仪器设备对温度、湿度、防尘、防振和噪声等的要求。

1. 天平室

高精度天平对环境有一定要求：防振、防尘、防风、防阳光直射、防腐蚀性气体和恒温。因此，通常将天平放置在专用的天平室，以满足要求。

（1）天平室应靠近基本化验室，以方便使用。天平室以北向为宜，远离振源，并且不应与高温室和有较强电磁干扰的化验室相邻。高精度微量天平应安装在底层。

（2）天平室应采用双层窗，以利于隔热防尘；高精度微量天平室应考虑有空调，但风速应小。天平室内一般不设置洗涤池或有粉盒管道穿过室内，以免管道渗漏、结露或在管道检修时影响天平的使用和维护。天平室内尽量不要放置不必要的设备，以减少积灰。天平室应有一般照明和天平台上的局部照明。

（3）化验室里常用的天平台大多为台式。一般精度天平可以设在稳固的木台上，半微量天平可设在稳定的不固定或固定的防振工作台上。高精度天平的天平台对防振要求较高。

单面天平台的宽度一般采用600 mm，高度一般采用850 mm，天平台的长度可按每台天平占800～1 200 mm考虑。一般精密天平可采用50～60 mm厚的混凝土台板，台面与台座间设置隔振材料。高精度天平的部分台面可以考虑与台面的其余部分脱离，以消除台面上可能产生的振动对天平的影响。

2. 高温室

高温室与恒温箱是化验室的必备设备，一般设在工作台上，特大型的恒温箱则需落地设置。高温炉与恒温箱的工作台最好分开，因恒温箱较大，工作台应稍低，高约700 mm，宽度通常取800～1 000 mm；高温炉通常采用850 mm高的工作台，宽取600～700 mm。高温台要求承重、耐高温，一般由钢制柜体配大理石台面，根据放置的烘箱、马弗炉等设备的数量与功率，配置满足大功率要求的电气配件。

3. 低温室

低温室墙面、顶部、地面都应采取隔热措施，室内可设置冷冻设备。

4. 离心机室

大型离心机会产生热量，同时产生噪声，不宜直接安装在一般化验室里，应集中在一个房间。室内应有机械通风，以排除离心机产生的热量。墙与门要有隔声设备，门的净宽应考虑到离心机的尺度。

5. 滴定室

滴定室是专门进行滴定操作的化验室，室内有专用的滴定台，台长可按每种滴定液1/2计算。

第六节　辅助室的建筑设计

1. 中心（器皿）洗涤室

这是作为化验室集中洗涤化验用品的房间。房间的尺度应根据日常工作量决定。洗涤室的位置应靠近基本化验室，通常有洗涤台，其水池上有冷热水龙头，以及干燥炉、干燥箱等。工作台面需耐热、耐酸。对于有挥发性的废液，需要在洗涤台上设置抽风罩，抽走洗涤过程中产生的有害气体；对于需要回收的废液，不能直接倒入下水道，需要设废液桶收集废液，统一处理。

2. 中心准备室和溶液配置室

中心准备室一般设有实验台，台上有管线设施、洗涤池和储藏空间。溶液配制室用于配制标准溶液和各种不同浓度的溶液。溶液配置室一般可由两个房间组成，一间放置天平台，另一间存放试剂和配制试剂之用。室内应有通风柜、滴定台、辅助工作台、写字台、物品柜等。

3. 普通储藏室

普通储藏室是指供某一层或化验室专用的一般储藏室，不作为供有特殊毒性、易燃性化学品或大型仪器设备储藏的房间。室内可按实际需要设置 300 ~ 600 mm 宽的柜子，要求有良好通风，避免阳光直射，应干燥、清洁。

4. 试样制备室

待分析测试的坚实试样须先进行粉碎、切片、研磨等处理，应采取防振和隔声措施。

5. 放射性物品储藏室

有些化验楼中设置有放射性化验室，故同位素等放射性物质大都应存放在衬铅的容器里，并设置在专门的储藏室内，同时放射性废物也必须保存在单独的储藏室里进行处理。

6. 危险药品储藏室

带有危险性的物品，通常储存在主体建筑物以外的独立小建筑物内。这种储藏室入口应方便运输车辆的出入，门口最好与车辆尾部同高，这样室内地面也就与车辆尾部同高。此外，要另设坡道通向一般道路平面，以便化验室人员平时用手推车来取货。

储藏室应结构坚固，有防火门，保证常年保持良好通风，屋面能防爆，有足够的泄压面积，所有柜子均应由防火材料制作，设计师设计时应参照有关消防安全规定。

7. 蒸馏水制备室

化验室中溶液的配制、器皿的洗涤都要用蒸馏水，蒸馏水可在专门的设备中制取。蒸馏水室的面积一般设在顶层，由管道送往各化验室，也可按层设立小蒸馏水室，也可采用小型蒸馏水设备直接设计在化验室里面。

第七节　化验室的安全防护

（1）样品处理的地方经常使用到大量酸碱和有机溶剂，万一洒在眼睛或身体上必须马上进行冲洗，因此，化验室必须安装紧急洗眼器、紧急淋浴器及紧急救护药箱。

（2）化学分析实验室必须防火，对于有易燃易爆物品的实验室，电线、照明、插座等都要有防爆设计，且设计需要符合消防规范。

（3）化验室有机废气和无机废气分别要求采用碳吸附和水喷淋方式处理后再排放。污水按污水性质、成分及污染的程度可设置不同的排水系统。被化学物质污染、对人体有害有毒物质的污水应设置独立的排水管道，这些污水经过局部处理或回收利用才能排入室外排水管网。

（4）在化学实验室等有供水的实验室应设置地漏，以便水管爆裂、水龙头跑水时能够及时排水，以及防止实验室被浸泡，危及仪器和设备的安全。

（5）对于存放或使用剧毒及危险化学品的实验室和储存间，应采用危险品储存柜，并设置出入口控制装置或视频控制装置。

第五章

化学检验安全知识

第一节　化学实验室安全的基本原则

一、实验室安全制度的制定

1. 着装规定

（1）进入实验室，必须按规定穿戴必要的工作服。

（2）进行危险物质、挥发性有机化学溶剂、特定化学试剂、易燃易爆危险品或毒、麻、剧药品等化学药品操作实验或研究，必须穿戴防护工具（如防护口罩、防护手套、防护眼镜）。

（3）实验进行中，严禁戴隐形眼镜（防止化学药剂溅入眼镜而腐蚀眼睛）。

（4）需将长发及松散衣服妥善固定，在药品处理的整个过程中必须穿鞋（不得穿拖鞋）。

（5）高温实验操作时，必须戴上防高温手套。

2. 饮食规定

（1）避免在实验室饮食，而且使用化学药品后需先洗净双手才能进餐。

（2）严禁在实验室内吃口香糖。

（3）食品禁止储藏在存有化学药品的冰箱或储藏柜。

3. 药品领用、存储及操作相关规定

（1）操作危险性化学药品时，请务必遵守操作守则或遵照导师审阅的操作流程进行实验，切勿自行更换实验流程。

（2）领取或使用药品时，应确定容器上标示的名称是否为需要的实验用药品。

（3）领取或使用药品时，请看清楚药品危害标示和图样，确认是否有危害。

（4）使用挥发性有机溶剂或强酸性、强碱性、高腐蚀性、有毒性的药品时，请一定要在特殊通风橱及台上型通风罩下进行操作。

（5）有机溶剂、固体化学试剂、强酸性或强碱性化合物均须分开存放，挥发性较强的化学试剂应需放置于具有排风装置的药品柜内。

（6）高挥发性或易于氧化的化学药品必须存放于冰箱或冰柜之中。

（7）避免独自一人在实验室做危险实验。

（8）若须进行无人监督的实验，其实验装置对于防火、防爆、防水都须有充分的准备，且使实验室照明保持开启状态，并在门上留下紧急处理时联络人电话及可能发生的灾害。

（9）做危险性实验时，必须经实验室相关领导批准，有两人以上在场方可进行，节假日和夜间严禁做危险性实验。

（10）做有危害性气体的实验时，必须在通风橱里进行。

（11）做放射性、激光等对人体危害较大的实验，应制定严格的安全措施，做好个人防护。

（12）废弃药液或过期药液或废弃物必须依照分类标示清楚，药品使用后的废弃物（液）严禁倒入水槽或水沟，应倒入专用收集容器中回收。

4. 安全用电相关规定

（1）实验室内的电气设备的安装和使用管理，必须符合安全用电管理规定，大功率实验设备用电必须使用专线，严禁与照明线路共用，谨防因超负荷用电引发火险。

（2）实验室用电容量的确定要兼顾事业发展的增容需要，留有一定余量，但不准乱拉乱接电线。

（3）实验室内的用电线路和配电盘、板、箱、柜等装置及线路系统中的各种开关、插座、插头等均应经常保持完好可用状态，安全装置所用的空气开关必须与线路允许的容量相匹配，严禁用其他导线替代保险丝。室内照明器具都要经常保持稳固可用状态。

（4）可能散布易燃、易爆气体或粉体的实验室内，所用的电器线路和用电装置均应按相关规定使用防爆电气线路和装置。

（5）对实验室内可能产生静电的部位、装置要心中有数，要有明确标记和警示，对其可能造成的危害要有妥善的预防措施。

（6）实验室内所用的高压、高频设备要定期检修，要有可靠的防护措施。凡是要求设备本身安全接地的，必须接地，并定期检查线路，测量接地电阻。自行设计、制作对已有电气装置进行自动控制的设备，在使用前必须经实验设备技术安全部门组织的验收合格后方可使用。自行设计、制作的设备或装置，其中的电气线路部分，也应请专业人员查验无误后再投入使用。

（7）实验室内不得使用明火取暖，严禁吸烟。必须使用明火实验的场所，须经批准后才能使用。

（8）手上有水或潮湿时，请勿接触电器用品或电器设备。严禁在水柜旁安装电器插座，以防止漏电或感电。

（9）实验室内的专业人员必须掌握本室的仪器、设备的性能和操作方法，严格按操作规程操作。

（10）机械设备应安装防护设备或其他防护罩。

（11）电器插座请勿接太多插头，以免负荷过大，引起电器火灾。

（12）如电器设备无接地设施，请勿使用，以免产生感应电或触电。

5. 环境卫生规定

（1）各实验室应注重环境卫生，并保持整洁。

（2）为减少尘埃飞扬，清扫工作应在工作时间外进行。

（3）有盖垃圾桶应常清除消毒，以保持环境清洁。

（4）垃圾清除及处理必须符合卫生要求。垃圾应在指定处所倾倒，不得随意倾倒堆积，影响环境卫生。

（5）凡有毒性或易燃垃圾废物，均应特别处理，以防危害人体健康或引发火灾。

（6）窗户及照明器具透光部分均须保持清洁。

（7）保持所有走廊、楼梯通行无阻。

（8）油类或化学液体溢出在地面或工作台时，应立即擦拭，冲洗干净。

（9）工作人员应养成随时拾捡地上杂物的良好习惯，以确保实验场所清洁。

（10）垃圾或废物不得堆积于操作地区或办公室内。

（11）消防用水应与饮用水分别放于指定的不同处所。

（12）盥洗室、厕所、水沟等应经常保持清洁、畅通。

二、实验室人员的安全培训

实验室工作人员必须有岗前培训，考核合格后才能上岗；在岗人员也应有定期培训，考核合格后，才能留岗继续工作。培训的目的是进行安全知识的普及，使工作人员充分认识到安全的重要性和掌握必要的安全知识。培训应由有经验的技术人员做讲座。

培训的内容应包括：

（1）安全的相关法律法规：其中包括了解我国危险化学品使用安全的情况，掌握其相关的法律体系和标准体系，深刻理解危险化学品安全管理的重要性。

（2）化学品安全管理的基础知识：其中包括危险化学品的概念、分类、标志、安全标签和安全技术说明。

（3）化学品的安全储存：其中包括危险化学品储存的危险性分析；易燃易爆品、毒害品和腐蚀性物品的安全储存方法等。

（4）化学品的安全使用：其中包括危险化学品安全使用公约；危险化学品的使用登记制度、使用安全措施和使用程序控制等。

（5）化学品废物的安全处置：其中包括危险化学品废物及其危害；危险化学品废物的综合治理；危险化学品废物的储存；危险化学品废物的安全处置和危险化学品废气的治理等。

（6）化学品防火防爆及电气安全技术：其中包括危险化学品燃烧与爆炸的基本原理；防火防爆的安全措施；电气安全的基础知识和危险场所的电气安全等。

（7）实验室设备的安全技术与管理：其中包括各种实验室仪器设备的工作原理及其使用与维护方法和常见故障的排除；实验室仪器设备使用情况记录和维修记录等。

（8）危害识别、安全评价及事故应急救援：其中包括危险、有害因素的辨识；重大危险源的辨识；安全评价；事故调查与处理；事故应急救援等。

三、实验室事故的预防

（一）基本安全标准

（1）在实验过程中要严格遵守操作规程，杜绝一切违章操作，发现异常情况应立即停止工作，并及时登记报告。

（2）禁止用嘴、鼻直接接触试剂。使用易挥发、腐蚀性强、有毒物质必须戴防护手套，并在通风橱内进行，中途不许离岗。

（3）在进行加热、加压、蒸馏等操作时，操作人员不得随意离开现场，若因故须暂时

离开，必须委托他人照看或关闭电源。

（4）安全设施不得随意拆卸搬动、挪作他用，要保证其完好及功能正常。

（5）操作人员要熟悉所使用的仪器设备性能和维护知识，熟悉水、电、燃气、气压钢瓶的使用常识及性能，遵守安全使用规则，细心操作。

（二）实验室安全设备

1. 化学通风橱

化学通风橱是一种控制接触有毒物质的有效设备。化学通风橱是排气孔直接通向室外的排气罩，它能够有效地排出有害烟雾、有害气体和有害蒸气等。不同的物质要使用不同类型的通风橱。

（1）常见的化学通风橱有以下两种：

• 竖式窗框通风橱：标有操作高度的竖式窗框通风橱使用时，用箭头在窗框通道任意一端的黄标签上标明操作高度。不要在窗框罩开着的通风橱里工作。通风橱窗框罩必须处于规定的高度，开度不要超过45 cm，这样它才能有效地运行。当火灾或爆炸发生时，窗框罩可以在操作者的面部和化学物质之间起到保护屏障的作用。

• 水平窗框通风橱：位置正确的水平窗框通风橱在操作者的面部和化学物质之间起到保护屏障的作用。

（2）使用化学通风橱时，务必遵守以下原则：

• 通风橱用以保护操作人员，以免他们接触到化学品释放的有毒烟雾，并防止烟雾在实验室内扩散。

• 保持罩框玻璃清洁，不要在窗框罩框上放置纸或其他物品，以免阻挡操作者的视线。

• 通风橱不应作存放化学品之用。

• 留意标识在每个通风处左上方的使用类别（处理一般的化学品、酸蚀作用或过氯酸），并要熟悉在通风橱右上方张贴的基本操作方法。

• 凡涉及有毒化学品的试验，尽可能在通风橱内进行，并且戴上防护眼镜和保护手套。每次使用完毕，必须彻底清理工作台和仪器。

• 凡涉及有机溶剂的蒸馏过程及消解过程的操作程序，必须在通风橱内进行。蒸馏过程不得在无人看管下进行。

• 定期检查通风橱的性能、抽风系统和其他功能是否运作正常，包括表面风速须达到0.5 m/s。

• 不要把设备或化学物质存放在靠近通风橱后面隔板的齿缝开度处，也不要把它们放在通风橱的前面边缘处。通风橱里若堆满凌乱物质会阻碍空气的流通、降低通风橱的俘获效率。

• 切勿用物件（如挡板或大型仪器）阻挡通风橱口。切勿阻挡通风橱内后方的排气槽；切勿把纸张或较轻的物件堵塞于排气出口。

• 在通风橱工作时，操作者不要突然地移动，在通风橱前走动会阻碍气流，将通风橱里的蒸气带出。操作者头部要保持在通风橱外，要在通风橱后面尽可能远的地方放置设备或在通风橱后面尽可能远的地方工作。一般应在通风橱内距门至少15 cm的地方放置设备或工作。

• 实验时，应把通风橱的窗框拉下至认可的安全标记，保持适当的表面风速为0.4 ～

0.6 m/s，以确保安全。

2. 手套式操作箱

手套式操作箱是操作者手部放入装在容器壁上的手套中操纵机械手的容器。当操作过程中涉及剧毒物质时，必须在惰性气体或干燥空气中处理活性物质，因此必须使用密封性好的手套式操作箱。

3. 淋浴器及眼睛冲洗设备

实验操作过程中，实验工作者的眼睛可能会接触到腐蚀性物质、引起疼痛的物质、造成机体组织永久性伤害的物质或有毒物质，因此每个实验室或工作区都应配有眼睛和面部冲洗设备。这些设备应设在实验室里，也可设在可能发生危险的最近地方，以便使用。假如机体或眼睛接触了化学物质或其他有害物质，应立即把身体相关部位或眼睛冲洗 15 min，并脱掉接触过这些物质的衣服，可以用消防毯和干净的实验服装来保暖和避免尴尬。情节严重者必须及时到医院救治。

4. 消防设备

各个实验室的天台上装有火灾检测器，实验室内有灭火器、灭火沙和灭火毯等消防用品。进入实验室工作的人员要熟悉它们的存放位置和掌握它们的使用方法。

(三) 个人防护设备

1. 安全眼镜

安全眼镜主要用于防御有刺激或腐蚀性的溶液对眼睛的损伤，可选用普通平光镜片，镜框应有遮盖，以防止溶液溅入。

2. 面罩

面罩主要用来阻断经呼吸道的毒气，保护面部、脖子和耳朵以免受到溅出物质或悬浮微粒的伤害。

3. 手套

一般而言使用天然乳胶手套。天然乳胶对于水溶液，如酸、碱水溶液具有较好的防护作用。

4. 实验服装

进入实验室，要穿实验服，保护我们的身体。在实验室应始终穿着结实密封、不露脚趾和脚跟的鞋，预防溢出物、溅出物和掉下来的设备或零件伤及双脚。

四、实验室事故的发生原因

1. 实验室环境存在的安全隐患
(1) 科研和环境的安全隐患。
(2) 保护系统的安全隐患。
(3) 警报系统的安全隐患。
(4) 设备安装的安全隐患。

2. 实验室的管理存在的安全隐患
(1) 危险区的进入。
(2) 操作中接触的仪器。
(3) 与合作者缺乏交流。
(4) 错误操作易燃、易爆、有毒等物质。

（5）错误的操作仪器设备。

每个实验室的工作人员都应该时刻保持警惕，防患于未然！

五、实验室事故的应急处理方法

化学实验室作为进行实践性教学和开展科学研究的重要场所，同时也是易燃、易爆及有毒（甚至是剧毒）、有害、有腐蚀性等药品使用相对集中的地方，并且还经常使用火、电、水等，若操作不当可能发生危险，造成事故。为保证发生事故时能迅速、有效地进行应急救援，减少事故对生命的危害和财产的损失，结合化学实验室的实际情况，本部分将介绍在紧急情况下，必须先在实验室立刻进行的应急处理方法。

（一）化学药品中毒的应急处理

1. 一般应急处理方法

化学药品中毒，要根据化学药品的毒性特点及中毒程度采取相应措施，并及时送医院治疗。

（1）吸入有毒气体时的处理方法：对于中毒很轻时，通常只要把中毒者移到空气新鲜的地方，松开衣服领子的纽扣（但要注意保温），使其安静休息，必要时给中毒者吸入氧气，但切勿随便进行人工呼吸，待呼吸好转后，送医院治疗。若吸入溴蒸气、氯气、氯化氢等刺激性气体时，可吸入少量酒精和乙醚的混合物蒸气，使之解毒。吸入溴蒸气者也可用嗅氨水的方法减缓症状。吸入少量硫化氢者，立即送到空气新鲜的地方；中毒较重者，应立即送到医院治疗。

（2）药品溅入口中的处理方法：药品溅入口内时，应立即吐出并用大量清水漱口。

（3）吞食药品时的处理方法：

● 稀释法：为了降低胃液中药品的浓度，延缓毒物被人体吸收的速度，缓和刺激和保护胃黏膜，可饮食一些食物如牛奶、鸡蛋清、食用油、面粉或淀粉或土豆泥的悬浮液以及水等；也可在 500 mL 的蒸馏水中，加入 50 g 活性炭，用前再加 400 mL 蒸馏水，并把它充分摇动润湿，然后给患者分次少量吞服。一般 10 ~ 15 g 活性炭可吸收 1 克毒物。注意：磷中毒者不能饮牛奶。

● 催吐法：用手指、匙柄、压舌板、筷子、羽毛等刺激咽喉后壁，引起反射性呕吐；也可用 2% ~ 4% 盐水或淡肥皂水或芥末水催吐，必要时可用 0.5% ~ 1% 硫酸铜 25 ~ 50 mL 灌服。但吞食酸、碱之类的腐蚀性药品或烃类液体时，由于易形成胃穿孔，或胃中的食物一旦吐出易进入气管而造成危险，因此适宜用催吐法。

● 解毒法：吞服万能解毒剂（即 2 份活性炭、1 份氧化镁和 1 份单宁酸的混合物），用时可取 2 ~ 3 茶匙该混合物，加入一杯水，调成糊状物吞服。

2. 常见无机药品中毒应急处理方法

当药品溅入口中而尚未下咽时，应立即吐出，并用大量水冲洗口腔；如已吞下，应根据毒物性质服解毒剂，并立即送医院。表 5 - 1 总结了实验室常见无机药品中毒后的应急处理方法：

表 5 - 1 无机药品中毒应急处理一览表

药品品种	致命剂量	应急处理方法
强酸	1 mL	立即服 200 mL 氧化镁悬浮液或氢氧化铝凝胶、牛奶及水等,迅速将毒物稀释。然后至少再吃十几个打溶的鸡蛋作为缓和剂。
强碱	1 g	直接用 1% 的醋酸水溶液将患处洗至中性。然后迅速服用 500 mL 稀的食用醋(1 份食用醋,加 4 份水)或鲜橘子汁将其稀释。
氨气	5 000 ppm/5 min	立即将患者转移到室外空气新鲜的地方,然后输氧。
氯气	500 ppm/5 min	给患者嗅 1:1 的乙醚与乙醇的混合蒸气。
溴蒸气	1 000 ppm 口服 1mL	应给患者嗅稀氨水。
二氧化硫	LC_{50}:6 600 mg/kg,l h(大鼠吸入)	立即将患者转移到室外空气新鲜的地方,保持安静。
二氧化氮	LC_{50}:126mg/m³,4h(大鼠吸入)	立即将患者转移到室外空气新鲜的地方,保持安静。
硫化氢	600 ppm/30 min 800 ppm/5 min	立即将患者转移到室外空气新鲜的地方,保持安静。
砷化氢	25 ppm/30 min 300 ppm/5 min	吸氧和注射强心剂。
二硫化碳	LD_{50}:188 mg/kg(大鼠经口);LD_{50}:25 mg/m³,2 h(大鼠吸入)	应洗胃或用催吐剂进行催吐,让患者躺下,并加以保暖,保持通风良好。
一氧化碳	1 g	将患者转移到室外空气新鲜的地方,让患者躺下,并加以保暖。为了使患者尽量减少氧气的消耗量,一定要使患者保持安静。若呕吐时,要及时清除呕吐物,以确保呼吸道畅通,同时要进行输氧。
汞	70 mg	立即洗胃;也可口服生蛋清、牛奶和活性炭作沉淀剂,导泻用 50% 硫酸镁。常用的汞解毒剂有二巯基丙醇、二巯基丙磺酸钠。
钡	1 g	将 30 g 硫酸钠溶于 200 mL 水中,给患者服用。
硝酸银	LD_{50}:50 mg/kg(小鼠经口)	将 3~4 茶匙食盐溶于一杯水中,给患者服用;然后服用催吐剂,或者进行洗胃,或者给患者饮牛奶;接着用大量水吞服 30g 硫酸镁。

（续上表）

药品品种	致命剂量	应急处理方法
硫酸铜	LD₅₀：300 mg/kg（大鼠经口）	将 0.1~0.3g 亚铁氰化钾溶于一杯水中，给患者服用；也可饮用适量肥皂水或碳酸钠溶液。
氰	0.05g	应将患者转移到空气新鲜的地方，并用手指或汤匙柄摩擦患者的舌根部使之立刻呕吐，每隔 2min 给患者吸入亚硝酸异戊酯 15~30 s，这样氰基与高铁血红蛋白结合，生成无毒的氰络高铁血红蛋白；接着再给患者饮用硫代硫酸盐溶液，使氰络高铁血红蛋白解离，并生成硫氰酸盐。
砷	0.1 g	使患者立刻呕吐，然后饮食 500 mL 牛奶；再用 2~4 L 温水洗胃，每次用 200 mL。
铅	0.5 g	保持患者每分钟排尿量 0.5~1 mL，至少连续 1~2 h 以上。饮服 10% 的右旋糖酐水溶液（按每千克体重 10~20 mL 计）；或者以每分钟 1 mL 的速度，静脉注射 20% 的甘露醇水溶液，至每千克体重达 10 mL 为止。
镉	10 mg	吞食时，使患者呕吐。
锑	0.1 g	吞食时，使患者呕吐。

如表 5-1 中所述，当吞食重金属时，可饮服牛奶、蛋白或丹宁酸等，使其吸附胃中的重金属。此外，用螯合剂除去重金属也很有效。重金属的毒性，主要是由于它与人体内酶的 -SH 基结合而产生。因而，加入的螯合剂，使其争先与重金属相结合，进而阻止了重金属与人体内酶的 -SH 基的结合，故能有效地消除由重金属引起的中毒。重金属与螯合剂形成的络合物易溶于水，容易从肾脏完全排出。再者，服用螯合剂的同时，还可并用输液（10% 的右旋糖酐溶液或 20% 的甘露醇溶液）的方法，促使其利尿。

医疗上常用的螯合剂有以下几种：CaNa₂·EDTA（乙二胺四乙酸钙二钠）-Pb，Cd，Mn；BAL（2，3-二巯基丙醇）-Hg，As，Cr；β，β-二甲基半胱氨酸-Pb，Hg 等。

但是，镉中毒时，用螯合剂会使镉对肾的损害加剧，因此，遇此情况时，尽量不用螯合剂。对有机铅之类物质中毒，用螯合剂解毒亦无能为力。此外，螯合剂对生物体所必需的重金属也起络合作用，因而，使用时需加以注意。

3. 常见有机药品中毒应急处理方法

对于实验室有机药品中毒时的应急处理方法，见表 5-2：

表5-2　有机药品中毒应急处理一览表

药品名称	致命剂量	应急处理方法
烃类化合物	10~15 mL	将患者转移到室外空气新鲜的地方。
甲醇	30~60 mL	可用1%~2%的碳酸氢钠溶液充分洗胃，然后将患者转移到暗室，以控制其与二氧化碳的结合能力。为了防止酸中毒，每隔2~3 h吞服5~15 g碳酸氢钠。同时，为了阻止甲醇代谢，在3~4天内，每隔2 h，以平均每千克体重0.5 mL的量口服50%的乙醇溶液。
乙醇	300 mL	首先用自来水洗胃，除去未吸收的乙醇。然后一点一点地吞服4 g碳酸氢钠。
酚类化合物	2g	立即给患者饮自来水、牛奶或吞食活性炭以减缓毒物被吸收的速度，然后应该反复洗胃或进行催吐，再口服60 mL蓖麻油和硫酸钠溶液（将30 g硫酸钠溶于200 mL水中）。
乙醛	5 g	可用洗胃或服用催吐剂的方法除去胃中的药物，随后应服泻药。若呼吸困难，应给患者输氧。
丙酮	5 g	可用洗胃或服用催吐剂的方法除去胃中的药物，随后应服泻药。若呼吸困难，应给患者输氧。
草酸	4 g	应给患者口服下列溶液使其生成草酸钙沉淀：①在200 mL水中溶解30 g丁酸钙或其他钙盐制成的溶液；②可饮服大量牛奶，也可饮用牛奶打溶的鸡蛋白，起镇痛作用。
氯代烷（以1，1，2，2-四氯乙烷为例）	LD$_{50}$：800 mg/kg（大鼠经口）LD$_{50}$：4 500 mg/m^3，2 h（小鼠吸入）	应用自来水洗胃，然后饮服硫酸钠溶液（将30g硫酸钠溶于200 mL水中）。
四氯化碳	经口：29.5 mL吸入：320 g/m^3，5~10 min	吸氧进行人工呼吸，用温水洗胃，饮用蛋清或苏打水。
苯胺	1 g	先洗胃，然后服用泻药。
三硝基甲苯	1 g	应洗胃或用催吐剂进行催吐，待大部分三硝基甲苯排出体外后，再服用泻药。
甲醛	60 mL	应立即服用大量牛奶，再用洗胃或催吐等方法进行处理，待吞食的甲醛排出体外，再服用泻药。如果可能，可服用1%的碳酸铵水溶液。
乙二醇	1.4 mL/kg	用洗胃、服催吐剂或泻药等方法，除去吞食的乙二醇。然后，静脉注射10 mL 10%的葡萄糖酸钙，使其生成草酸钙沉淀时，对患者进行人工呼吸。聚乙二醇及丙二醇均为无害物质。
有机磷（以对硫磷为例）	10~30 mg/kg	用催吐剂催吐，或用自来水洗胃等方法将其除去。沾在皮肤、头发或指甲等地方的有机磷，要彻底把它洗去。

4. 实验室中毒救援方法

（1）人工呼吸方法。

进行人工呼吸时，将患者头部后仰，以确保呼吸道畅通。

人工呼吸方法如下：患者仰卧，用一只手托起患者下颌，使其头部后仰，以解除舌下坠所致的呼吸道梗阻，保持呼吸道畅通；另一只手捏紧患者鼻孔，以免吹气时气体从鼻孔喷出。然后深吸一口气，对准患者的口用力吹入，直至胸部略有膨起。之后，进行人工呼吸的人头稍侧转，并立即放开捏鼻孔的手，任患者自行呼吸，如此反复进行。成人每分钟吸气 12~16 次，吹气时间宜短，约占一次呼吸时间的 1/3。吹气若无反应，则需检查呼吸道是否畅通，吹气是否得当。如果患者牙关紧闭，护理人员可改用口对鼻孔吹气。当发现患者心脏和呼吸均已停止时，此时应立即对患者进行人工呼吸和体外心脏按压。如图 5-1 所示：

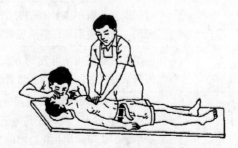

图 5-1　人工呼吸示意图

患者取仰卧位，背部可稍加垫，使胸部凸起。救护人屈膝跪地于患者大腿两旁，把双手分别放于乳房下面（相当于第六七对肋骨处），大拇指向内，靠近胸骨下端，其余四指向外，放于胸廓肋骨之上，立即进行体外心脏按压，按压频率为每分钟 80~100 次。

（2）常用洗胃方法。

实验室应急处理洗胃方法——灌注洗胃法。它是将洗胃管经口腔插入患者胃内，利用重力或虹吸原理，将胃内容物及毒物排出。如图 5-2 所示：

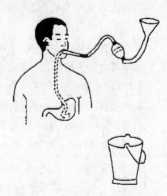

图 5-2　洗胃方法示意图

清醒患者可采取坐位或半坐位，中毒较重者或昏迷者取左侧卧位，以减少毒物进入十二指肠。插胃管，在粗的柔软胃导管上，装上大漏斗，把涂上甘油的胃导管，从口或鼻慢慢地插入胃里，注意不要插入气管。查明在离牙齿约 50 cm 的地方，导管尖端确实落到胃中。

将洗胃器漏斗放置低于胃的位置，挤压橡皮球抽出胃内容物，必要时送检。而后将漏斗高于患者口腔 30～40 cm 处，将洗胃液缓慢倒入；当溶液尚未流尽时，速将漏斗倒装放低于胃部以下，利用虹吸作用引出胃内液体，使之流入污物桶内，如此反复操作几次。最后，在胃里留下泻药（于 120 mL 水中，溶解 30 g 硫酸镁制成的溶液），拔出导管。

洗胃的主要目的是使毒物尽快从胃中排出，以免被进一步吸收。同时也可针对不同毒物选择不同的洗胃液达到解毒效果。在表 5 - 3 中列举了在实验室已知的中毒物和相应的特殊洗胃液：

表 5 - 3　中毒后洗胃液的选择

中毒物	洗胃液
有机磷（敌敌畏除外）	2.5% 碳酸氢钠溶液。
钡盐	0.5% 硫酸钠。
无机磷	0.5%～1% 硫酸铜（注意用量过大时可引起急性铜中毒）。
碘	10% 硫代硫酸钠，也可用 70～80 g 淀粉溶于 1 000 mL 水。
生物碱	0.02% 高锰酸钾水溶液。
漂白剂（次氯酸盐）	5% 硫代硫酸钠水溶液。
铜	1% 亚铁氰化钾水溶液。
铁	在加有碳酸氢钠的 10% 的生理盐水 100 mL 中，加入 5～10 g 去铁胺（去铁敏）制成的溶液。
氟化物	5% 乳酸或氯化钙水溶液、牛奶等。
甲醛	1% 碳酸铵水溶液。
碘	淀粉水溶液。
苯酚、甲酚	植物油（如橄榄油，不能用矿物油）。
磷	1% 硫酸铜水溶液 100mL（洗后必须把它排出）。
水杨酸盐	10% 碳酸氢钠水溶液。

此外，在毒物不明，或无解毒液的情况下，应用清水、温开水或生理盐水。活性炭加水充分摇动，制成润湿的活性炭，以及温水，对任何毒物中毒情况均可使用。

（二）化学药品灼伤的应急处理

被化学药品灼伤时，要根据药品性质及灼伤程度采取相应的措施。

1. 化学药品灼伤眼睛的应急处理

若试剂进入眼中，切不可用手揉眼，应先用清洁纱布擦去溅在眼外的试剂，再用水冲洗。若是碱性试剂，需再用饱和硼酸溶液或1%醋酸溶液冲洗；若是酸性试剂，需先用大量水冲洗，然后用碳酸氢钠溶液冲洗，再滴入少许蓖麻油，严重者送医院治疗。若一时找不到上述溶液而情况危急时，可用大量蒸馏水或自来水冲洗，再送医院治疗。

近年来洗眼器在国内多数实验室采用。当发生有毒有害物质（如化学液体等）喷溅到工作人员眼睛时，采用洗眼器能将危害降到最低限度。但是，洗眼器只是用于紧急状况下，暂时减缓有害物质对眼睛的损害，进一步的处理和治疗仍需医生的指导。目前，化学实验室常用的洗眼器按照安装方式分为台式、立式、壁挂式及复合式四种。应急处理步骤：①将洗眼器的盖移开；②推出手掣；③用食指及中指将眼睑翻开及固定；④将头向前，用清水冲洗眼睛至少15 min；⑤及时到医院或医务室就诊。

2. 化学药品灼伤皮肤的应急处理

化学药品灼伤皮肤在化学实验过程中也是经常出现的安全事故。喷淋器也是近年来在国内实验室普遍采用的皮肤灼伤应急处理设备。它可以迅速减轻在工作中有毒有害物对身体的灼伤而带来的伤害。当发生有毒有害物质（如化学液体等）喷溅到工作人员身体或发生火灾引起工作人员着装燃烧时，喷淋器是一种急速将伤害降到最低限度的防护用品。喷淋器通常直接安装在地面上，有的还带有洗眼器。它的淋浴喷头流量为100~150 L/min，洗眼喷头流量为10~15 L/min。应急处理步骤：①立即除下受化学品污染的衣服；②站于花洒下，并拉动手环；③用清水冲洗受伤部位至少15 min；④及时到医院或医务室就诊；⑤洗眼器使用如前所述。

表5-4总结了化学药品灼伤皮肤时的应急处理方法：

表5-4 化学药品灼伤皮肤时的应急处理方法一览表

药品名称	应急处理方法
有机酸	首先应用大量水冲洗10~15 min，以防止灼伤面积进一步扩大，再用饱和碳酸氢钠溶液或肥皂液进行洗涤。严重时要消毒，拭干后涂烫伤药膏。
草酸	首先应用大量水冲洗10~15 min，以防止灼伤面积进一步扩大，再用镁盐或钙盐进行处理。
无机酸	先用干净的毛巾擦净伤处，再用大量水冲洗，然后用饱和碳酸氢钠溶液（或稀氨水、肥皂水）冲洗，再用水冲洗，最后涂上甘油。
氢氟酸	先用大量冷水冲洗，再以碳酸氢钠溶液冲洗，然后用甘油氧化镁涂在纱布包扎。
碱	尽快用水冲洗至皮肤不滑腻为止，再用稀醋酸或柠檬汁等进行中和。
生石灰	先用油脂类的物质除去生石灰，再用水进行冲洗。
磷	1%硝酸银溶液或5%硫酸银溶液或高锰酸钾溶液冲洗伤口，然后包扎，切勿用水冲洗。
溴	立即用2%硫代硫酸钠溶液冲洗至伤处呈白色；或先用酒精冲洗，再涂上甘油或烫伤油膏。

（续上表）

药品名称	应急处理方法
苯胺	用肥皂和水将污物擦洗除去。
三硝基甲苯	用肥皂和水尽量将污物擦洗干净。
钠	可见的小块用镊子移去，其余与碱灼伤处理方法相同。
酚类化合物	先用大量水冲洗，再用三氯化铁：10%酒精（1∶4）混合液冲洗。
汞	汞在常温就能蒸发，汞蒸气能致人发生慢性或急性中毒。因此汞撒落在地上，应尽量用纸片将其收集，再用硫粉或锌粉撒在残迹上。
有机磷	立即用温肥皂水或弱碱液（1%～5%碳酸氢钠溶液）清洗皮肤，要彻底洗净。
沥青、煤焦油	用浸透二甲苯的棉花擦洗，再用羊脂涂敷。

（三）起火与爆炸的应急处理

化学实验室发生火灾带有普遍性，这是因为化学实验室中经常使用易燃易爆物品、高压气体钢瓶、减压系统（真空干燥、减压蒸馏等）。如果处理不当、操作失灵，再遇上高温、明火、撞击、容器破裂或没有遵守安全防范要求，往往会酿成火灾爆炸事故，轻则造成人身伤害、仪器设备破损，重则造成多人伤亡、房屋损坏。

1. 实验室火灾或爆炸时的一般处理方法

实验室起火或爆炸时，应保持沉着镇静，不必惊慌失措。应立即采取以下措施：

（1）弄清楚火灾发生的原因。对不同原因的起火和不同现象的燃烧应采用不同的扑救办法。一般来讲，若是电流起火，则应先拉开电闸；若由灼烧起火，则应先灭掉热源等；若是能溶于水的物质或者是不与水发生化学反应的物质起火，则可用水来降低温度，将火扑灭；若是非水溶性的有机溶剂着火，则只能用二硫化碳等来扑灭。所以，调查失火的原因和了解现场情况是灭火的依据，是一项非常必要的工作。否则，非但灭不了火，反而会有加剧火势的可能。

（2）防止火势扩展。一旦起火应马上关停所有加热的设备，停止通风，把火源周围的一切可燃性物质，尤其是有机溶剂或爆炸性物质移至远处。值得注意的是，在扑救火时，切勿打翻周围装有溶剂的仪器或打破正在燃烧的盛有可燃物质的容器，避免容器内的内容物洒出而扩展火势。

（3）迅速采用有效的灭火措施。具体情况如下：

• 地面或实验台面着火，若火势不大，可用灭火毯、石棉布、湿抹布之类或灭火硅胶、沙土之类扑灭。

• 反应器内着火，可用灭火毯、石棉布、湿抹布之类盖住瓶口灭火。

• 有机溶剂和油脂类物质着火，火势小时，可用灭火毯、石棉布、湿抹布之类或灭火硅胶、沙土之类扑灭，或撒上干燥的碳酸氢钠粉末灭火；火势大时，必须用二氧化碳灭火器、泡沫灭火器或四氯化碳灭火器扑灭。

• 电起火，立即切断电源，用二氧化碳灭火器或四氯化碳灭火器灭火（四氯化碳蒸气有毒，应在空气流通的情况下使用）。

• 衣服着火，切勿奔跑，应迅速脱衣，用水浇灭；若火势过猛，应就地卧倒打滚灭火。

2. 实验室常见灭火器材的使用

在火灾初起之时，由于范围小，火势弱，是扑灭火灾的最有利时机，正确及时地使用灭火器材，可以挽回巨大的损失。

（1）火灾类型包括以下几种：

A类火灾：固体物质火灾，如木材、棉、毛、麻、纸张等。

B类火灾：液体火灾和可熔性的固体物质火灾，如汽油、煤油、原油、甲醇、乙醇、沥青等。

C类火灾：气体火灾，如煤气、天然气、甲烷、丙烷、乙炔、氢气等。

D类火灾：金属火灾，如钾、钠、镁、钛、锆、锂、铝镁合金等。

E类火灾：电器火灾。

（2）常用灭火器的选择：

常用的手提式灭火器有三种，即干粉灭火器、二氧化碳灭火器和手提式卤代型灭火器，其中卤代型灭火器由于对环境保护有影响，已不提倡使用。常用灭火器种类和适用范围如表5-5所示：

表5-5 常用灭火器种类和使用范围

灭火器类型	药液成分	适用范围	注意事项
酸碱式	H_2SO_4 $NaHCO_3$	A、E类	①使用时倒置摇匀后，无灭火液喷出时应立即清理喷嘴，若不能喷出应弃于远处，防止爆炸。 ②不宜用于精密仪器、贵重资料的灭火。
泡沫灭火器	$Al_2(SO_4)_3$ $NaHCO_3$	A、B类	
二氧化碳灭火器	液态 CO_2	B、C、E类	①双手握在喷射口的橡胶部位，不要接触金属部分，以免冻伤。 ②不得用于可燃性金属失火（会将二氧化碳转变为有毒的一氧化碳）。
四氯化碳灭火器	液态 CCl_4	A、B、C、E类	①不能扑灭活性金属钾、钠的失火，因为 CCl_4 会强烈分解甚至爆炸。 ②不能用于电石（乙炔）、二硫化碳的失火，因为会产生光气一类的毒气。
干粉灭火器	$NaHCO_3$ 磷酸铵盐	B、C类 A、B、C、E类	

（3）常用的灭火设备及其使用方法：

●沙土：将干燥的细沙装于沙箱内，在沙箱内应配以沙勺。用沙土救火方法比较简单，只要将沙土抛洒在着火的物体上就可使火熄灭。适用于一切不能用水扑救的燃烧，特别是有机物的燃烧。缺点是对火势较大、较猛烈、面积较大的火焰效力欠佳。

注意：湿的沙土，有时不但不能灭火，反而还会增加火势。所以，沙土一定要经常保持干燥。

为了做好防火工作，每个实验室内必须安装有效的沙箱设备，放于最方便取到的地方，并应经常检查，不得在上边堆放其他物品。灭火硅胶也有相同的功效。

●石棉布：适用于小火，用石棉布盖上以隔绝空气，就能灭火。如果火很小，用湿抹布或石棉板盖上就行。灭火毯也有相同的功效。

●水：水也是经常用的灭火工具，但在化学实验室内，一般不宜用水灭火，除在确知燃烧物为水溶性或用水没有其他危险时，才允许用水。当然也要考虑到，室内有无其他与水反应的物质，如金属钾、钠等的存在。

为了保证消防工作，实验室四周的消防水栓和水龙带，同样必须经常检查，勿出现堵塞、黏连或破损等问题。

●二氧化碳灭火器：对于有机溶剂着火，或由电引起的火灾等，均可使用二氧化碳灭火器来进行灭火。使用二氧化碳灭火器，在火灾发生开始时是非常有效的，灭火之后的危害也较小。其构造见图 5－3：

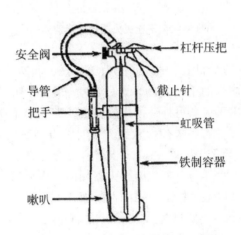

图 5－3　二氧化碳灭火器构造示意图

使用方法：首先将灭火器提到起火地点，放下灭火器，取下截止针，左手握住杠杆压把，站在距离火源两米处的地方，右手拿住把手将喇叭口尽量靠近着火点，压下杠杆压把，喇叭口即喷出二氧化碳。对着火源根部喷射，并不断推前，直至将火焰扑灭。对没有喷射软管的二氧化碳灭火器，应将喇叭筒往上扳动 70°～90°。

注意：使用二氧化碳灭火器时，不能直接用手抓住喇叭筒外壁或金属连线管，以防止手被冻伤。在室外使用时，选择上风方向喷射；在室内狭小空间使用，灭火后操作者应迅速离开，以防止窒息。

●干粉灭火器：干粉灭火器内充装的是干粉灭火剂，具有流动性好、喷射率高、不腐蚀容器和不易变质等优良性能，对大小火灾均可使用。除可用来扑灭一般火灾外，还可用来扑灭油、气等燃烧引起的火灾。但使用后清除粉末时，对器材有轻微的损伤。

干粉灭火剂主要通过在加压气体作用下喷出的粉雾与火焰接触、混合时发生的物理、化学作用灭火。一是靠干粉中的无机盐的挥发性分解物，与燃烧过程中燃料所产生的自由基或活性基团发生化学抑制和副催化作用，使燃烧的链反应中断而灭火；二是靠干粉的粉末落在可燃物表面外，发生化学反应，并在高温作用下形成一层玻璃状覆盖层，从而隔绝氧，进而窒息灭火。另外，还有部分稀释氧和冷却作用。其构造如图5－4所示：

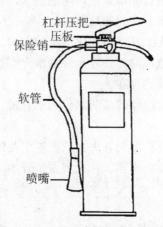

杠杆压把
压板
保险销
软管
喷嘴

图5－4　干粉灭火器构造示意图

使用方法：干粉灭火器最常用的开启方法为压把法，将灭火器提到距火源适当距离后，先上下颠倒几次，使筒内的干粉松动，然后让喷嘴对准燃烧最猛烈处，拔去保险销，压下压把，灭火剂便会喷出灭火。另外还可用旋转法，即开启干粉灭火器时，左手握住其中部，将喷嘴对准火焰根部，右手拔掉保险销，顺时针方向旋转开启旋钮，打开贮气瓶，经1~4 s的时滞，干粉便会喷出灭火。

●泡沫灭火器：泡沫灭火器与二氧化碳灭火器相似，灭火器内有两个容器，分别盛放两种液体，它们是硫酸铝和碳酸氢钠溶液，两种溶液互不接触，不发生任何化学反应（平时千万不能碰倒泡沫灭火器）。实验室常用的是手提式泡沫灭火器，其构造如图5－5所示。

当需要泡沫灭火器时，把灭火器倒立，两种溶液混合在一起，就会产生大量的二氧化碳气体。除了两种反应物外，灭火器中还加入了一些发泡剂。打开开关，泡沫从灭火器中喷出，覆盖在燃烧物品上，使燃着的物质与空气隔离，并降低温度，达到灭火的目的。其灭火效果比二氧化碳灭火器的效果更好，适用于除电流起火之外的其他一切火灾。

使用方法：用手握住灭火器的把手，平稳、快捷地提往火场，不要横扛、横拿。灭火时，一手握住把手，另一手握住筒身的底边，将灭火器颠倒过来，喷嘴对准火源，用力摇晃几下，即可灭火。

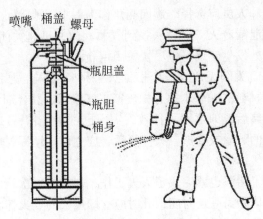

a. 结构示意图　　b. 使用方法

图 5 - 5　泡沫灭火器

注意：不要将灭火器的盖与底对着人体，防止盖、底弹出伤人。不要与水同时喷射在一起，以免影响灭火效果。

●四氯化碳灭火器：四氯化碳沸点较低，喷出来后形成沉重而惰性的蒸气掩盖在燃烧物体周围，使燃烧物与空气隔绝而灭火。它不导电，适于扑灭带电物体的火灾。但它在高温时会分解出有毒气体，故在不通风的地方最好不要使用。另外，在有钠、钾等金属存在时不能使用，因为有引起爆炸的危险。

它的结构和使用方法与二氧化碳灭火器相同。

当然，为了熄灭较大火势，也可备有大型的上述灭火器，但一般实验室没有必要设置。假如遇见较大火势，实验室人员已扑救不了时，最重要的一条，也是最必要的措施——马上打电话告知消防机关！这项措施应在火灾一开始就操作，事实上这是最积极有效的办法。

3. 危险化学品的具体灭火措施

(1) 气态危险化学品的灭火。

压缩或液化气体总是被储存在不同的容器内，或通过管道输送。气体泄漏后遇着火源稳定燃烧时，其发生爆炸的可能性比可燃气体泄漏未燃时要小得多。遇到压缩或液化气体火灾一般应采取以下基本措施：

●扑救气体火灾切忌盲目扑灭火势，即使在扑救周围火势以及冷却过程中不小心把泄漏处的火焰扑灭了，在没有采取堵漏措施的情况下，也必须立即用长的点火棒将气体点燃，使其恢复稳定燃烧。否则，大量可燃气体泄漏出来与空气形成爆炸性混合物，遇着火源就会发生爆炸，后果将不堪设想。

●首先应扑灭外围被火源引燃的可燃物火势，切断火势蔓延途径，控制燃烧范围，并积极抢救受伤和被困人员。

●如果火势中有压力容器或有受到火焰辐射热威胁的压力容器，能疏散的应尽量在水枪的掩护下将这些压力容器疏散到安全地带，不能疏散的应部署足够的水枪进行冷却保护。为防止容器爆裂伤人，进行冷却的人员应尽量采用低姿射水或利用现场坚实的掩蔽体防护。对卧式贮罐，冷却人员应选择贮罐四侧角作为射水阵地。

• 如果是输气管道泄漏着火，应设法找到气源阀门并迅速关闭，火势就会自动熄灭。如实验室钢瓶管道出口处发生燃烧，应尽快关闭钢瓶阀门。

• 贮罐或管道泄漏而关阀无效时，应根据火势判断气体压力和泄漏口的大小及其形状，准备好相应的堵漏材料（如软木塞、橡皮塞、气囊塞、黏合剂、弯管工具等）。

• 堵漏工作准备就绪后，即可用水扑救火灾，也可用干粉、二氧化碳、卤代烷灭火，但仍需要用水冷却烧烫的贮罐或管道。火扑灭后，应立即用堵漏材料堵漏，同时用雾状水稀释和驱散泄漏出来的气体。

• 一般情况下完成了堵漏也就完成了灭火工作，但有时一次堵漏不一定能成功。如果一次堵漏失败，而再次堵漏需一定时间，此时应立即用长的点火棒将泄漏处点燃，使其恢复稳定燃烧，以防止较长时间泄漏出来的大量可燃气体与空气混合后形成爆炸性混合物从而造成发生爆炸的潜在危险，并准备再次灭火堵漏。

• 现场指挥应密切注意各种危险征兆，遇有火势熄灭后较长时间未能恢复稳定燃烧或受热辐射的容器安全阀火焰有变亮、发出响声、晃动等爆炸征兆时，必须适时作出准确判断，及时下达撤离命令。

（2）液态危险化学品的灭火。

易燃液体通常也是储存在容器内或用管道输送的。与气体不同的是，液体容器有的密闭，有的敞开，一般都是常压，只有反应锅（炉、釜）及输送管道内的液体压力较高。液体不管是否着火，如果发生泄漏或溢出，都将顺着地面（或水面）漂散流淌。而且，由于易燃液体往往密度小于水和水溶性等原因，以及涉及危险性很大的沸溢和喷溅等问题，能否用水或普通泡沫灭火器扑救还存在问题，因此，扑救易燃液体火灾往往是一场艰苦的战斗。遇易燃液体火灾，一般应采取以下基本措施：

• 首先应切断火势蔓延的途径，冷却和疏散受火势威胁的压力容器、密闭容器和可燃物，控制燃烧范围，并积极抢救受伤和被困人员。如有液体流淌时，应筑堤（或用围油栏）拦截漂散流淌的易燃液体或挖沟导流。

• 及时了解和掌握着火液体的品名、密度、水溶性，以及有无毒害、腐蚀、沸溢、喷溅等危险性，以便采取相应的灭火和防护措施。

①比水轻又不溶于水的液体（如汽油、苯等）用直流水、雾状水灭火往往无效，可用普通泡沫或轻水泡沫扑灭，用干粉、沙土、卤代烷扑救时，灭火效果要视燃烧面积大小和燃烧条件而定，最好同时用水冷却罐壁。

②比水重又不溶于水的液体（如二硫化碳）起火时可用水扑救，水能覆盖在液面上从而将火扑灭，用泡沫也有效。用干粉、卤代烷扑救时，灭火效果要视燃烧面积大小和燃烧条件而定，最好同时用水冷却罐壁。

③具有水溶性的液体（如醇类、酮类等），虽然从理论上讲能用水稀释扑救，但用此法要使液体闪点消失，水必须在溶液中占很大的比例，这不仅需要大量的水，也容易使液体溢出流淌，而普通泡沫又会受到水溶性液体的破坏（如果普通泡沫强度加大，可以减弱火势），因此，最好用抗溶性泡沫扑救。用干粉或卤代烷扑救时，灭火效果要视燃烧面积

大小和燃烧条件而定，也需要用水冷却罐壁。

●对较大的贮罐或流淌火灾，应准确判断着火面积。

①小面积（一般 $50m^2$ 以内）液体火灾，一般可用雾状水扑灭。用泡沫、干粉、二氧化碳、卤代烷（1211，1301）灭火一般更有效。

②大面积液体火灾则必须根据其相对密度、水溶性、燃烧面积大小选择正确的灭火剂扑救。

③扑救毒害性、腐蚀性或燃烧产物毒害性较强的易燃液体火灾，扑救人员必须佩戴防护面具，采取防护措施。

④遇易燃液体管道或贮罐泄漏着火，在切断蔓延途径把火势限制在一定范围内的同时，对输送管道应设法找到进、出阀门并将其关闭。如果管道阀门已损坏或贮罐泄漏，应迅速准备好堵漏材料，然后先用泡沫、干粉、二氧化碳或雾状水等扑灭地上的流淌火焰，为堵漏清扫障碍；其次再扑灭泄漏口的火焰，并迅速采取堵漏措施。与气体堵漏不同的是，液体一次堵漏失败，可连续堵几次，只要用泡沫覆盖地面，并防止液体流淌和控制好周围着火源即可，不必点燃泄漏口的液体。

（3）固态危险化学品的灭火。

●扑救易燃固体、自燃物品火灾的基本措施：易燃固体、自燃物品一般都可以用水和泡沫灭火器扑救，相对其他种类的化学危险品而言是比较容易扑救的，只要控制住燃烧的范围，逐步扑灭即可。但也有少数易燃固体、自燃物品的扑救方法比较特殊，如黄磷等。

①黄磷（白磷）是自燃点很低、在空气中能很快氧化并自燃的固体。遇黄磷火灾时，首先应切断火势蔓延途径，控制燃烧范围，对着火的黄磷应用低压水或雾状水扑救。高压直流水冲击会引起黄磷飞溅，导致火灾扩大。黄磷熔融液体流淌时应用泥土、沙袋等筑堤拦截，并用雾状水冷却。对于磷块和冷却后已固化的黄磷，应用钳子钳入贮水容器中。

②少数易燃固体和自燃物品不能用水和泡沫扑救，如三硫化二磷、铝粉、烷基铝、保险粉（连二亚硫酸钠）等，应根据具体情况区别处理，一般可用干沙或不用压力喷射的干粉扑救。

●扑救氧化剂和有机过氧化物火灾的基本措施：

①迅速查明着火或反应的氧化剂、有机过氧化物以及其他燃烧物的品名、数量、主要危险特性、燃烧范围、火势蔓延途径以及能否用水或泡沫扑救。

②能用水或泡沫扑救时，应尽一切可能切断火势蔓延途径，使着火区孤立，限制燃烧范围，同时应积极抢救受伤和被困人员。

③不能用水、泡沫、二氧化碳扑救时，应用干粉、水泥、干沙覆盖。用水泥、干沙覆盖应先从着火区域四周尤其是下风等火势主要蔓延方向开始，形成孤立火势的隔离带，然后逐步向着火点进逼。

④大多数氧化剂和有机过氧化物遇酸会发生剧烈反应甚至爆炸（如过氧化钠、过氧化钾、氯酸钾、高锰酸钾、过氧化二苯甲酰等），活泼金属过氧化物等部分氧化剂也不能用水、泡沫和二氧化碳扑救。

（四）烫伤的应急处理

1. 烫伤程度的判断

从热的强度及被烫的时间来确定其烫伤深度，并从皮肤的症状及有无疼痛加以判断，

见表5-6。实际上，烫伤深度的判断相当困难。因为随着时间的推移，烫伤程度往往会逐渐加深。

表5-6 烫伤深度与症状

深度	症状	疼痛
Ⅰ度	红斑	+
Ⅱ度	红斑+水疱	+
Ⅲ度	灰白色→黑色	-

（1）轻度烫伤：Ⅱ度烫伤占15%以下，Ⅲ度烫伤在2%以下。很少发生休克。

（2）中度烫伤：Ⅱ度烫伤占15%～30%，Ⅲ度烫伤在10%以下。据以往的病例来看，全都有休克的危险性，必须送入医院治疗。

（3）严重烫伤：Ⅱ度烫伤占30%以上，Ⅲ度烫伤在10%以上，或者脸、手及脚均Ⅲ度烫伤，而呼吸道疑似有烫伤，且常常伴有电击、严重药品伤害、软组织损伤及骨折等症状，必须在受伤后2～3 h之内，将患者送入医院治疗。患者Ⅲ度烫伤在50%以上时，常常会发生死亡。

（4）休克症状：手、脚变冷，脸色苍白，出冷汗，恶心，呕吐，心率增快，情绪不安，心情烦躁。

2. 烫伤的应急处理方法

烫伤时，作为急救处理措施，将其进行冷却是最为重要的，此措施要在受伤现场立刻进行。烧着衣服时，立即浇水灭火，然后用自来水洗去烧坏的衣服，并慢慢剪除或脱去没有烧坏的部分，注意避免碰伤烧伤面。连续冷却30～120min，冷却水的温度在10℃～15℃最为合适，最好不要低于这个温度。为了防止发生疼痛和损伤细胞，受伤后采用迅速冷却的方法，在6 h内有较好的效果。对于不便洗涤冷却的脸及身躯等部位，可用经自来水润湿的2～3条毛巾包上冰片，敷于伤面上，要十分注意经常移动毛巾，以防同一部位过冷。若患者口腔疼痛时，可给其含冰块。即使是小面积烧伤，如果仅冷却5～10 min，则效果甚微，因此，烫伤时必须进行长时间的冷却。根据烫伤的程度，具体操作如下：

（1）轻度烫伤：应立即脱去衣裤，将创面放入冷水中浸洗半小时，再用麻油、菜油涂搽创伤面。

（2）中度烫伤：这是真皮损伤，局部红肿疼痛，有大小不等的水疱，大水疱可用消毒针刺破水疱边缘放水，涂上烫伤膏后包扎，松紧要适度。

（3）严重烫伤：这是皮下、脂肪、肌肉、骨骼都有损伤，并呈灰或红褐色，此时应用干净布包住创伤面并及时送往医院，切不可在创伤面上涂紫药水或膏类药物，影响病情观察与处理。严重烫伤患者在转送途中可能会出现休克或呼吸、心跳停止，应立即进行人工呼吸或胸外心脏按压。伤员烦渴时，可给少量的热茶水或淡盐水服用，绝不可以在短时间内饮服大量的开水，会导致伤员出现脑水肿。

3. 在治疗烫伤时应注意的事项

（1）如果在烧伤面上涂油或硫酸锌油之类东西，则容易被细菌感染，因而绝不可使用。

（2）不能用酱油涂搽。

（3）消毒时要用洗必泰（氯己定）或硫柳汞溶液，不可用红汞溶液，因为涂抹红汞后，很难观察烫伤表面。

（4）在现场除化学烧伤外，对创伤面一般不作处理，有水疱不要弄破，用洁净衣服覆盖，把伤员及时送医院救治。

（五）玻璃割伤的应急处理

化学实验室中最常见的外伤是由玻璃仪器或玻璃管的破碎引发的。作为紧急处理，首先应止血，以防大量流血引起休克。必须检查伤口内有无玻璃碎片，以防压迫止血时将碎玻璃片压至深部。若有碎片，应先用镊子将玻璃碎片取出，采用有效止血措施，并立即送医院治疗。原则上可直接压迫损伤部位进行止血。具体创伤止血方法如下：

（1）小伤口止血法：只要用清洁水或生理盐水将伤口冲洗干净，盖上消毒纱布、棉垫，再用绷带加压缠绕即可。在紧急情况下，任何清洁而合适的东西都可临时借用作止血包扎，如手帕、毛巾、布条等，将血止住后送医院处理伤口。

（2）静脉出血止血法：除上述包扎止血方法外，还需压迫伤口止血。用手或其他物品在包扎伤口上施以压力，使血管压扁血流变慢，血凝块易于形成。这种压力必须持续 5～15 min 才可奏效。较深的部位，如腋下、大腿根部可将纱布填塞进伤口再加压包扎。将受伤部位抬高也有利于静脉出血的止血。

（3）动脉出血止血法。

● 指压法：该法方便及时，但需位置准确。用手指压迫出血部分的上方，用力压住血管，阻止血流。经过指压 20～30 min 出血不停止，就应该改用止血带止血法或其他止血方法。

● 止血带止血法：适用于四肢大出血的急救。这种方法止血最有效，但容易损伤肢体，影响后期康复。方法是用止血带之前，抬高患肢 12 min，在出血部分的上方，如上臂或大腿的 1/3 处，先用毛巾或棉垫包扎皮肤，然后将止血带拉长拉紧，缠绕在毛巾等的外面，不可过紧也不可过松，最多绕两圈，以出血停止为宜。止血带最好用有弹性的橡胶管，严禁使用铁丝、电线等代替止血带。用上止血带后，在上面做出明显的标记，注明用止血带的时间。每 30～50 min 放松一次止血带，每次 2～5 min，此时用局部压迫法止血，再次扎止血带的时候，绑扎部位应上下稍加移动，减少皮肤损伤。放松止血带时应注意观察出血情况，如出血不多，可改用其他止血，以免压迫血管时间过长，造成肢体坏死。

（六）气体泄漏的应急处理

1. 气体泄漏事故的应急处理方法

泄漏污染区人员应迅速撤离至上风处，并进行隔离，严格限制出入。建议应急处理人员戴上自给正压式呼吸器，穿消防防护服。应尽可能切断泄漏源。对于小量泄漏，用沙土或其他不燃材料吸附或吸收；也可以用大量的水冲洗，冲洗后的水及时稀释并放入废水系统。对于大量泄漏，要合理通风，加速扩散，应用喷雾状水稀释、溶解；构筑围堤或挖坑收容产生的大量废水。如有可能，将漏出气体用排风机排送至空旷地方，或安装适当喷头烧掉；也可以将漏气的容器移至空旷处，并注意通风。漏气容器要妥善处理，待修复检验

合格后再用。

2. 气体泄漏事故的防护措施

气体泄漏处理时，人员要做好防护措施，具体防护措施如下：

（1）呼吸系统防护：一般不需要特殊防护，但在特殊情况下，佩戴自吸过滤式防毒用具（半面罩）。

（2）眼睛防护：一般不需要特殊防护，高浓度接触时，可戴安全防护眼镜。

（3）身体防护：穿着防静电工作服。

（4）手防护：穿戴一般作业防护手套。

（5）其他：工作现场严禁吸烟，避免长期反复接触，进入罐、限制性空间或其他高浓度区作业，需有人监护。

3. 气体泄漏事故的急救措施

（1）皮肤接触：脱去被污染的服装，用肥皂水和清水彻底冲洗皮肤。处理方法详见本章中化学药品灼伤皮肤的应急处理；若有冻伤，处理方法详见本章中冻伤的应急处理。

（2）眼睛接触：立即翻开上下眼睑，用流动清水冲洗，至少 15 min，然后立即就医。

（3）呼吸道接触：脱离现场至空气新鲜处，立即就医，对症治疗。

（4）火灾与爆炸：首先切断气源，若不能立即切断气源，则不允许熄灭正在燃烧的气体；应喷水冷却器材，可能的话将器材从火场移至空旷处。具体灭火方法详见本章起火与爆炸的应急处理。

第二节　危险化学品

一、危险化学品的定义

危险化学品是指具有易燃、易爆、毒害、腐蚀、放射性等危险特性，在生产、储存、运输、使用和废弃物处置等过程中容易造成人员伤亡、财产毁损、环境污染的化学品。

对危险化学品应注意以下事项：

（1）如果未充分了解所使用化学品的性质、状态，特别是火险、爆炸及中毒的危险性，则绝对不得使用。

（2）应避免阳光照射，贮存在阴凉、通风、干燥的地方，与火源和热源隔开。

（3）毒物及剧毒物质，还需要存放于专用药品橱内，加锁保存。

（4）使用危险化学品时，要尽可能少量使用。

（5）在使用危险化学品之前，必须预先考虑到发生灾害事故时的防护手段，并做好周密的应对方法。因此，对于有火险或爆炸性危险的实验，应准备防护眼镜或防护面具、耐热防护衣及灭火器材等物品。如有中毒危险时，则要准备好防护手套、防毒面具及防毒衣物。

（6）处理有毒试剂及含有毒物的废弃物时，必须考虑避免引起水质及大气的污染。

（7）当危险物质丢失或被盗时，必须立即报告相关领导，必要时应及时与公安机关联系。

二、危险化学品的分类

危险化学品种类繁多，分类方法也不尽相同。可依照其化学活性和生物活性分为可燃性物质、易燃性物质、爆炸性物质和有毒物质。

（一）可燃性物质

可燃性物质的分类见表5-7：

表5-7　可燃性物质的分类

分类	特点	示例
强氧化性物质	因加热、撞击而分解、放出的氧气与可燃性物质发生剧烈燃烧，有时也会发生爆炸。	氯酸盐类、过氧化物等。
强酸性物质	若与有机物或还原性物质混合，即会发生作用而放热，有时会燃烧。	无机酸类、氯磺酸等。
低温易燃性物质	在较低温度条件下遇火即可迅速燃烧的可燃性物质。	黄磷、金属粉末等。
自燃性物质	在室温下，一旦接触空气即着火燃烧。主要为研究用的特殊物质。	有机金属化合物、金属催化剂等。
禁水性物质	与水剧烈反应，有时还由于产生的气体而发生爆炸的物质。	金属钠、金属钾、碳化钙等。

1. 强氧化性物质

强氧化性物质包括氯酸盐、高氯酸盐、无机过氧化物、有机过氧化物、硝酸盐和高锰酸盐。此类物质可因加热、撞击而发生爆炸，故在存放或实验时，应远离烟火和热源，要保存在阴凉的地方，并避免撞击。例如，由于工作人员不慎，将氯酸钾跌落在地面上，收拾不净，踩踏后引起燃烧。因此应特别注意如下几点：

（1）若与还原性物质或有机物质混合，即会发生氧化放热而引起燃烧。例如，用浓的过氧化氢制备氧气时，当加入二氧化锰后，立即剧烈反应，往往易使反应器皿破裂，溶液外流而引起燃烧。

（2）氯酸盐类物质与强酸作用，易产生二氧化氯；而高锰酸钾与强酸作用，则又会产生臭氧，有时也会发生爆炸。

（3）过氧化物与水作用，能产生氧气；与酸作用，则会产生过氧化氢，并放出热量，有时同样会引起燃烧。例如，过氧化氢的溶液在密封贮存的过程中发生分解，瓶内压力增大，将瓶塞顶飞或将玻璃瓶爆裂，溶液溢出而发生燃烧。

（4）碱金属的过氧化物，均能与水发生反应。因此，必须注意碱金属的过氧化物的防潮存放，否则同样会发生危险。

（5）有机过氧化物在化学反应中能作为副产物生成，并且在有机物的存放过程中，同

样也会生成。例如，用以塑料等有机物制作的药匙去取用二乙酰过氧化物，会由于有机物与二乙酰过氧化物发生反应而引起燃烧。

（6）凡是有爆炸危险时，必须佩戴防护眼镜或防护面具。

（7）由此类物质引起的火灾，一般可使用水来扑灭，但是由碱金属或过氧化物引起燃烧，不宜使用水来扑灭，要用二氧化碳或沙子进行扑灭。

2. 强酸性物质

强酸性物质包括 HNO_3（发烟硝酸、浓硝酸）、H_2SO_4（无水硫酸、发烟硫酸、浓硫酸）、HSO_3Cl（氯磺酸）、CrO_3（铬酐）等。此类物质与有机物或还原性物质混合，即会发生作用而放热，有时会燃烧。因此应特别注意以下几点：

（1）强酸性物质若与有机物或还原性等物质混合，往往会放热而燃烧。例如，热的浓硝酸不慎沾到棉制衣物上而引起燃烧，因此注意不要用破裂的容器盛载，要把它保存于阴凉的地方。

（2）在加热铬酐时，如果加热温度超过铬酐的熔点，铬酸酐即分解放出氧气而燃烧。

（3）当酸类物质洒出时，要用碳酸氢钠或纯碱将其覆盖，然后用大量水冲洗。

（4）加热此类物质时，要戴好防护眼镜、防护手套。例如，装有热的浓硫酸的熔点测定管发生破裂，浓硫酸沾到手上而烧伤。

（5）对于强酸性物质引起的火灾，可用大量的水喷洒来进行灭火。

3. 低温易燃性物质

低温易燃性物质包括黄磷、金属粉末等。此类物质着火点较低，一旦受热就会着火。存放时，一定要远离火源或热源。另外还应特别注意以下几点：

（1）这类物质应保存在阴凉、干燥的地方。例如，硫黄粉末吸潮会发热，从而引起燃烧。

（2）当此类特质与氧化性物质混合时，即会着火。例如，白磷（黄磷）在空气中就能燃烧。化学实验制备白磷小颗粒的方法是将熔融的白磷倒入水中制成小颗粒，但是一旦烧杯倾斜，白磷洒在实验台面上又没有引起注意时，当水蒸发后，小颗粒白磷就会在台面上燃烧，还可引起衣服着火，致使烧伤。故要将它保存在水中，并避免阳光直射。

（3）金属粉末若在空气中加热会剧烈燃烧；与酸、碱物质作用时会产生氢气，而氢气有着火的危险。

（4）大批量处理低温易燃性物质时，一定要戴防护眼镜（或面具）和防护手套。

（5）发生火灾时，一般用水灭火较好，也可以以二氧化碳灭火器。但是大量金属粉末着火时，最好使用沙子或干粉灭火器。例如，铝粉着火时，若用水灭火，火势反而会燃烧得更加猛烈。

4. 自燃性物质

自燃性物质包括有机金属化合物 R_nM（R = 烷基或丙烯基，M = Li、Na、K、Rb、Se、B、Al、Ga、Tl、P、As、Sb、Bi、Ag、Zn）及还原性金属催化剂（Pt、Pd、Ni、Cu – Cr）等。这类物质一旦接触空气就会着火。例如，在滤纸上洗涤还原性镍催化剂，其后将滤纸丢入垃圾箱中可引起着火。因此应特别注意以下几点：

（1）初次使用这类物质时，必须在有经验的工作人员指导下使用。

（2）有机金属化合物在溶剂里的稀释过程中，若其溶剂飞溅出来，就会着火。例如，在通风橱中，用 $LiAlH_4$ 进行还原反应时，向放有 $LiAlH_4$ 的容器中加入乙醚时会发生着火。

（3）有机金属化合物一定要密封保管，并且不要将可燃性物质放置于附近。例如，将装有经溶剂稀释后的三乙基铝的瓶子放入纸箱内，搬运的过程中，瓶子破裂，发生泄漏而引起着火。

（4）处理毒性较大的自燃性物质时，一定要戴防毒面具和胶皮手套，不可直接用手拿。

（5）物质引起的火灾，常用沙子或干粉灭火器进行扑灭，但数量很少时，可以用喷水法灭火。

5. 禁水性物质

禁水性物质包括 Na、K、CaC_2（碳化钙）、Ca_3P_2（磷化钙）、CaO（生石灰）、$NaNH_2$（氨基钠）、$LiAlH_4$（氢化铝锂）等。这类物质遇水会剧烈反应，有时还由于产生的气体而发生爆炸。因此应特别注意以下几点：

（1）金属钠或钾等物质与水反应，会放出氢气而引起燃烧或爆炸。因此，要把金属钠、钾切成小块，置于液状石蜡或煤油中密封保存。要分解金属钠时，可把它放入乙醇中使之反应，但要注意防止产生的氢气着火。分解金属钾时，则在氮气保护下，按同样的操作进行处理。特别值得注意的是其碎屑也贮存于液状石蜡或煤油中。例如，金属钠、钾的碎屑，因操作人员的不注意，不及时回收处理，遇水或潮湿的东西，发生反应，引起燃烧。

（2）碳化钙与水反应产生乙炔，会引起着火、爆炸。例如，在实验室制备乙炔气体时，收集瓶收集的乙炔气体不纯，往往会发生爆炸。

（3）金属钠或钾等物质与卤化物反应，会发生爆炸。

（4）磷化钙与水反应放出磷化氢（PH_3 为剧毒性气体），由于伴随着放出自燃性的联磷，从而导致燃烧或爆炸。

（5）金属氢化物与水（或水蒸气）作用也会燃烧。若丢弃它时，可将其分次少量地投入乙酸乙酯中（不可进行相反的操作）。

（6）生石灰与水作用虽不能着火，但能产生大量的热，往往会使其他物质着火。

（7）在使用这类物质时，要戴胶皮手套或用镊子操作，不宜用手直接去拿。

（8）由这类物质引起火灾时，只可用干燥的沙子、食盐或纯碱来覆盖，千万不可用水、潮湿的物体或二氧化碳灭火器来扑灭。

（二）易燃性物质

易燃性物质的危险性，大致可根据其燃点加以判断。燃点越低，危险性就越大，但即使是燃点较高的物质，当加热到其燃点以上的温度时，也是危险的。因此，必须加以注意。易燃性物质的分类详见表 5 - 8：

表5-8 易燃性物质的分类

分类	特点	示例
特别易燃性物质	在20℃时为液体，20℃~40℃能成为液体的物质，以及着火温度在100℃以下，或者燃点在-20℃以下和沸点在40℃以下的物质。	如乙醚、戊烷等。
高度易燃性物质	在室温下易燃性高的物质（燃点约在20℃以下）。	如石油醚、乙醇等。
中等易燃性物质	加热时易燃性高的物质（燃点大约在20℃~70℃）。	如煤油、乙酸等。
低易燃性物质	高温加热时，由于分解出气体而着火的物质（燃点在70℃以上的物质）。	如润滑油、豆油等。

所谓燃点，即在液面上，液体的蒸气与空气混合，构成能着火的蒸气浓度时的最低温度，称为该液体物质的燃点。而所谓着火点（着火温度），是指可燃物在空气中加热而能自行着火的最低温度。物质的燃点或着火点，在相同的测定条件下，其所测得的结果会产生微小的偏差，故很难说是物质的固有常数，但是，两者均为物质的重要物理性质。

1. 特别易燃性物质

特别易燃性物质包括乙醚、二硫化碳、乙醛、戊烷、异戊烷、氧化丙烯、二乙烯醚、羰基镍、烷基铝等。此类物质着火温度及燃点都很低，因而很易着火。因此应特别注意如下几点：

（1）使用该类物质时，必须熄灭附近的火源。例如，乙醚从贮存瓶中渗出后，由远离两米以外的火源引燃着火。实验员洗涤剩有少量乙醚的烧瓶时，突然由燃气热水器的火焰引燃着火。

（2）因为沸点低，爆炸浓度范围较宽，因此，要保持室内通风良好，以免其蒸气滞留在使用场所。例如，在焚烧二硫化碳废液时，在点火的瞬间，产生爆炸性的火焰飞散而使操作者烧伤（焚烧这类物质时，应在开阔的地方，于远处将燃着的木片投向废液处即可）。

（3）由这类物质引起火灾时，应用二氧化碳和干粉灭火器扑灭，但其周围的可燃物着火时，则用水扑灭较好。这类物质一旦燃烧，爆炸范围很广，由此引起的火灾很难扑灭，对此应有充足的思想准备以及补救措施。

（4）容器中贮存的易燃性物质减少时，往往容易着火爆炸，要加以注意。

（5）对于有毒的物质，要戴防毒面具和胶皮手套加以处理。

（6）装有乙醚溶液的烧瓶切勿存放在民用冰箱中。例如，由冰箱内电器开关产生的电火花引起乙醚蒸气的燃烧爆炸，使得冰箱门体被炸飞。

2. 一般易燃性物质

（1）易燃性物质分类。

●高度易燃性物质：其中包括石油醚、汽油、轻质汽油、挥发油、乙烷、庚烷、辛烷、戊烯、邻二甲苯、醇类（甲基-~戊基-）、二甲醚、二氧杂环己烷、乙缩醛、丙酮、甲乙酮、三聚乙醛、甲酸酯类（甲基-~戊基-）、乙酸酯类（甲基-~戊基-）、乙腈（CH_3CN）、吡啶、氯苯等第一类石油产品。

• 中等易燃性物质（闪点在20℃～70℃之间）：其中包括煤油、轻油、松节油、樟脑油、二甲苯、苯乙烯、烯丙醇、环己醇、2－乙氧基乙醇、苯甲醛、甲酸、乙酸等第二类石油产品。还包括重油、杂酚油、锭子油、透平油、变压器油、1，2，3，4－四氢化萘、乙二醇、二甘醇、乙酰乙酸乙酯、乙醇胺、硝基苯、苯胺、邻甲苯胺等第三类石油产品。

• 低易燃性物质（闪点在70℃以上）：其中包括齿轮油、马达油之类重质润滑油，以及邻苯二甲酸二丁酯、邻苯二甲酸二辛酯之类增塑剂等第四类石油产品；还有亚麻仁油、豆油、椰子油、沙丁鱼油、鲸鱼油、蚕蛹油等动植物类产品。

（2）这里所述的一般易燃性物质涵盖有高度易燃性物质、中等易燃性物质和低易燃性物质。在易燃性上虽有所不同，但是在使用和预防火灾上却有其共同点。因此应特别注意如下几点：

• 高度易燃性物质虽不像特别易燃性物质那样易燃，但它的易燃性仍很高。电开关或静电产生的火花、炽热物体及烟头残火等，都会引起着火燃烧。因而，注意不要把它靠近火源，或用明火直接加热。例如，把沾有废汽油的东西投入火中焚烧时，会产生意想不到的猛烈火焰而被烧伤。

• 加热中等易燃性物质时容易着火。用敞口容器将其加热时，必须注意防止蒸气滞留不散。类似的还有，在将残留有机溶剂的容器进行玻璃加工时，引起着火爆炸而受伤。

• 高温加热低易燃性物质时分解放出的气体，容易引起着火，并且如果混入水及类似杂物，立即产生暴沸，致使热溶液飞溅而着火。例如，蒸馏甲苯的过程中，忘记加入沸石，发生暴沸而引起着火。

• 通常，物质的蒸气密度大的，则其蒸气容易滞留。因此，必须保持使用地点通风良好。例如，用丙酮洗涤烧瓶，然后置于干燥箱中进行干燥时，残留的丙酮气化而引起爆炸，导致干燥箱的门体被炸坏飞至远处。

• 闪点高的物质一旦着火，因其溶液温度很高，一般难以扑灭。

• 给易燃性物质加热或处理量较大时，工作人员仍然要戴上防护面具及棉纱手套。例如，将经过加热的溶液置于分液漏斗中，用二甲苯进行萃取，当打开分液漏斗的旋塞时，喷出的二甲苯会引起着火。

• 易燃性物质着火，一般燃烧范围较小，用二氧化碳灭火器进行灭火即可。火势较大时，可用水来扑灭。因此，要研究灭火技术。例如，对着火的油浴覆盖四氯化碳进行灭火时，结果四氯化碳在油中沸腾，致使着火的油飞溅反而使火势扩大。

（三）爆炸性物质

爆炸有两种情况：一是物理爆炸，如蒸汽锅炉爆炸；二是化学爆炸，它可以分为两类，一类是可燃性气体或固体小颗粒与空气混合，达到其爆炸界限浓度时燃烧而发生爆炸；另一类则是易于分解的物质，由于加热或撞击而分解，发生突然分解气化而爆炸。爆炸性物质的分类详见表5－9：

表 5 - 9 爆炸性物质的分类

分类	特点	示例
可燃性气体	爆炸界限的浓度：下限为 10% 以下，或者上下限之差在 20% 以上的气体。	如氢气、乙炔等。
分解爆炸性物质	由于加热或撞击而引起着火、爆炸的可燃性物质。	如硝酸酯、硝基化合物等。
爆炸品之类物质	以产生爆炸作用为目的的物质。	如火药、炸药、起爆器材等。

1. 可燃性气体

（1）这类物质化学元素组成特点如下：

• 由 C、H 元素组成的可燃性气体。例如，氢气、甲烷、乙烷、丙烷、丁烷、乙烯、丙烯、丁烯、乙炔、环丙烷、丁二烯等。

• 由 C、H、O 元素组成的可燃性气体。例如，一氧化碳、甲醚、环氧乙烷、氧化丙烯、乙醛、丙烯醛等。

• 由 C、H、N 元素组成的可燃性气体。例如，甲胺、二甲胺、三甲胺、乙胺、氰化氢、丙烯腈等。

• 由 C、H、X（卤素）元素组成的可燃性气体。例如，氯甲烷、氯乙烷、氯乙烯、溴甲烷等。

• 由 C、H、S 元素组成的可燃性气体。例如，硫化氢、二硫化碳等。

（2）这类物质在常温下为气体，最常见的是其遇明火可燃烧。因此在使用时应特别注意如下几点：

• 使用可燃性气体时，要打开窗户，保持使用地点通风良好。填充此类气体的高压筒形钢瓶，要放在室外通风良好的地方。保存时，要避免阳光的直接照射。

• 如果漏出可燃性气体并滞留不散，当达到一定浓度时，即会着火爆炸。

• 乙炔和环氧乙烷，由于会发生分解爆炸，因此，不可将其加热或对其进行撞击。例如，搬运装有乙炔钢瓶时，不慎跌落而发生爆炸。

• 此类物质着火，可采用通常的方法进行灭火。但是，泄漏量较大时，如果情况允许，可关掉气源，扑灭火焰，并打开窗户，立即离开现场；如果情况紧急，则要立刻离开现场。

2. 分解爆炸性物质

（1）分解爆炸性物质的化学元素键合形式的特点如表 5 - 10 所示：

表 5 - 10 分解爆炸性物质的化学结构、名称及危险程度

键合形式	物质名称	危险程度
N—O		
C—O—NO$_2$	硝酸酯化合物	A
C—NO$_2$	硝基化合物	A′

（续上表）

键合形式	物质名称	危险程度
C—N—NO_2	硝铵化合物	A′
N·HNO_3	硝酸铵盐	B′
C—NO	亚硝基化合物	C′
M—ONC	雷酸盐	B
N—N		
$(Ar-N\equiv)^+X^-$	重氮盐	C
$N\equiv N=C\cdots\cdots C=O$	重氮含氧化合物	C
$N\equiv N=C\cdots\cdots C=NH$	重氮亚胺化合物	C′
Ar—N—O—N—Ar （各N上带N）	重氮酸酐化物	C
$Ar-N=N-C\equiv N$	重氮氰化物	C
$(ArN_2)_2S$	重氮硫化物	C
Ar—N_2—S—Ar	重氮硫醚化合物	C
HN_3	叠氮酸	B
MN_3	金属叠氮化合物	B
XN_3	卤素叠氮化合物	B
—CN_3	有机叠氮化合物	B
C—C—N_3 （C上带O）	有机酸叠氮化合物	C′
N—X		
NX_3	卤化氮	C
N_nS_m	硫化氮	C
M_3N	金属氮化物	C
M_2NH	金属亚胺化合物	C
MNH_2	金属氨基化物	C
O—O		
R—O—O—H	烷基氢过氧化物	B
R—O—O—R	二烷基过氧化物	C
RCO—O—O—H	有机过氧酸	C′
RCO—O—O—R	酯的过氧化物	C
RCO—O—O—COR	二酰基过氧化物	C
O—O—O—C （臭氧环结构）	臭氧化物	B
O—X		

（续上表）

键合形式	物质名称	危险程度
X_nO_m	卤素氧化物	C
$N \cdot HClO_4$	高氯酸铵盐	B
$C \cdot OClO_3$	高氯酸酯化合物	B
$C \cdot OClO_3$	烷基氯酸化合物	B
$N \cdot HClO_3$	氯酸铵盐	B′
$C-OClO_2$	亚氯酸酯化合物	B′
$MClO_2$	亚氯酸盐	C′

注：危险程度符号表示：A为灵敏度大、威力大；B为灵敏度大、威力中等；C为灵敏度大、威力小；A′为灵敏度中等、威力大；B′为灵敏度中等、威力中等；C′为灵敏度中等，威力小。

（2）此类化合物常因烟火、撞击或摩擦等作用而引起爆炸。因此，必须充分了解其危险程度。在使用时应特别注意如下几点：

● 由于这类物质往往作为各类反应的副产物生成，所以，实验时会产生意外的爆炸事故。根据需要，应该准备好防护眼镜、耐热防护衣或防护面具、防护手套等。例如，四氢呋喃纯化蒸馏时，使用剩有残液的同一烧瓶蒸馏数次，即会发生爆炸，此为生成过氧化物的缘故。

● 因为这类物质一旦接触酸、碱、金属及还原性等物质时会发生爆炸，因此，不可随便将其混合。

● 产物中残存原料中的分解爆炸性杂质时会发生爆炸。例如，用陈旧的乙醚进行萃取，将萃取液蒸去乙醚而得到的萃取物质，放在干燥箱里烘干时会发生爆炸。

● 实验室中做硝化反应应特别小心。例如，在蒸馏硝化反应物的过程中，当蒸至剩下很少残液时，会突然发生爆炸（因在残液中，有多硝基化合物存在，故不能将其过分蒸馏出来）。

● 实验室中使用过氧化氢应特别小心。例如，当拔出30%浓度的过氧化氢试剂瓶的塞子时会发生爆炸；用过氧化氢制氧气中，加入二氧化锰时，会发生剧烈的反应，致使烧瓶破裂。

3. 爆炸品之类物质

爆炸品之类物质包括：

（1）火药：黑色火药、无烟火药、推进火药（以高氯酸盐及氧化铅等为主要药剂）。

（2）炸药：雷汞、叠氮化铅、硝铵炸药、氯酸钾炸药、高氯酸铵炸药、硝化甘油、乙二醇二硝酸酯、黄色炸药、液态氧炸药、芳香族硝基化合物类炸药。

（3）起爆器材：雷管、实弹、空弹、信管、引爆线、导火线、信号管、焰火。

爆炸品是将分解爆炸性物质经适当调配而制成的成品。关于这类物质的使用，必须遵守政府有关规定，并按照导师的嘱咐进行处理。

（四）有毒物质

实验室中，大多数化学试剂均为有毒物质。通常进行化学实验时，因为用量较少，除非严重违反使用规则，否则不会由于一般性的药品而引起中毒事故。但是，对毒性大的物质，倘若一旦用错就会发生事故，甚至会有生命危险。因此，在经常使用的药品中，对其危险程度大的物质，必须遵照有关法令的规定进行使用。

依照其物态和致命剂量，有毒物质可分为三类，即毒气、剧毒物和毒物，详见表5-11。这个分类是基于各自独立确定的性质而划分的，因此，有时一种物质可能会在两个分类中重复出现。

表5-11　有毒物质的分类

分类	特点	示例
毒气	容许浓度在 200 mg/m³（空气）以下气体。	如光气、氰化氢等。
剧毒物	口服致命剂量为 30 mg/kg（体重）以下的物质。	如氰化钠、汞等。
毒物	口服致命剂量为 30～300 mg/kg（体重）的物质。	如硝酸、苯胺等。

1. 毒气

（1）毒气包括以下气体：

• 容许浓度在 0.1 mg/m³（空气）以下的毒气：如氟气、光气、臭氧、砷化氢、磷化氢等。

• 容许浓度在 1.0 mg/m³（空气）以下的毒气：如氯气、肼、丙烯醛、溴气等。

• 容许浓度在 5.0 mg/m³（空气）以下的毒气：如氟化氢、二氧化硫、氯化氢、甲醛等。

• 容许浓度在 10 mg/m³（空气）以下的毒气：如氰化氢、硫化氢、二硫化碳等。

• 容许浓度在 50 mg/m³（空气）以下的毒气：如一氧化碳、氨、环氧乙烷、溴甲烷、二氧化氮、氯丁二烯等。

• 容许浓度在 200 mg/m³（空气）以下的毒气：如氯甲烷等。

（2）当毒气中毒时，通常发生窒息性症状。一旦吸入浓度大的毒气，瞬间即失去知觉，因而往往不能逃离现场。毒性较大的毒气还会腐蚀皮肤和黏膜。即使是容许浓度高的毒气，也要加倍小心，绝不允许出现很微量的泄漏。因此在使用时应特别注意以下几点：

• 经常用气体检验器检测空气中毒气的浓度。

• 处理毒气时，必须佩戴防毒面具。

• 使用或检查钢瓶气体时，必须装配合格的减压表。例如，误认为充有氯气的钢瓶已用空，便打开阀门，喷出大量氯气造成中毒。

• 不得使用未经有关机构检验的自制压力容器做压力实验。例如，自制的容器中填充了氨气，并用帆布包裹。在搬运过程中，由于容器的焊缝破裂，冲出氨气造成冻伤，同时呼吸器官也受到损害。

• 不得对充有气体的容器进行维修，特别是实验过程中。例如，在丙烯与氨的混合气体进行加压反应的过程中，发现阀门有少量漏气，在修理过程中，泄漏增大，以致不能进行修理并导致中毒。

● 保持实验场所的通道畅通、房门灵活。例如，实验者闻到溶解在反应物中的氨气臭味后，逃离时被实验室地面堆放的杂物绊倒而受伤。

● 在实验室从事该类气体实验时，如果遇到心情烦躁、头痛恶心时，应立即离开实验场所。

2. 剧毒物、毒物及其他有害物质

（1）有毒物质分类：

● 无机物类。

①剧毒物：如三氧化二砷、氰化钾、氰化钠、汞、硒、砷酸、砷酸一氢盐；

②毒物：如亚硝酸盐类物质、过氧化氢、过氧化钠（钾）、氟硅酸、氰酸盐、硝酸；

③一般性毒物：如亚砷酸盐类、铀、氯化汞、铬酸盐、五氯化磷。

● 有机物类。

①剧毒物：如二甲基磷酸酯、氨基硫脲、四乙基铅、一六〇五（农药）、左旋-尼古丁；

②毒物：如丙烯腈、丙烯醛、烷基苯胺、氧丙烷、过氧化脲、甲酸、二溴乙烷；

③一般性毒物：如乙腈、烯丙醇、乙苯、乙硫醇、二氯乙烷、氯甲烷。

（2）这类物质虽然不像毒气因为肉眼不可见而有极高的危险性，但是其蒸气可能会在化学反应中产生的毒气也不得大意。因此在使用时应特别注意以下几点：

● 因为有毒物质能以蒸气或微粒状态从呼吸道吸入，或以水溶液状态从消化道进入人体，当操作人员直接接触这类物质时，还可从皮肤或黏膜等部位被吸收。因此，使用有毒物质时，必须采取相应的预防措施。须准备好或戴上防毒面具及橡皮手套，有时要穿防护衣。

● 毒物、剧毒物要装入密封容器，贴好标签，放在专用的药品柜中保管，并做好出纳登记。万一被盗窃，必须立刻报告。

● 一般毒性物质也有较大的毒性，要加以注意。在使用腐蚀性物质后，要严格实行漱口、洗脸的措施。

● 特别有害的物质，通常有的会造成累积毒性。长时间连续使用时，必须十分注意，必要的话做定期体检。

三、危险化学品的管理

危险化学品的安全问题是化学实验室中非常重要的问题，关系到人员和设备的安全，实验室的工作人员必须高度警惕。对于危险化学品的购买、存放、日常管理、使用等各个环节应该严格按照规章制度办事，尽早发现安全隐患，从而避免不必要的损失。

（一）严格控制危险化学品的购买

危险化学品的购买应按照工作需要制订合理的购买计划，每种要购买的危险品均应由实验室负责人和实验工作人员填写危险化学品购买申请表，并由所属领导签字许可。危险化学品的购买量应该有合理的计划，其中对于毒性不大、危险系数不是很高的化学品购买数量可以适当放宽；对于毒性很大、危险系数大的化学品（特别是剧毒品）购买数量尽量按照实验室需要多少购买多少的原则来确定。

（二）合理存放危险化学品

对于危险化学品的存放，可以专门设立一个房间作为存放室，也可以在药品仓库内设置专柜。存放室（专柜）应有坚固的防盗措施，实行双人双锁专人管理，还要有窗帘、温度计和湿度计。有条件的单位应安装监控设施。

存放室（专柜）只能用于存放危险化学品，其他常规化学试剂及仪器均不应与其放于一处。危险化学品的存放应按照防止不同种类药品间相互反应的原则分类存放。酸性物质与碱性物质分开，易燃品与氧化剂分开，毒品与酸分开。每个药品存放室（专柜）都要安装排风扇，定期换气，每个药品橱柜的排气管道应通向室外，防止因室内药品浓度过高而发生爆炸或药品因空气潮湿而变质。

存放室的照明和电器应是防爆的，并且是专线专用。存放室内外均应根据所存放的危险化学品特性配备灭火器具，例如，泡沫灭火器、干粉灭火器或二氧化碳灭火器等，灭火器具应定期检查，确保安全有效。工作人员应熟练掌握灭火器的性能和操作方法。有条件的单位应安装自动报警装置。

1. 一般化学试剂的存放

化学药品要按无机物、有机物、生物培养剂分类存放。无机物可按单质、氧化物、酸、碱、盐分类存放，其中盐类中按金属活跃性（盐类较多时，可以按照酸根分为卤化物、硫酸盐、硝酸盐、碳酸盐）、指示剂等按顺序独立存放。有机物可按烷、烯、醛、酮等分类存放。生化类试剂要按要求低温干燥储存。

2. 不稳定试剂的存放

某些化学药品在储存过程中常常会因保管不当而变质，所以必须根据药品的不同性质，分别采取相应的措施予以保存。常见有以下几种保存方法：

（1）对于挥发性物质（如盐酸、硝酸、氨）、易吸湿药品（如氢 + 氧化钠、无水醋酸钠、无水氯化钙、氧化钙）、易风化药品（如明矾），以及易氧化药品（如硫酸亚铁）和易碳酸化药品（如氢氧化钠）都要密封紧盖，用石蜡等封口密封，并经常检查封口的严密性。

（2）白磷在空气中能自燃，且有毒，应保存在盛水的塑料瓶内；金属钠则应保存在液状石蜡或煤油中，且应与酸、醇、氧化剂隔离存放。

（3）有些试剂经光照或受热易变质，如浓硝酸、硝酸银、氯化汞、过氧化氢、三氯甲烷和甲醛等，需要用棕色瓶盛装，并存放在阴凉处。

（4）对于氢氧化钠、氢氧化钾、碳酸钠、碳酸钾等碱性溶液必须盛装在带有橡胶塞的玻璃瓶或塑料瓶中，而浓硝酸和浓硫酸等要盛装在带玻璃塞的试剂瓶中。

3. 有毒有害危险药品的储存

（1）对于易燃液体、易燃固体，应与氧化剂、酸类、易爆炸试剂隔离存放。

（2）易燃液体主要是有机试剂，如汽油、苯、甲苯、甲醇、乙醇、乙醚等，其极易挥发成气体，如遇明火就会燃烧，应单独存放在阴凉通风处，特别要注意远离火源。

（3）易燃固体中，无机物如红磷、镁粉、铝粉等，有机物如硝化棉、樟脑等，其着火点都很低，容易着火，应隔开存放。

（4）对于遇水易燃烧的物品，如金属钾、金属钠、电石、锌粉等与水接触就会产生易燃气体，金属钾、金属钠应贮存在液状石蜡或煤油里。盛放电石和锌粉的瓶子必须封严密闭，防止受潮。为防止玻璃瓶因气温变化或其他原因碎裂，放有这类试剂的瓶子的2/3应埋入黄沙内保存。

（5）对于易爆品，某些有机化合物如苦味酸、过氧化物、氮的卤化物、亚硝基化合物、叠氮或重氮化合物、乙炔化合物等，某些无机化合物如氯酸、过氯酸化合物、红磷、硫黄等必须防止受热、强震、撞击、摩擦、坠落，否则会由此引起事故发生。三硝基甲苯、硝化纤维、苦味酸等都是极易爆炸的物品，不可与其他类试剂存放在一起。

（6）对于强氧化剂，尤其是具有氧化能力的含氧酸盐或过氧化物如氯酸盐、亚硝酸钠、过氧化钠等，其本身不会燃烧，但在受热、撞击、受强光照射，或与还原剂接触，与酸、碱、水发生作用，就能分解出氧气并产生热量，使可燃物着火燃烧或与可燃物构成爆炸混合物，极易发生危险。因此，强氧化剂必须存放在阴凉通风处，并与还原性物质或可燃性物质分开。

（7）强腐蚀性药品，如浓酸、浓碱、甲醛、苯酚等，应存放在具塞的细口瓶中，有一定挥发性的药品，应该使用具有磨砂玻璃塞的细口瓶。浓酸、浓碱不要放在高位试剂架上，以防止碰翻造成烧伤事故。大量的强腐蚀性药品应放在靠墙的地面上。

（8）剧毒药品，如三氧化二砷及其砷化物、氯化汞及其汞盐、氰化物、氟化物等，应锁在危险药品柜内，由双人双锁专人管理；其他如铅盐、锑盐、氯苄、三氯甲烷、四氯化碳等也都有毒，应注意妥善保管。

（三）加强危险化学品的日常管理

（1）危险化学品要专人管理、领用，建立严格的领取使用登记制度。管理人员要建立危险药品各类账册，药品购进后，及时验收、记账，使用后及时销账，掌握药品的消耗和库存数量；不外借药品，因特殊情况需要外借药品时，必须经领导批准签字。危险化学品、麻醉药品和精神药品应严格按照规定领购并使用，即领购手续完善、使用方法规范、处理方法安全、全程有人监护。如有洒落，应立即采用科学方法处理。

（2）加强对火源的管理。危险化学品存放室（专柜）周围及内部严禁火源。实验室的火源要远离易燃、易爆物品，有火源时不能离开。

（3）试剂容器都要有标签。无标签的药品不能擅自乱扔、乱倒，必须经化学处理后方可处置。对字迹不清的标签要及时更换。为防止标签脱落，可采取以下措施：用宽透明胶带覆盖标签，在标签上涂蜡或刷透明漆（短时间即可用完的药品标签可以不作防腐处理）。

（4）注意化学品存放期间的检查。检查的项目主要为有无混放情况，包装是否破损，封口是否严密，稳定剂的量是否符合要求，标签是否脱落，试剂是否变质，存放室的温度、湿度是否达标，通风、遮光、灭火设备状态是否良好。在炎夏、寒冬季节应每月检查1~2次，其他季节应每月检查1次。应设有《检查记录簿》。

（四）规范危险化学品的使用

在实验中，经常使用到的危险化学品主要包括易燃品、氧化剂、毒害品和腐蚀品。为了确保实验人员的人身安全和实验工作的有条不紊，在实验中必须做到以下几点：

（1）酸碱具有腐蚀性，不要把它们洒在皮肤或衣物上。稀释浓硫酸时，切忌将水倾入浓硫酸中，以免喷溅伤人。废酸应倒入酸缸（或指定的容器内），注意不能往酸缸内倾倒碱液，以免酸碱中和反应，放出大量的气体和热量而发生危险。

（2）强氧化剂与某些药品的混合（如氯酸钾与红磷的混合物）易发生爆炸，使用和保存时应注意安全。

（3）白磷有剧毒，并能烧伤皮肤，切勿与人体接触。它在空气中能自燃，应保存在水中，取用时要用镊子。

（4）有机溶剂（乙醚、乙醇、苯、丙酮等）易燃，使用时一定要远离火源，用后应把瓶塞盖严，放到阴凉的地方。一旦不慎因有机溶剂引起着火时，应立即用沙土或灭火毯扑灭；火势较大时，可用灭火器，但不可用水扑救。

（5）钡盐有毒（硫酸钡除外），不得进入口内或接触身体伤口。汞易挥发，它在人体内会蓄积，引起慢性中毒。如遇汞溅洒时，须尽可能地收集起来；难以收集的微量汞屑可用硫黄粉覆盖，使其变成硫化汞。

（6）硝酸盐不能研磨，否则会引起爆炸。

（7）金属钾、金属钠等不能与水接触或暴露在空气中，应保存在液状石蜡或煤油里。取用时，应在液状石蜡或煤油里切割，并用镊子取出。

（8）下列实验应在通风橱内进行：实验中使用或产生具有刺激性、恶臭的、有毒的气体（如 H_2S、Cl_2、CO、NO、SO_2、Br_2 等）的化学反应、能产生氟化氢（HF）的化学反应、加热盐酸或硝酸或硫酸的化学反应、使用有机溶剂的化学反应。

（9）原料为剧毒品的化学实验或产品为剧毒品的化学实验，均应有专门的实验记录，并且应保存一年以上。

（10）实验人员结束一个阶段的研究工作后，必须在离岗前清理所用的化学试剂和配制的溶液，做好处理和移交工作。

（11）当大量有机溶剂因不慎溅洒在实验台面或实验室地面时，应立即关闭实验室电源总开关和煤气总开关，打开门窗通风，严禁室内及室外相关区域有明火。

四、实验室常见事故的预防措施和处理方法

实验室里常见的事故包括由于玻璃仪器装置装配和拆卸过程中操作不当造成创伤、由于对高温加热后的仪器或反应物疏于防备或操作不慎造成的烫伤或烧伤、由于容器皿损坏或意外造成化学药品的化学灼伤、由于仪器故障或受潮湿造成的触电等。为了避免事故的发生，实验室的工作人员应掌握各种事故的预防措施：

（1）实验室要有良好的通风系统，对于具有强烈刺激或有毒有害气体产生的实验必须在通风橱内进行。

（2）实验用的玻璃仪器必须完好无损，使用方法和安装应正确。特别是在使用毛细管、玻璃管和温度计套管时应尤为小心。

（3）正确使用化学试剂。例如，在夏季使用盐酸、氨水、液溴时要有必要的保护，在使用金属钠时应注意器皿和环境的无水。

（4）在实验方案的设计、审查和准备工作中，把实验的安全性列入其中，为实验提供必要的保护措施和必备的实验装置。

（5）实验的装置要合理，操作要规范。这是实验安全的前提，即使出现意外事故，也

能最大限度地保护操作者。

（6）严格遵守操作规程。例如，试管加热时管口应朝向无人的方向；减压蒸馏时操作的顺序均应规范。

（7）进行危险性实验操作时，必须有两人以上在场，实验期间不得擅自离开实验室，不得锁门。

（8）检修电源线、电器设备及清洁卫生时，必须切断电源。切忌带电作业，防止将水或有机溶剂溅洒到电器设备或电源线上。电源线或电源插座破损时要及时修复，防止导线裸露伤人或短路。

（9）严禁把食品、饮用水带进实验室，实验后必须仔细把手清洗干净。

（10）实验室应配备洗眼系统和喷淋系统。当化学试剂喷溅到实验者服装、面部、眼部或手臂等部位时，可立即使用洗眼系统或喷淋系统进行紧急救护，为其进一步治疗赢得时间。

（11）实验室应安装应急灯，有条件的应安装防火报警装置。

实验室的工作人员应始终把安全意识放在各项工作的首要位置，除了要时刻保持高度的谨慎和责任感，还必须在实验室准备必要的急救药品，掌握一般应急救护的方法。

（一）化学实验室的急救药品

化学实验室急救箱内应备有下列药剂和用品：

（1）消毒剂：碘酊、75%酒精棉等。

（2）创伤药：龙胆紫药水、红霉素软膏、消炎粉、止血粉等。

（3）烫伤药：解毒烧伤软膏、复方蛇油烫伤膏、京万红软膏、凡士林、甘油等。

（4）化学灼伤药：5%的碳酸氢钠溶液、2%的醋酸、1%的硼酸、5%的硫酸铜溶液、医用过氧化氢、三氯化铁的酒精溶液及高锰酸钾晶体等。

（5）治疗用品：苯扎溴铵外用贴剂、脱脂棉、纱布、绷带、医用橡皮膏、医用剪刀、医用镊子等。

（二）一般应急救护方法

1. 创伤（碎玻璃引起的）

伤口不能用手抚摸，也不能用水冲洗。如果伤口里有碎玻璃，应先用消过毒的镊子取出来，在伤口上涂搽龙胆紫药水，消毒后用止血粉外敷，再用纱布包扎；伤口较大、流血较多时，可用纱布压住伤口止血，并立即送医务室或医院治疗。详见第五章中玻璃割伤的应急处理。

2. 烫伤或灼伤

烫伤后切勿用水冲洗，一般可在伤口处搽烫伤膏或用浓度高的高锰酸钾溶液搽至皮肤变为棕色，再涂上凡士林或烫伤药膏；被磷灼伤后，可用1%的硝酸银溶液、5%的硫酸银溶液，或高锰酸钾溶液洗涤伤处，然后进行包扎，切勿用水冲洗；被沥青、煤焦油等有机物烫伤后，可用浸透二甲苯的棉花擦洗，再用羊毛脂涂敷。详见第五章中烫伤的应急处理。

3. 强碱腐蚀

先用大量水冲洗，再用2%醋酸溶液和饱和硼酸溶液清洗，然后再用水冲洗；若碱溅入眼内，可用硼酸溶液冲洗。详见第五章中化学药品灼伤的应急处理。

4. 强酸腐蚀

先用干净的毛巾擦净伤处，用大量水冲洗，然后用饱和碳酸氢钠溶液（或稀氨水、肥皂水）冲洗，再用水冲洗，然后涂上甘油；若酸溅入眼中时，先用大量水冲洗，然后用碳酸氢钠溶液冲洗，严重者送医院治疗。详见第五章中化学药品灼伤的应急处理。

5. 其他腐蚀

液溴腐蚀，应立即用大量水冲洗，再用甘油或酒精洗涤伤处；氢氟酸腐蚀，先用大量冷水冲洗，再以碳酸氢钠溶液冲洗，然后用甘油氧化镁涂在纱布包扎；苯酚腐蚀，先用大量水冲洗，再用4体积10%的酒精与1体积三氯化铁的混合液冲洗。详见第五章中化学药品灼伤的应急处理。

6. 误吞毒物

常用的解毒方法是给中毒者服催吐剂（如肥皂水、芥末水）、用干净手指深入喉咙或者用1%的硫酸铜溶液5～10 mL加入一杯温开水内服，都可引起呕吐。服用鸡蛋清、牛奶和食物油等可以缓和毒物对胃肠道的刺激。注意磷中毒者不能喝牛奶。重症患者应急处理后立即送医院治疗。详见第五章化学药品中毒的应急处理。

7. 吸入毒气

中毒很轻时，通常只要把中毒者移到空气新鲜的地方，松开衣服（但要注意保暖），使其安静休息，必要时给中毒者吸入氧气，但切勿随便进行人工呼吸；若吸入溴蒸气、氯气、氯化氢等，可吸入少量酒精和乙醚的混合物蒸气，使之解毒，吸入溴蒸气者也可用嗅氨水的方法减缓症状；吸入少量硫化氢者，可立即送到空气新鲜的地方，而中毒较重者，应立即送到医院治疗。详见第五章中气体泄漏的应急处理。

8. 触电

首先切断电源，若来不及切断电源，可用绝缘物挑开电线。在未切断电源之前，切不可用手拉触电者，也不能用金属或潮湿的东西挑开电线。如果触电者在高处，则应先采取保护措施，再切断电源，以防触电者摔伤，并将触电者移到空气新鲜的地方休息。若出现休克现象，要立即进行人工呼吸，并送医院治疗。详见第五章触电的应急处理。

第三节　废弃物处理

根据废弃物的物理和化学性质，废弃物可分为危险化学物质、废气、有机废液、无机废液、有机固体废弃物及无机固体废弃物等。为防止废弃物对实验室的污染，废弃物的一般处理原则为分类收集、存放，分别集中处理，尽可能采用废弃物回收以及固化、焚烧处理。在实际工作中选择合适的方法进行检测，尽可能减少废物量，减少污染。废弃物排放应符合国家有关环境排放标准。

危险化学物质包括毒性、腐蚀性、易燃性、反应性、放射性的物质。危险化学物质性质见表5-12：

表 5-12　危险化学物质性质一览表

分类	包括物质
毒性	含汞、铅、镉、铬、铜、锌、砷、氰的化合物，石棉，有机氯溶剂。
腐蚀性	强酸、强碱、认定标准为 pH 值大于 12.5 或小于 2.0 的物质。
易燃性	闪点在 60℃ 以下的物质。
反应性	强酸、强碱、强氧化剂、强还原剂。
放射性	具有放射性的物质。

对于以危险化学物质为反应物或生成物的化学反应废弃物均不可以直接倒入水槽或垃圾箱中，应分别存放于专门的容器中，并贴上醒目的标签，放置于指定地点，还要及时处理，不可长时间存放，否则将成为安全隐患。

一、常见废弃物的收集和储存

（一）常见废弃物收集和储存的方法

实验室人员每天在做化学实验的时候，都会产生一定量的化学废弃物，如果处理不当则会污染环境，甚至造成危险。因此，实验者有必要弄清楚一些常见的废弃物的收集和储存方法，待实验后集中统一处理。

1. 常见废弃物收集方法

根据废弃物的物态，废弃物可分为固体废弃物、液体废弃物和气体废弃物。固体废弃物可以用塑料瓶或塑料袋密封保存；液体废弃物可以用棕色玻璃瓶密封保存；气体废弃物可以将其吸收到适当的溶剂中，用棕色玻璃瓶密封保存。

2. 常见废弃物储存方法

由于部分废弃物化学成分复杂，因此必须将其保存在专门的房间或场所，且这些房间和场所必须是避光、低温、通风、干燥的地方。

无论采用何种容器收集废弃物，均应在容器表面粘贴标签，标签上应注明内容物的名称及含量、产生时间和产生该物的实验者姓名。实验者有责任对其制造的废弃物进行分析，提供明确的信息。如果有不明废弃物，要及时与有关部门联系，寻求帮助。对于腐蚀性较强的废弃物，标签还要具有耐腐蚀性，避免在保存过程中出现字迹模糊或标签脱落。

（二）常见废弃物收集和储存中的注意事项

（1）如果用旧试剂瓶作液体废弃物容器，应注意旧试剂瓶原有的试剂不得与废弃物发生化学反应。

（2）一个容器内，一般不得存放不同化学反应产生的相同溶剂；不得存放不同溶剂（即使理论上它们之间不会发生化学反应）。下列废液尤其不能相互混合：过氧化物与有机物，氰化物、硫化物、次氯酸盐与酸，盐酸、氢氟酸等挥发性酸与不挥发性酸，浓硫酸、磺酸、羟基酸、聚磷酸等酸类与其他的酸，铵盐、挥发性胺与碱。

（3）废弃物应根据其物理和化学性质分类保存。例如，有机固体废弃物、无机固体废弃物、有机废液、无机废液、酸、碱、盐、烃类、醇（酚）类、醚类、醛（酮）类、羧酸类等。值得注意的是，酸存放时，应远离活泼金属（如钠、钾、镁等）、氧化性的酸或易燃有机物、相碰后会产生有毒的物质（如氰化物、硫化物等）；碱存放时，应远离酸及一些性质活泼的物质；易燃物应避光保存，并远离一切有氧化作用的酸，或能产生火花火焰的物质，且储存量不可太多，需及时处理。

（4）废弃物容器应有外包装箱，装有液体废弃物的玻璃容器之间应有隔挡，避免相互之间的碰撞造成破损。

（5）搬运废弃物应注意小心轻放，像含有过氧化物、硝化甘油之类爆炸性物质的废液，要更加谨慎。

（6）废弃物不宜保存时间过长，一般在一周内处理；特殊的废弃物要立即处理。特别是毒性大的废液，尤其要十分注意，例如，硫醇、胺等能发出臭味的废液，能产生氰、磷化氢等有毒气体的废液，燃烧性强的二硫化碳、乙醚之类的废液等。

（7）废弃物不得保存在通风柜、试剂柜、实验室、走廊。

（8）废弃物不得随意弃置于垃圾站。

（9）保存废弃物的地点不得对周围环境有影响，不得对周围的安全造成威胁。

（10）一次性使用制品，如手套、帽子、工作服、口罩等，使用后应放入污物袋内集中烧毁。

二、常见废弃物的处理方法

（一）无机废液的处理

1. 含氰废液的处理

低浓度的氰化物废液可直接加入氢氧化钠调节 pH 值至 10 以上，再加入高锰酸钾粉末（约3%），使氰化物氧化分解。如氰化物浓度较高，可用氯碱法氧化分解处理。先用氢氧化钠将废液 pH 值调至 10 以上，加入次氯酸钠（或液氯、漂白粉、二氧化氯），经充分搅拌调 pH 值呈弱碱性（pH 约为 8），氰化物被氧化分解为二氧化碳和氮气，放置24h，经分析达标后即可排放。应特别注意含氰化物的废液切勿随意乱倒或误与酸混合，否则发生化学反应，生成挥发性的氰化氢气体逸出，造成中毒事故。

2. 含铬废液的处理

含铬废液中，其铬的存在形式为六价铬离子（如 $Cr_2O_7^{2-}$ 或 CrO_4^{2-}）和三价铬离子 Cr^{3+}。处理时，首先在酸性条件下加入还原剂（如还原铁粉或硫酸亚铁），将其中的六价铬离子 Cr^{6+} 还原为三价铬离子 Cr^{3+}，然后在 pH 8~9 的条件下，将三价铬离子 Cr^{3+} 转化为氢氧化亚铬 $Cr(OH)_3$，沉淀，经过滤除去沉淀而使废液净化。

3. 含汞废液的处理

排放标准为废液中汞的最高容许排放浓度是 0.05 mg/L（以 Hg 计）。

（1）沉淀法：先将含有汞盐的废液的 pH 值调至 8~10，然后加入过量的 Na_2S，使其生成 HgS 沉淀。再加入 $FeSO_4$（共沉淀剂），与过量的 S^{2-} 生成 FeS 沉淀，将悬浮在水中难以沉淀的 HgS 微粒吸附共沉淀。最后静置、分离，再经离心、过滤，滤液的含汞量可降至 0.05 mg/L 以下。

（2）还原法：用铜屑、铁屑、锌粒、硼氢化钠等作还原剂，可以直接回收金属汞。

（3）收集法：由于操作不慎将压力计、温度计打碎或极谱分析中将汞撒落在实验台、水池、地面上，容易造成单质汞中毒。汞的蒸气压较大，生成的汞蒸气具有较大的毒性，此时，要注意实验室的通风，并注意及时用滴管、毛刷等尽可能地将其收集起来，并置于盛有水的烧杯中，对于撒落在地面难以收集的微小汞珠应立即撒上硫黄粉，小心清扫地面，使这些汞珠与硫黄粉尽可能接触，硫黄粉将被吸附在汞珠的表面并生成毒性较小的硫化汞。

4. 含铅废液的处理

在废液中加入消石灰（氢氧化钙），调节 pH 值大于 11，使废液中的铅生成 $Pb(OH)_2$ 沉淀。然后加入 $Al_2(SO_4)_3$（凝聚剂），将 pH 值降至 7~8，则 $Pb(OH)_2$ 与 $Al(OH)_3$ 共沉淀，分离沉淀，达标后排放废液。

5. 含镉废液的处理

（1）氢氧化物沉淀法：在含镉的废液中投加石灰，调节 pH 值至 10.5 以上，充分搅拌后放置，使镉离子变为难溶的 $Cd(OH)_2$ 沉淀。分离沉淀，用双硫腙分光光度法检测滤液中的 Cd 离子后（降为 0.1 mg/L 以下），将滤液中和至 pH 值约为 7，然后排放。

（2）离子交换法：利用 Cd^{2+} 离子比水中其他离子与阳离子交换树脂有更强的结合力，优先交换。

6. 含砷废液的处理

在含砷废液中加入 $FeCl_3$，使 Fe/As 达到 50，然后用消石灰将废液的 pH 值控制在 8~10。利用新生氢氧化物和砷的化合物共沉淀的吸附作用，除去废液中的砷。放置一夜，分离沉淀，达标后排放废液。

7. 含钡废液的处理

在废液中加入 Na_2SO_4 溶液，过滤生成的沉淀后即可排放。

8. 含硼废液的处理

把废液浓缩，或者用阴离子交换树脂吸附。对含有重金属的废液，按含有重金属废液的处理方法进行处理。

9. 含氟废液的处理

于废液中加入消化石灰乳，至废液充分呈碱性为止，并加以充分搅拌，放置一夜后进行过滤。滤液按含碱废液处理。若要进一步降低氟的浓度时，需用阴离子交换树脂进行处理。

10. 无机酸、碱类废液的处理

用酸、碱调节废液 pH 值为 3~4，加入铁粉，搅拌 30 min，然后用碱调节 pH 值至 9 左右，继续搅拌 10 min，加入硫酸铝或碱式氯化铝混凝剂，进行混凝沉淀，上清液可直接排放，沉淀以废渣方式处理。

（二）有机废液的处理

1. 可以回收利用的一般有机溶剂废液

一般有机溶剂是指醇类、酯类、有机酸、酮及醚等由 C、H、O 元素构成的物质。对此类废液中的可燃性物质，用焚烧法处理。对难以燃烧的物质及可燃性物质的低浓度废液，则用溶剂萃取法、吸附法及氧化分解法处理。另外，废液中含有重金属时，要保管好焚烧残渣。但是，对其易被生物分解的物质（即通过微生物的作用而容易分解的物质），其稀溶液经水稀释后，即可排放。从实验室的废弃物中直接进行回收是解决实验室污染问题的有效方法之一。实验过程中使用的有机溶剂，一般毒性较大、难处理，从保护环境和节约资源来看，应该采取积极措施回收利用。

回收有机溶剂通常先在分液漏斗中洗涤，将洗涤后的有机溶剂进行蒸馏或分馏处理，加以精制、纯化，所得有机溶剂纯度较高，可供实验重复使用。由于有机废液的挥发性和有毒性，整个回收过程应在通风橱中进行。为准确掌握蒸馏温度，测量蒸馏温度用的温度计应正确安装在蒸馏瓶内，其水银球的上缘应和蒸馏瓶支管口的下缘处于同一水平，蒸馏过程中使水银球完全为蒸气所包围。

（1）乙醚的回收：先用水洗涤乙醚废液一次，用酸或碱调节 pH 至中性，再用 0.15% 高锰酸钾洗涤至紫色不褪，经蒸馏水洗后用 0.15% ~1% 硫酸亚铁铵溶液洗涤以除去过氧化物，最后用蒸馏水洗涤 2 ~ 3 次，弃去水层，经氯化钙干燥、过滤、蒸馏，收集 33.15 ℃ ~34.15 ℃馏出液，保存于棕色带磨口塞子的试剂瓶中待用。

（2）石油醚的回收：先将废液装于蒸馏烧瓶中，在水浴上进行恒温蒸馏，温度控制在 81℃ ±2℃，时间控制在 15 ~20 min。馏出液通过内径 25 mm、高 750 mm 玻璃柱，内装下层硅胶高 600 mm，上面覆盖厚 50 mm 的氧化铝（硅胶 60 ~ 100 目，氧化铝 70 ~ 120 目，于 150 ℃ ~160 ℃活化 4 h）以除去芳烃等杂质。重复第一个步骤再进行一次分馏，视空白值确定是否进行第二次分离。经空白值（n = 20）和透光率（n = 10）测定检验，回收分离后石油醚能满足质控要求，与市售石油醚无显著性差异。

（3）三氯甲烷的回收：将三氯甲烷废液依顺序用蒸馏水、浓硫酸（三氯甲烷量的 1/10）、蒸馏水、盐酸羟胺溶液（0.15%、分析纯）洗涤。用重蒸馏水洗涤 2 次，将洗好的三氯甲烷用无水氯化钙脱水干燥，放置几天，过滤，蒸馏。蒸馏速度为每秒 1 ~2 滴，收集沸点为 60 ℃ ~62 ℃的蒸馏液，保存于棕色带磨口塞子的试剂瓶中待用。如果三氯甲烷中杂质较多，可用自来水洗涤后预蒸馏 1 次，除去大部分杂质，然后再按上法处理。对蒸馏法仍不能除去的有机杂质可用活性炭吸附纯化。

（4）四氯化碳的回收：含双硫腙的四氯化碳，先用硫酸洗涤 1 次，再用蒸馏水洗涤 2 次，除去水层，加入无水氯化钙干燥，过滤，蒸馏，水浴温度控制在 90 ℃ ~95 ℃，收集 76 ℃ ~78 ℃的馏出液；含铜试剂的四氯化碳，只需用蒸馏水洗涤 2 次后，经无水氯化钙干燥后过滤，蒸馏；含碘的四氯化碳，在四氯化碳废液中滴加三氯化钛至溶液呈无色，用纯水洗涤 2 次，弃去水层，用无水氯化钙脱水，过滤，蒸馏。

2. 含石油、动植物性油脂的废液

此类废液是指包含苯、己烷、二甲苯、甲苯、煤油、轻油、重油、润滑油、切削油、机器油、动物性油脂及液体和固体脂肪酸等物质的废液。

对其可燃性物质，用焚烧法处理；对其难以燃烧的物质及可燃性物质的低浓度的废液，则用溶剂萃取法或吸附法处理；对含机油之类的废液含有重金属时，要保管好焚烧残渣。

3. 含 N、S 及卤素类的有机废液

此类废液包含的物质有吡啶、喹啉、甲基吡啶、氨基酸、酰胺、二甲基酰胺、二硫化

碳、硫醇、硫酰胺、烷基硫、硫脲、噻吩、二甲基亚砜、三氯甲烷、四氯化碳、氯乙烯类、氯苯类、酰卤化物、含 N，S，卤素的染料，农药，颜料及其中间体等。

对其可燃性物质，用焚烧法处理，但必须采取措施除去因燃烧而产生的有害气体（如 SO_2、HCl、NO_2等）；对多氯联苯之类物质，因难以燃烧而有一部分直接被排出，要加以注意。

对难以燃烧的物质及可燃性物质的低浓度的废液，用溶剂萃取法、吸附法及水解法进行处理。但对氨基酸等易被微生物分解的物质，经用水稀释后，即可排放。

4. 含有机磷的废液

此类废液是指含有磷酸、亚磷酸、硫代磷酸及磷酸酯类，磷化氢类，磷系农药等物质的废液。

对其浓度高的废液进行焚烧处理（因含难以燃烧的物质多，故可与可燃性物质混合进行焚烧）；对浓度低的废液，经水解或溶剂萃取后，用吸附法进行处理。

5. 含有天然及合成高分子化合物的废液

此类废液是指含有聚乙烯、聚乙烯醇、聚苯乙烯、聚二醇等合成高分子化合物，以及蛋白质、木质素、纤维素、淀粉、橡胶等天然高分子化合物的废液。

6. 含有酸、碱、氧化剂、还原剂及无机盐类的有机类废液

此类废液是指含有硫酸、盐酸、硝酸等酸性和氢氧化钠、碳酸钠、氨等碱类，以及过氧化氢、过氧化物等氧化物与硫化物、联氨等还原剂的有机废液。首先，按无机类废液的处理方法，将其分别加以中和。然后，若有机类物质浓度高时，用焚烧法处理（保管好残渣）。能分离出有机层和水层时，将有机层焚烧；对水层或其浓度低的废液，则用吸附法、溶剂萃取法或氧化分解法进行处理。但是，对其易被微生物分解的物质，用水稀释后，即可排放。

7. 含酚类物质的废液

此类废液包含的物质有苯酚、甲酚、萘酚等，属剧毒类细胞原浆原浆毒物。对其高浓度的含酚废液，可通过乙酸丁酯萃取，再加少量的氢氧化钠溶液反萃取，经调节 pH 值后进行蒸馏回收，处理后再废液排放；浓度高的可燃性物质，亦可用焚烧法处理。而低浓度的含酚废液可加入次氯酸钠或漂白粉煮一下，使酚分解为二氧化碳和水；亦可用吸附法、溶剂萃取法或氧化分解法处理。

三、有机废弃物的一般处理方法

（一）焚烧法

（1）将可燃性物质的废液，置于燃烧炉中燃烧。如果数量很少，可把它装入铁制或瓷制容器，选择室外安全的地方将其燃烧。点火时，取一长棒，在其一端扎上沾有油类的破布，或用木片等东西，站在上风方向进行点火燃烧，并且必须监视至烧完为止。

（2）对难以燃烧的物质，可把它与可燃性物质混合燃烧，或者将其喷入配备有助燃器的焚烧炉中燃烧。对多氯联苯之类难以燃烧的物质，往往会剩下一部分还未焚烧的物质，要加以注意。对含水的高浓度有机类废液，此法亦能进行焚烧。

（3）对由于燃烧而产生含有 NO_2、SO_2 或 HCl 之类有害气体的废液，必须用配备有洗

涤器的焚烧炉燃烧。此时，必须用碱液洗涤燃烧废气除去其中的有害气体。

（4）对固体物质，亦可将其溶解于可燃性溶剂中，然后使之燃烧。

（二）溶剂萃取法

（1）对含水的低浓度废液，用与水不相混合的正己烷类挥发性溶剂进行萃取，分离出溶剂层后，将其进行焚烧。再用吹入空气的方法，将水层中的溶剂吹出。

（2）对形成乳浊液之类的废液，不能用此法处理，要用焚烧法处理。

（三）吸附法

用活性炭、硅藻土、矾土、层片状织物、聚丙烯、聚酯片、氨基甲酸乙酯泡沫塑料、稻草屑及锯末之类能良好吸附溶剂的物质，使其充分吸附后，与吸附剂一起焚烧。

（四）氧化分解法

在含水的低浓度有机类废液中，对其易氧化分解的废液，用 H_2O_2、$KMnO_4$、$NaOCl$、$H_2SO_4 + HNO_3$、$HNO_3 + HClO_4$、$H_2SO_4 + HClO_4$ 及废铬酸混合液等物质，将其氧化分解。然后，按上述无机废液的处理方法加以处理。

（五）水解法

对有机酸或无机酸的酯类以及一部分有机磷化合物等容易水解的物质，可加入 $NaOH$ 或 $Ca(OH)_2$，在室温或加热条件下进行水解。水解后，若废液无毒害时，将其中和、稀释后，即可排放；如果含有有害物质，可用吸附等适当的方法加以处理。

（六）生物化学处理法

用活性污泥类物质并吹入空气进行处理。例如，对含有乙醇、乙酸、动植物性油脂、蛋白质及淀粉等的稀溶液，可用此法进行处理。

第六章

化学检验工实操技术

第一节　实验室常用玻璃仪器的使用

在分析化验工作中，需要用到各种各样的玻璃仪器、瓷器以及多种器具、器材。实验人员对它们的规格、性质、用途应有足够的了解，在实验中才能合理地选择相应的仪器并做到规范地使用这些仪器。本章将介绍常用玻璃仪器的使用方法，虽然内容比较简单，但不可轻视它们，职业能力都是从使用这些基本仪器开始的。

化验室中大量使用玻璃仪器，是因为玻璃具有一系列可取的性能，如它有很高的化学稳定性和热稳定性、很好的透明度、一定的机械强度和良好的绝缘性能。玻璃原料来源广泛，并可以用多种方法按需要制成各种不同形状的产品。用于制作玻璃仪器的玻璃称为"仪器玻璃"，用改变玻璃化学组成的方法可以制造出适应各种不同要求的玻璃仪器。制作实验室常用的玻璃仪器的玻璃主要有下列三种类型。

（1）软质玻璃。软质玻璃亦称普通玻璃，主要包括钠玻璃和钾玻璃两种。其中，钾玻璃在耐热、耐腐蚀、硬度、透明度等性能方面比钠玻璃要好。软质玻璃属低硼或无硼玻璃，所以热稳定性差、软化点较低、耐碱性强、透明性好，易于灯焰加工熔接，应用比较广泛，可用于制作移液管、滴定管、冷凝管等多种玻璃仪器。

（2）硬质玻璃。硬质玻璃亦称高硼硅玻璃。其耐高温、高压，耐腐蚀，耐温差变化，机械强度高，膨胀系数小，导热性好，具有良好的灯焰加工性能，可用于制作普通玻璃仪器如烧杯、量筒、量杯、锥形瓶、蒸馏烧瓶、滴定管、移液管等多种玻璃仪器。

（3）石英玻璃。石英玻璃是把纯净的石英放在真空电炉中，在高温、高压下熔化后制成的。它的软化点很高、膨胀系数很小，能透过紫外线，是一种制造化学器皿的特种材料，但价格较贵，可用于制作石英烧杯、石英管、石英比色皿、石英蒸馏水器等。

玻璃仪器由于具有透明、耐热、耐腐蚀、易清洗等特点，是化验室中最常用的仪器。玻璃的化学稳定性好，但并不是绝对不受腐蚀，而是其受腐蚀的量符合一定的标准。因玻璃被侵蚀而有痕量离子进入溶液中和玻璃表面吸附溶液中的待测分析离子，是痕量分析要注意的问题。氢氟酸极易腐蚀玻璃，故不能用玻璃仪器进行含有氢氟酸的实验。碱液特别是浓的或热的碱液也对玻璃具有明显的腐蚀性。贮存碱液的玻璃仪器如果是磨口仪器，还会使磨口粘在一起无法打开，因此，玻璃仪器不能长时间存放碱液。

一、量筒和量杯的使用

在实验中经常遇到向反应器中加入若干体积的试剂溶液，使用量筒或量杯能方便地解决这一问题，能快速量取所需要加入的一定量的液体。

（一）知识

1. 量筒和量杯的用途

量筒和量杯是测量液体体积的玻璃仪器，量筒有量入式（将水注入干燥量筒内到所需分度线的体积，即为该分度线的容量，量入式符号以"In"表示）和量出式（将水注入量筒到所需分度线，然后倒出，等待30 s后所排出的体积，即为该分度线的容量，量出式符号以"Ex"表示）两种。具塞量筒为量入式，量杯只有量出式一种。

量筒（杯）的容量单位为立方厘米（cm^3）或毫升（mL）[①]、标准温度[②]为20 ℃。容量的定义（相当于任一分度容量定义）是在20 ℃时，当水充到该分度线时，量出（或量入）20 ℃的水的体积（以毫升表示）。量筒（杯）的精度不高，其中量筒的精度稍高于量杯，且都随着规格的增大，误差也相应增大。在量取要求不很精确的液体时，使用量筒或量杯。

2. 量筒（杯）的质量及技术要求

实验室中所用的量筒的质量和有关技术指标必须符合 GB 12804—91 规定的要求。

3. 量筒或量杯的规格及有关技术参数

量筒或量杯的规格是指标示可量出液体的最大体积，单位为mL。有关技术参数见表6－1：

表6－1 量筒（杯）有关技术参数

规格/mL（标称容量）	量杯			量筒			
	最小分度/mL	最大允差/mL	分度线宽（最大）/mm	最小分度/mL	最大允差/mL		分度线宽（最大）/mm
					量入式	量出式	
5	1.0	±0.2	0.4	0.1	±0.05	±0.1	0.3
10	1.0	±0.4	0.4	0.2	±0.1	±0.2	0.4
25	2.0	±0.5	0.4	0.5	±0.25	±0.5	0.4
50	5.0	±1.0	0.4	1.0	±0.25	±0.5	0.4
100	10.0	±1.5	0.4	1.0	±0.5	±1.0	0.4
250	25	±3.0	0.4	2 或 5	±1.0	±2.0	0.4
500	25	±6.0	0.5	5	±2.5	±5.0	0.5
1 000	50	±10.0	0.5	10	±5.0	±10.0	0.5
2 000				15	±10.0	±20.0	0.5

① 按国际单位制（SI），毫升（mL）通常作为立方厘米的专用名称。
② 标准温度是指量筒或量杯量出其标称容量时的温度。

（二）技能

1. 量筒（杯）的选择

应根据量取液体的体积选择对应规格的量筒（杯）。一般情况下，量取少量的液体时首选量杯，量取大体积的液体时则要选用量筒。不能用大规格的量筒（杯）量取小体积的液体，也不要用小规格的量筒（杯）多次量取大体积的液体。具塞量筒适用于易挥发的液体。

2. 量筒（杯）的使用

洗净量筒（杯），将水倒尽备用，若实验需要，则应干燥。有关操作见图6-1：

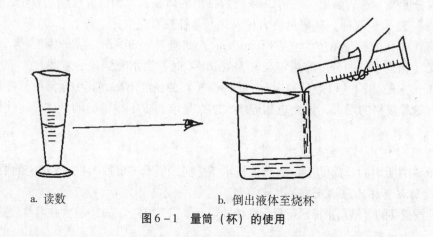

a. 读数　　　　　　　　　b. 倒出液体至烧杯

图6-1　量筒（杯）的使用

（1）倒入液体：沿量筒（杯）壁加入液体至所需分度线。

（2）读数：读数时，量筒（杯）应保持自然直立，加入液体至所需刻度，观察时保持视线水平。量取透明液体时，将量筒（杯）内液体的弯液面下缘（最低点）与分度线上边缘的水平面相切，视线应与分度线水平面保持在同一水平线上；量取不透明或深色液体时，将弯液面上缘与分度线上边缘的水平面相切，多余的液体用洁净的吸管吸出，见图6-1a所示。

（3）倒出液体：将量筒或量杯嘴贴紧接收器内壁，沿接收器内壁倒出所量液体，等待30 s即可，如图6-1b所示。

（4）洗净量筒（杯）并放置在指定位置。

3. 注意事项

（1）不能加热。

（2）不能在量筒和量杯中配制溶液。

（3）不能在烘箱中烘烤。

练习

（1）量取400 mL液体时应选择哪种规格的量筒（杯）？

（2）量取20 mL液体和3 mL液体时应分别选用哪种规格的量筒（杯）呢？

（3）应如何向量筒（杯）中倒入液体？读数时，透明液体和不透明液体有何不同？

多余的液体应如何处理？

二、烧杯的使用

在实验室中常常要配制各种溶液，进行各种类型的化学实验，烧杯是进行这些实验最常用的玻璃仪器。

（一）知识

1. 烧杯的用途

（1）常温或加热条件作反应容器及少量物质的制备，反应物易混合均匀。

（2）配制溶液。

（3）煮沸、蒸发、浓缩溶液。

2. 烧杯的质量及技术要求

实验室中所用的烧杯的质量及有关技术指标必须符合 GB/T 15724.1—1995 规定的要求。烧杯上应有如下标志：

（1）杯身外部可以印刷近似容量分度表。

（2）标称容量，如"100mL"或"100"。

（3）制造厂名或注册商标。

（4）制造烧杯的材料不易辨认时，应标明材质。

（5）杯身应有一处宜用铅笔做标记的地方。

（二）技能

1. 烧杯的选择

除实验中有明确的要求外，一般根据使用目的及所盛放的溶液体积确定所使用的烧杯的规格和种类。若要进行加热操作时，杯内的液体不能超过总容积的 2/3。用基准试剂配制已知浓度的标准溶液时，要用小烧杯。

2. 烧杯的使用

洗净烧杯，倒尽水，备用。有关在烧杯中进行的操作见图 6-2。打"×"者为错误的操作。

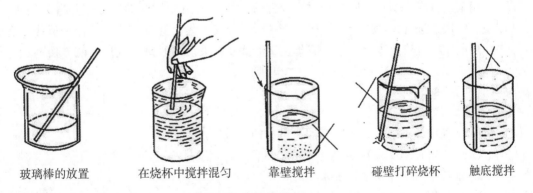

| 玻璃棒的放置 | 在烧杯中搅拌混匀 | 靠壁搅拌 | 碰壁打碎烧杯 | 触底搅拌 |

图 6-2　烧杯的使用

（1）将有关试剂或试液小心规范地放入烧杯内，加入液体试剂或试液应沿烧杯内壁或沿玻璃棒加至烧杯中；加入固体试剂时，应用试剂勺（药勺）或折起的纸条在液面上方沿杯壁加入，要防止溅出溶液，用杯内试液将杯壁上的固体试剂荡洗下来或甩少量蒸馏水冲洗下来。

（2）需要在加热条件下进行化学反应时，杯口放置一个直径稍大于烧杯的表面皿，凸面向下，凹面朝上。

（3）若要进行搅拌时，应该手持玻璃棒并转动手腕，使玻璃棒在液体中均匀转圈，转动速度不要太快，也不要让玻璃棒碰到器壁上，以免打碎烧杯；停止搅拌时，应将玻璃棒放在烧杯内，但不能将玻璃棒靠在杯嘴处，玻璃棒不能随便放置。

（4）在烧杯内进行滴定操作时，用玻璃棒进行搅拌。

（5）用毕后洗净放置在指定的位置。

3. 注意事项

（1）所盛的待加热液体不得超过烧杯容量的 2/3，不能烧干。

（2）烧杯可以承受 500 ℃以下的温度，加热时要将烧杯外壁擦干，杯底一般要垫石棉网，特别是采用酒精灯或煤气灯加热时一定要垫石棉网。

（3）在用玻璃棒搅拌时，玻璃棒不要碰撞或敲击烧杯壁。

（4）加热腐蚀性液体时，杯口要盖表面皿。

练习

（1）有约 200 mL 试液要进行加热反应，应选择哪种规格的烧杯？

（2）配制 10 000 mL 0.1 mol/L NaOH 时，应用托盘天平称取 40 g NaOH，用一定体积的水溶解后，再稀释至 10 000 mL，问应用哪种规格的烧杯溶解样品比较合适？

（3）用分析天平准确称取 1.225 8g $K_2Cr_2O_7$，欲配制 250 mL 浓度为 0.100 0 mol/L 的标准溶液，问应在哪种规格的烧杯中溶解样品后定量转移至 250 mL 的容量瓶中进行定容？

（4）在烧杯中作搅拌溶解固体样品的操作时，应注意哪些问题？

三、锥形瓶的使用

用滴定分析法测定物质含量时，要逐滴加入已知浓度的标准溶液，并且边加边摇匀，促使反应快速进行，使用合适体积的烧杯时口径又太大，握持不住，不便于操作；有时需要加热促使反应快速进行，但又需防止试液挥发损失。此时使用锥形瓶能方便地进行这些操作。

（一）知识

1. 锥形瓶的用途

（1）滴定分析中作为滴定容器，可方便地进行摇动。

（2）加热时作反应容器，可防止反应溶液的大量蒸发。

2. 锥形瓶的质量及技术要求

实验室中使用的锥形瓶的质量及有关技术指标应符合 GB 11414—89 规定的要求。

（二）技能

1. 锥形瓶的选择

根据实验中盛放试液的多少选择合适规格的锥形瓶。

2. 锥形瓶的使用

洗净锥形瓶，倒尽水，备用。有关在锥形瓶中进行的实验操作见图 6-3：

图 6-3　锥形瓶的使用

（1）加入试液（剂）：将试液（剂）沿锥形瓶内壁加入，并用少量蒸馏水把瓶壁上的试液（剂）冲洗下去。

（2）加热：若需加热进行化学反应且要防止有关物质的挥发时，可在瓶口盖一直径稍大于瓶口的表面皿进行，凸面向下，凹面朝上。

（3）摇动混匀一般用右手大拇指、食指及中指握住靠近锥形瓶颈的倾斜部位作旋转摇动，不要前后或左右摇动，更不能上下振动，瓶口尽量保持在原位。

3. 注意事项

（1）加热时要将瓶外壁擦干，杯底一般要垫石棉网。

（2）磨口具塞锥形瓶加热时要打开塞子。

（3）非标准磨口的塞子要保持原配。

练习

（1）在滴定分析中，待测试液的体积约为 100 mL，问应用哪种规格的锥形瓶？

（2）在滴定分析中，待测试液的体积约为 300 mL，问应用哪种规格的锥形瓶？

四、碘（量）瓶的使用

有些化学反应生成的产物会挥发或升华损失，而该产物是需分析测定的成分，使用碘（量）瓶可以防止易挥发物质的挥发或升华损失。

（一）知识

1. 碘（量）瓶的用途

（1）碘（量）瓶作为碘量法滴定的专用滴定容器，盛放试液。

（2）作为其他挥发性物质的滴定分析的滴定容器，盛放试液。

（3）用于需严防液体挥发和固体升华的反应容器。

2. 碘（量）瓶的质量及技术要求

实验室中使用的碘（量）瓶的质量及有关技术指标应符合 GB 11414—89 规定的要求。

（二）技能

1. 碘（量）瓶的选择

根据反应试液的体积选择合适规格的碘（量）瓶。

2. 碘（量）瓶的使用

洗净碘（量）瓶，倒尽水，备用。有关碘（量）瓶的操作见图 6-4：

液体封口　　　　　稍松瓶塞流下封口溶液　　　　摇动碘（量）瓶

图 6-4　碘（量）瓶的使用

（1）检查磨口塞是否配套，即是否密合。

（2）加入试液及有关反应物将有关试液（剂）沿碘（量）瓶内壁加入，用少量蒸馏水冲洗瓶口，盖上瓶塞。

（3）在瓶口加液封口：在瓶口处加少量水或其他专用试液（如碘化钾溶液）封口，防止瓶内挥发性物质挥发损失。反应完毕后，先轻轻松动瓶塞，使瓶口的水或其他封口的溶液从瓶口慢慢流进碘（量）瓶内，充分吸收已挥发的气体物质，防止挥发物从瓶口溢出，并用少量的水在瓶塞和瓶口的空隙处冲洗瓶塞。

五、称量瓶的使用

在分析测定中，需要用分析天平准确称量某种固体物质的质量，而被称量物质是不能直接放在天平的托盘中的。使用称量瓶，既能方便称量和便于保存，又能在一定程度上防止水分的侵入。

（一）知识

1. 称量瓶的用途

称量瓶可用于称取固体物质。

2. 称量瓶的质量及技术要求

实验室中使用的称量瓶的质量及有关技术指标应符合 GB 11414—89 规定的要求。

（二）技能

1. 称量瓶的选择

根据所需样品的量和称样个数，选择一合适规格的称量瓶。称样量较大和称样次数较多时，可选择规格较大一些的称量瓶；反之，称样量较少且称样次数又不多时，可选择规格较小一些的称量瓶。一般情况下，称量操作应选用 40 mm×25 mm 的高型称量瓶，使用比较方便；称量干燥样品时，一般选用扁型称量瓶。

2. 称量瓶的使用

洗净并烘干称量瓶，放置在干燥器中备用。有关称量瓶的操作见图 6-5：

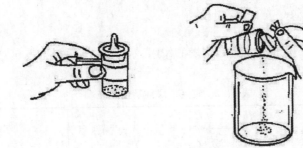

图 6-5 称量瓶的使用

（1）用洁净纸条叠成 1 cm 宽纸带套住称量瓶中部，手拿住纸带尾部取出称量瓶，或带上清洁的薄尼龙手套拿取称量瓶。

（2）小纸片夹住瓶盖柄，打开瓶盖，将稍多于需要量的试样用牛角匙加入称量瓶中，盖上瓶盖，于天平中称量。

（3）用纸带将称量瓶从天平上取下，拿到接收器上方，用纸片夹住盖柄，打开瓶盖（盖亦不要离开接收器口上方），将瓶身慢慢向下倾斜，用瓶盖轻敲瓶口内边缘，使试样落入容器中。接近需要量时，一边继续用盖轻敲瓶口，一边逐步将瓶身竖直，使粘在瓶口附近的试样落入瓶中。盖好瓶盖，放回天平盘，取出纸带，称其质量。量不够时，继续按上述方法进行操作，直至称够所需的物质为止。

（4）称量完毕后，将称量瓶放回原干燥器中。

3. 注意事项

（1）洗净烘干或已盛有试样的称量瓶除放在干燥器、秤盘上外，不得放在其他地方，以免沾污。

（2）粘在瓶口上的试样应敲回瓶中，以免粘在盖上丢失。

练习

（1）称量次数较多且称样量较大时应选用哪种规格的称量瓶？

（2）称量次数较少且称样量较小时应选用哪种规格的称量瓶？

六、干燥器的使用

在分析测定中，经常要用到基准物，基准物要在烘干水分后使用，在放置或保存时基准物仍能吸收水分。如何防止水分再次被基准物吸收是必须要注意的问题。使用干燥器保存烘干后的基准物将是最佳的选择。

（一）知识

1. 干燥剂的用途

干燥器是具有磨口盖子的密闭厚壁玻璃皿，用来保存经烘干或灼烧过的物质和器皿（如保存烘干的基准物、试样、干燥的坩埚、称量瓶等），保持这些物质和器皿的干燥，也可用来干燥少量制备的产品。

2. 干燥器的使用

干燥器中必须放置干燥剂才能起到干燥的作用，常用的干燥剂见表6－2：

表6－2　常用干燥剂及性能

干燥剂的名称	干燥效率		吸水量	干燥速率	备注
	温度/℃	残留水分/（mg/L）			
五氧化二磷	25	$< 2.5 \times 10^{-5}$	大	快	酸性，不能再生。
氯化钙	25	< 0.36	大	快	含有碱性物质，能再生（200 ℃）。
硅胶	20	6×10^{-3}	大	快	酸性，能再生（120 ℃）。
高氯酸镁	25	5×10^{-4}	大		中性，能再生（烘干），分解温度为251 ℃。
硫酸钙	25	4×10^{-3}	小	快	中性，能再生（163 ℃）。
硫酸铜	25		大		微酸性，能再生（150 ℃）。
浓硫酸	25	3×10^{-3}	大	快	酸性，能再生（蒸发浓缩）。

干燥器中放置的干燥剂，其吸收水分的能力是有一定限度的。干燥器中的空气并不是绝对干燥的，只是湿度较低而已，所以干燥的效率不高，而且干燥所费的时间较长。因此，最适合用于对基准物的保干。

而有的基准物需要在一定的湿度条件下保存，此时，在干燥器中需放置能保持一定湿度的干燥剂，如硼砂需在相对湿度为70%的条件下保存，这时可在干燥器中放置氯化钠和蔗糖的饱和溶液及两者的固体。

3. 干燥器的种类

根据干燥器的用途可分为普通干燥器和真空干燥器。普通干燥器常用来干燥无机物或保干一些容易吸湿的物品，容器内放有一块多孔瓷板。真空干燥器盖子上有一玻璃活塞，用以抽真空。活塞下端呈弯钩状，口向上，防止在通向大气时，因空气流入太快将固体药品冲散。真空干燥器的干燥效率要高于普通干燥器。另外，根据干燥器的颜色可分为无色干燥器和棕色干燥器。

4. 干燥器的质量及技术要求

实验室中所用的干燥器的质量及有关技术指标必须符合 GB/T 15723—1995 规定的要求。

（二）技能

1. 干燥器的选择

应根据被干燥物质的性质和量的多少选择合适规格的干燥器。

2. 干燥器的使用

（1）准备工作：在干燥器底部盛放干燥剂（最常用的干燥剂是变色硅胶、高氯酸镁和无水氯化钙等），放置好洁净的多孔瓷板，在干燥器的磨口上涂一薄层凡士林，并用盖子将凡士林磨匀至透明，使之能与盖子密合。

（2）放置物品：坩埚等可放在瓷板孔内。放置称量瓶时，在带孔瓷板上垫一张同样直径的滤纸（用大张滤纸剪裁好），再放置称量瓶，以免称量瓶翻倒造成试样洒落在干燥器内。

（3）打开干燥器的方法：打开干燥器时，不能往上掀盖，应用左手扶住干燥器的外侧，右手握住盖上的圆顶，小心地将盖子往左前方边缘慢慢推开（左手应同时向右后方用力，稳住干燥器，等空气进入后才能完全推开），不能用力拨开或揭开，盖子必须仰放在桌子上。

（4）取出物品：取出所需的器皿、试剂或试样后，及时盖上盖子，防止存放的物品吸水。

（5）搬动干燥器的方法：搬动干燥器时，两手大拇指压紧干燥器盖，其他手指托住干燥器磨口下沿，两臂不应摆动。

干燥器及其有关操作见图 6-6：

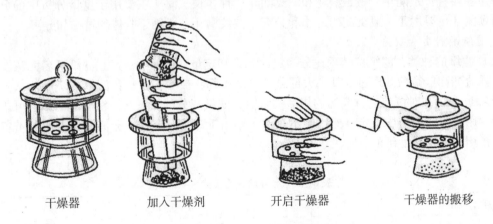

干燥器　　　　加入干燥剂　　　　开启干燥器　　　　干燥器的搬移

图 6-6　干燥器的使用

3. 注意事项

（1）干燥剂不可放得太多，以免沾污坩埚底部。

（2）搬移干燥器时，要用双手拿着，用大拇指紧紧按住盖子。

（3）打开干燥器时要小心，不能碰翻干燥器内的器皿及其放置的物品。盖子必须仰放在桌子上，不能正放，以免盖上磨口处的凡士林吸上灰尘而盖不严密。

（4）不可将太热的物体放入干燥器中。

（5）灼烧或烘干后的坩埚和沉淀，在干燥器内不宜放置过久，否则会因吸收一些水分而使质量略有增加。

（6）变色硅胶干燥时为蓝色（为无水 Co^{2+} 的颜色），吸水受潮后变为粉红色（为水合 Co^{2+} 的颜色）。发现干燥器中的变色硅胶变红后，应将其中的干燥剂放于烘箱中 120℃ 烘干，使其变蓝后重复使用，直至硅胶破碎不能使用为止。

练习

（1）在常压下保持干燥时，应用哪种类型的干燥器？

（2）在负压下保持干燥时，应用哪种类型的干燥器？

（3）需要保干较多或少量物品时，应分别选用哪种类型的干燥器？

七、漏斗和滤纸的使用

在实验中，常常要对反应生成的沉淀或一些不溶物进行分离，亦即固体和液体的分离。由于在刚分离的固体上会吸附一定量的液体成分，需要进一步洗净，在实验中可采用漏斗和滤纸或使用烧结过滤器来完成这一工作。

（一）知识

1. 漏斗和滤纸的用途

漏斗中内衬滤纸，主要用于对沉淀进行分离，是重量分析和分离操作中常用的玻璃仪器。有时因其形状的特殊性，也有其他的专用用途。

2. 漏斗的种类

漏斗主要有长颈漏斗、短颈漏斗和波纹漏斗三种。长颈漏斗主要用于重量分析中的分离；短颈漏斗主要用于一般沉淀的过滤和分离；波纹漏斗一般用于胶体的过滤和分离。

3. 滤纸的种类和规格

（1）滤纸的种类：滤纸按其用途分为定性滤纸和定量滤纸两类。定量滤纸又名无灰滤纸，用稀盐酸和氢氟酸处理过，其中大部分无机杂质都已被除去，每张滤纸灼烧后的灰分常小于 0.1 mg，在对沉淀进行高温灼烧后称量时，滤纸灰分的质量对沉淀质量的影响可忽略不计，用于重量分析中；定性滤纸则不然，主要用于对一般沉淀的分离，不能用于重量分析。常用国产定量滤纸的灰分见表 6-3：

表 6-3　定量滤纸的灰分

直径/cm	7	9	11	12.5
灰分/g	3.5×10^{-5}	5.5×10^{-5}	8.5×10^{-5}	1.0×10^{-4}

滤纸按滤速的大小可分为快速型、中速型和慢速型三类。

（2）滤纸的规格：根据直径大小，滤纸的规格有 7 cm、9 cm、11 cm、12.5 cm 四种。

有关滤纸的规格及用途见表6-4：

表6-4 滤纸的规格及用途

编号	102	103	105	120
类别	定量滤纸			
滤速/（s/100 mL）	60~100	100~160	160~200	200~240
滤速区别	快	中	慢	慢
盒上包带标志	蓝	白	红	橙
应用	无定型沉淀	粗晶型沉淀	细晶型沉淀	
编号	127	209	211	214
类别	定性滤纸			
滤速/（s/100 mL）	60~100	100~160	160~200	200~240
滤速区别	快	中	慢	慢
盒上包带标志	蓝	白	红	橙

（二）技能

1. 漏斗和滤纸的选择

（1）漏斗的选择：根据实验的目的和要求选择漏斗的类型（如重量分析选择长颈漏斗；胶体沉淀用波纹漏斗）。根据沉淀的量选择相应规格的漏斗，沉淀量多，所选的漏斗的规格则大些；沉淀量少时，所选的漏斗的规格要小些。

（2）滤纸的选择：根据沉淀晶体的类型选择滤纸的类型，再根据沉淀量的多少选择合适规格的滤纸。

2. 滤纸的使用

（1）选择滤纸：选择一张合适类型及规格的滤纸。

（2）折叠滤纸：滤纸的折叠方法一般采用对折法，如图6-7所示。将手洗净、擦干，以免弄脏、弄湿滤纸，对折滤纸并按紧，继续对折（但不按紧，以便调整角度）。

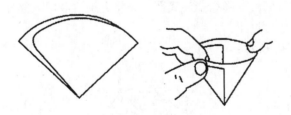

图6-7 滤纸的折叠

（3）放置滤纸：将滤纸锥体放入漏斗中并调整角度使之与漏斗贴紧，把折叠好的滤纸放入漏斗中。此时，滤纸的高度应低于漏斗上边缘5 mm左右，若高出漏斗，可用剪刀剪去，并使之与漏斗紧密贴合；若不贴合，可调整折叠的角度，直至贴合为止。在三层滤纸

处的外层折角撕下一小块，可使内层滤纸与漏斗的内壁紧密结合。

（4）润湿滤纸：润湿滤纸并与漏斗贴紧。撕下的滤纸小块应保存好，以备擦拭烧杯和玻璃棒上残留的沉淀，具体操作见漏斗的使用。

3. 漏斗的使用

（1）洗净漏斗。

（2）放置滤纸：折叠好所选滤纸，置于漏斗的底部，用手按紧使之密合，然后用洗瓶加入少量的水润湿全部滤纸。

（3）做水柱：用玻璃棒轻压滤纸，赶去滤纸与漏斗壁间的气泡（以免影响过滤速度），然后加水至滤纸边缘，此时漏斗颈内应全部充满水，形成水柱。当滤纸上的水全部流尽后，漏斗颈内的水柱应仍能保住，这样，由于液体的重力可起抽滤的作用，加快过滤速度。放置滤纸时，应注意滤纸不得超出漏斗，应低于漏斗上边缘 5～10 mm（若水柱做不成，可用手指堵住漏斗下口，稍掀起滤纸的一边，用洗瓶向滤纸和漏斗间的空隙内加水，直至漏斗颈及锥体的一部分被水充满，然后边按紧滤纸边慢慢松开下面堵住下颈口的手指，此时，水柱应该形成。如仍不能形成水柱，或水柱不能保住，应检查漏斗特别是漏斗颈是否洗净，或漏斗颈是否太大）。

（4）放置漏斗：将漏斗置于漏斗架上，下面用一个洁净的烧杯接收滤液，滤液可用作其他组分的测定。滤液有时是不需要的，但考虑到过滤过程中可能有沉淀渗滤，或滤纸意外破裂，需要重滤，所以要用洗净的烧杯来承接滤液。为了防止滤液外溅，一般都将漏斗颈出口斜口长的一侧贴紧烧杯的内壁。漏斗位置的高低以过滤过程中漏斗颈的出口不接触滤液为度。

（5）过滤操作（倾泻法过滤）：首先要强调，过滤和洗涤不能间断（不能分期完成），特别是过滤胶状沉淀，要防止沉淀黏结，堵塞滤纸。因此必须事先计划好时间，时间不够时不要仓促过滤。

过滤一般分三个阶段进行。第一阶段，采用倾泻法把尽可能多的清液先过滤过去，并将烧杯中的沉淀作初步洗涤；第二阶段，把沉淀转移到漏斗中；第三阶段，清洗烧杯和洗涤漏斗上的沉淀。

过滤时，为了避免沉淀堵塞滤纸的空隙影响过滤速度，一般采用倾泻法过滤，即倾斜静置过的烧杯，这时沉淀已沉降在烧杯底部，先将上层清液倾入漏斗中，而不是一开始过滤就将沉淀和滤液搅混后过滤。

过滤操作如图 6 - 8 所示：

图 6 - 8　过滤操作

用右手将烧杯移到漏斗上方，左手轻轻提取玻璃棒并离开液面，将玻璃棒下端轻碰一下烧杯壁使悬挂在玻璃棒下端的液滴流回烧杯中；将烧杯嘴与玻璃棒贴紧，玻璃棒直立，下端接近三层滤纸的一边，慢慢倾斜烧杯，使上层清液沿玻璃棒流入漏斗中，漏斗中的液面不要超过滤纸高度的 $2/3 \sim 3/4$，以免少量沉淀因毛细管作用越过滤纸上缘而造成损失。

暂停倾注时，应将杯嘴沿玻璃棒将烧杯嘴轻轻往上提起，逐渐使烧杯直立后稍离玻璃棒（注意不能离得太远），并轻轻提起玻璃棒放入烧杯中。这样才能避免留在杯嘴和玻璃棒间的液体流到烧杯外壁上去。玻璃棒入回原烧杯中时，勿将清液搅混，也不要靠在烧杯嘴处，因杯嘴处沾有少量沉淀。如此重复操作，直至上层清液滤完为止。当烧杯中的液体较少而不便倾出时，可将玻璃棒稍向左倾斜，使烧杯倾斜角度更大些。

在上层清液倾注完以后，在烧杯中初步洗涤沉淀，应根据沉淀的类型选用洗涤液。洗涤时，沿烧杯内壁四周注入少量洗涤液，每次约 20 mL，充分搅拌后静置，待沉淀沉降后，按上法倾注过滤，如此洗涤沉淀 $4 \sim 5$ 次，每次应尽可能把洗涤液倾倒尽。随时检查滤液是否透明、不含沉淀颗粒，否则应重新过滤或重新实验。

（6）沉淀的转移：在盛有沉淀的烧杯中加入少量的洗涤液，搅拌沉淀至均匀，将沉淀全部转移至漏斗中的滤纸上，残留在烧杯中的沉淀可继续重复上述操作 $2 \sim 3$ 次进行转移。然后将玻璃棒横放在烧杯口上，玻璃棒下端放在杯嘴处，并长出烧杯口 $2 \sim 3$ cm，左手食指按住玻璃棒，拇指在前，其余手指在后，拿起烧杯，放在漏斗上方，倾斜烧杯使玻璃棒仍指向三层滤纸的一边，用洗瓶冲洗烧杯壁上附着的沉淀，使之全部转移至漏斗中，见图 6 - 9。最后用保存的小块滤纸擦拭玻璃棒，再放入烧杯中，用玻璃棒压住滤纸对烧杯进行擦拭。擦拭后的滤纸块用玻璃棒拨入漏斗中，用洗涤液再冲洗烧杯中残存的沉淀，使之全部转移至漏斗中。

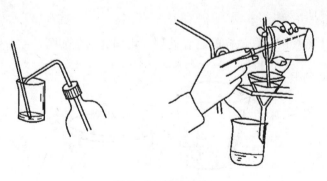

图 6 - 9 转移沉淀

（7）沉淀的洗涤：沉淀全部转移至漏斗中的滤纸上后，再在滤纸上进行最后的洗涤。用洗瓶由滤纸边缘稍下一些地方螺旋形向下移动冲洗沉淀，如图 6 - 10 所示。这样可使沉淀集中到滤纸锥体的底部，不可将洗涤液直接冲到滤纸中央沉淀上，以免沉淀外溅。每次加入少量洗涤液，洗后尽量滤干，可提高洗涤效率。洗涤次数按规定进行，一般应 $8 \sim 10$ 次，或进行有关离子的鉴定，直至洗尽。

图 6-10　沉淀的洗涤

4. 注意事项

可过滤热溶液，但不可对漏斗直接进行加热。

练习

（1）用硫酸钡重量法测定硫酸根离子含量时，过滤硫酸钡沉淀应选用哪种型号的漏斗？

（2）过滤氢氧化铝胶体沉淀时，应选用哪种类型的漏斗？

（3）在配制高锰酸钾标准溶液时，溶液中有沉淀物需过滤除去，应选用哪种类型的漏斗？

八、坩埚的使用

重量分析中需要对沉淀进行高温脱水处理，使沉淀式转化为称量式。此外，许多样品不能直接测定，也需要将样品进行高温处理后制备成试液才能进行，这样就要用到坩埚。

（一）知识

1. 坩埚的用途

坩埚主要用于灼烧沉淀和试样的高温处理。坩埚的形状如图 6-11 所示：

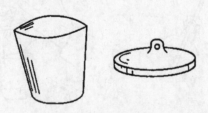

图 6-11　普通坩埚

2. 坩埚的种类

坩埚按其用途可分为普通坩埚和专用坩埚。普通坩埚包括低壁、中壁、高壁坩埚；专用坩埚包括细孔坩埚、挥发分坩埚、自由膨胀系数坩埚、双层盖坩埚等。按使用温度可分为带釉坩埚和无釉坩埚。带釉坩埚使用温度不高于 1 000 ℃，由于带釉坩埚在灼烧后失重甚微，可用于重量分析；无釉坩埚使用温度不高于 1 250 ℃。

普通坩埚主要有瓷坩埚、铁坩埚、镍坩埚、银坩埚、铂坩埚、石英坩埚等。它们的用途和有关知识见表6－5：

表6－5 坩埚的类型及用途

坩埚类型	特点及适用范围	处理方法	注意事项
瓷坩埚	用于灼烧沉淀及高温处理试样。这种坩埚价格便宜，可耐热至1 300℃。	用稀盐酸煮沸清洗。	易使样品带入大量硅。
铁坩埚	用于 Na_2O_2 作熔剂熔融样品，当铁的存在不影响分析时，采用铁坩埚较为合适。	使用前要做表面钝化处理。先用稀盐酸洗后，再用细砂擦净表面，放入5%稀硫酸和5%稀硝酸中浸泡几分钟，水洗，烘干，置于高温电炉中300℃～400℃灼烧10 min。	
镍坩埚	镍的熔点为1 450 ℃，对碱性物质抗腐蚀能力很强，所以适用于 $NaOH$、Na_2O_2、Na_2CO_3、$NaHCO_3$ 以及含有 KNO_3 的碱性熔剂熔融样品。	新坩埚使用前就先在700 ℃下灼烧3～4 min，除去油污并使表面生成氧化膜，以延长使用寿命。	①不适于用 $KHSO_4$、$NaHSO_4$、K_2S_2O、$Na_2S_2O_7$ 等酸性熔剂以及硼砂熔融样品。②镍坩埚熔样温度一般不要超过700℃。
银坩埚	银的熔点为960℃，适用于 $NaOH$、KOH 作熔剂熔融样品。	新使用的银坩埚应在高温炉中300 ℃～400 ℃灼烧一下，再用热的稀盐酸洗涤，但不能用硝酸和浓硫酸洗涤，以免将银溶解。	① 不适用于 Na_2CO_3 作熔剂熔融样品。②测定硫和灼烧含硫物质时，不能使用银坩埚。③灼烧温度不能超过750℃，刚从炉中取出的红热坩埚不能立即用水冷却，以免产生裂纹。
铂坩埚	铂是一种贵重金属，熔点为1 774℃，耐高温达1 200℃，在空气中灼烧时不易变化，能抗碱金属碳酸盐及氟化氢的腐蚀，可用于熔融试样和灼烧称量。	铂坩埚在使用前后，应用1＋1HCl溶液煮沸清洗。	①加热和灼烧铂坩埚应在垫有石棉板或陶瓷板的电炉或电热板上进行。②铂坩埚质软，不用手揉捏，也不能用玻璃棒捣刮。③铂在高温下会受到浓磷酸的腐蚀，易溶于王水或含有氯化物的硝酸、氯水和溴水，也会被 $NaOH$、KOH、Na_2O_2 腐蚀。④分不明的试样，不能使用铂坩埚加热或熔融。

（续上表）

坩埚类型	特点及适用范围	处理方法	注意事项
石英坩埚	可在 1 700℃ 以下灼烧，一般石英玻璃约含 99.8% SiO_2，主要杂质为 Na、Al、Fe、Mg、Ti 和 Sb。适于用 $K_2S_2O_7$、$KHSO_4$ 作熔融样品和用 $Na_2S_2O_3$（212 ℃焙干）作熔剂处理样品。	清洗时可用氢氟酸除外的普通稀无机酸作清洗液。	①温度太高，石英会变成不透明状态，因此使用温度应不超过 800 ℃ 为宜。②不能与氢氟酸、热磷酸接触，使用时要小心。
刚玉坩埚	由多孔性熔融氧化铝制成，熔点为 2 045 ℃，质坚耐熔。适于用无水 Na_2CO_3 等一些弱碱性熔剂熔融样品。		不适于 Na_2O_2、NaOH 和酸性熔剂（如 $K_2S_2O_7$）等熔融样品。
聚四氟乙烯坩埚	可耐温近 400 ℃，耐酸耐碱，表面光滑耐磨，机械强度较好，熔样时不会带入金属杂质，主要用于氢氟酸熔样。但因其热传导系数小，蒸发液体时所需时间较长。		使用温度不超过 250 ℃，一般控制在 200 ℃ 左右，415 ℃ 以上能分解出剧毒的全氟异丁烯。

（二）技能

1. 坩埚的选择

应根据样品的性质、用量及操作条件选择坩埚的种类和规格。在高温下用苛性碱及碳酸钠分解试样时，不能使用瓷坩埚（瓷坩埚能被苛性碱及碳酸钠腐蚀）。应根据分解温度的高低选用相应的金属坩埚。

2. 坩埚的使用

以用瓷坩埚灼烧沉淀的使用为例来说明坩埚的基本操作。

（1）准备工作：先将瓷坩埚洗净，小火烤干或烘干。新坩埚可用含铁离子或钴离子的蓝墨水在坩埚外壁上编号。

（2）灼烧坩埚至恒重：在所需温度下，加热灼烧。灼烧可在高温电炉中进行，一般在 800 ℃ ~950 ℃ 下灼烧半小时（新坩埚需灼烧 1 h）。从高温电炉中取出坩埚，先使高温电炉降温，然后将坩埚移入干燥器中，将干燥器连同坩埚一起移至天平室，冷却至室温（约需要 30 min），取出称量。随后进行第二次灼烧，约 15 ~20 min，冷却后称量。如果前后两次称量结果之差不大于 0.2 mg，即可认为坩埚已恒重，否则还需要再灼烧，直至恒重为止。

（3）沉淀的包裹：用玻璃棒把滤纸和沉淀从漏斗中取出，晶形沉淀如图 6-12 所示折卷成小包；非晶形沉淀如图 6-13 所示把沉淀包裹在里面。此时应特别注意，勿使沉淀有任何损失。如果漏斗上沾有微量沉淀，可用滤纸碎片擦下，与沉淀包卷在一起。

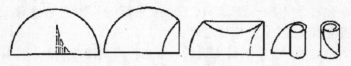

图 6 - 12　晶形沉淀的包裹

图 6 - 13　非晶形沉淀的包裹

（4）沉淀的干燥和灰化：将滤纸包装进已恒重的坩埚内，使滤纸层较多的一边向上，可使滤纸灰化较易。如图 6 - 14 所示，将坩埚斜置于泥三角上，盖上坩埚盖，然后如图 6 - 15所示，将滤纸烘干并炭化。当滤纸炭化后，可逐渐提高温度，并随时用坩埚钳转动坩埚，把坩埚内壁上的黑炭完全烧去，将炭烧成二氧化碳而去除的过程叫灰化。

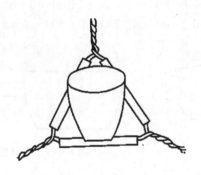
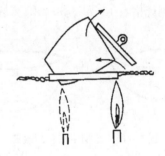

图 6 - 14　坩埚的放置　　　　图 6 - 15　沉淀的炭化和烘干

（5）沉淀的灼烧：待滤纸灰化后，将坩埚垂直地放在泥三角上，盖上坩埚盖，留一小孔隙，于指定温度下灼烧沉淀，或者将坩埚放在高温电炉中灼烧。一般第一次灼烧时间为30～45 min，第二次灼烧 15～20 min。每次灼烧完毕从炉内取出后，都需要在空气中稍冷后再移入干燥器中。沉淀冷却到室温后称量，然后再灼烧、冷却、称量，直至恒重。

3. 注意事项

（1）由于温度骤升或骤降会使坩埚破裂，最好将坩埚放入冷的炉腔中逐渐升高温度，或者将坩埚置于已升至较高温度的炉腔中。

（2）灼烧空坩埚的温度必须与灼烧沉淀的温度相同。

（3）在进行炭化时必须防止滤纸着火，否则会使沉淀飞散而损失；若已着火，应立刻移开煤气灯，并将坩埚盖盖上，让火焰熄灭。

（4）坩埚的灼烧也可以在煤气灯上进行。事先将坩埚洗净晾干，将其直立在泥三角上，盖上坩埚盖，但不要盖严，需留一小缝，用煤气灯逐渐升温，最后在氧气焰中高温灼烧，灼烧的时间和高温电炉中相同，直至恒重为止。

练习

（1）坩埚的主要用途是什么？瓷坩埚有哪些特点？

（2）镍坩埚、铂坩埚各适用于什么场合？

（3）使用铂坩埚、银坩埚时应注意哪些问题？

（4）如何确定坩埚已经恒重了？

九、蒸发皿的使用

在化学实验中有时需要将溶液进行蒸发、浓缩，有时还需要将样品结晶出来，这就需要使用蒸发皿。

（一）知识

1. 蒸发皿的用途

蒸发皿多为瓷制品，主要用于溶液的蒸发、浓缩和结晶，也可用于700℃以下灼烧物料。

2. 蒸发皿的种类

蒸发皿按形状可分为无柄皿（如图6-16所示）、有柄皿（如图6-17所示）。按容量大小来分，常用规格有15 mL、30 mL、60 mL、100 mL、250 mL、500 mL、1 000 mL。

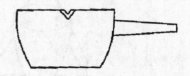

图6-16　无柄平底和圆底皿　　　　　　图6-17　有柄皿

（二）技能

1. 蒸发皿的选择

根据液体性质和量的不同选择不同质料和容量的蒸发皿。

2. 蒸发皿的使用

（1）蒸发溶液时，一般放在石棉网上加热。

（2）先将盛有溶液的蒸发皿放在电炉上，再开始通电加热。

（3）蒸发较多溶液时可直接加热。

3. 注意事项

（1）液体量以不超过深度的2/3为宜。

（2）蒸发皿能耐高温，但不宜骤冷骤热。

练习

（1）蒸发皿的用途有哪些？分哪几类？
（2）使用蒸发皿时有哪些注意事项？

第二节　滴定分析仪器及其使用

在化学分析实验室中，常用滴定分析法进行物质含量的测定。在滴定分析中必须使用滴定分析仪器，才能完成准确确定、移取、测量液体体积的工作，而测量液体体积中的误差是滴定分析中误差的主要来源。因此，能否规范、熟练地使用滴定分析仪器以及如何减少测量液体体积的误差是分析人员必须具备的技能。滴定分析仪器主要有容量瓶、移液管和滴定管。在进行分析测定之前，一定要多加练习才能熟练地使用它们。

一、移液管的使用

在滴定分析中，常常需要准确移取一定体积的试液（如 25.00 mL）进行实验，或者对制取的某试液进行均分（如分成 10 份，即从中准确取出 1/10），这时，应使用移液管来完成这一工作。

（一）知识

1. 吸量管的有关术语和技术要求

滴定分析中所使用的吸量管必须符合 GB 12807—91 规定的要求。

移液管是量出式（Ex）计量玻璃仪器，吸量管有量出式和量入式两种，容量单位为立方厘米（cm^3）或毫升（mL），标准温度为 20 ℃。

（1）容量定义。

• 不完全流出式吸量管任意一分度线相应的容量。在 20 ℃时，从零刻度线排放到该分度线时所流出的、以毫升表示的 20 ℃水的体积。在分度线上的弯液面最后调定之前，液体自由流下，不允许有液滴黏附在管壁上。

• 完全流出式吸量管任意一分度线相应的容量。在 20 ℃时，从分度线到流液口时所流出的、以毫升表示的 20 ℃水的体积。液体自由流下，直至确定弯液面已到流液口静止后，再将吸量管脱离接收容器（指零点在下）；或者从零线排放到该分度线或排放到吸量管流液口的总容量、以毫升表示的 20 ℃水的体积。水流不受限制地流下，直至分度线上的弯月面最后调定为止，在最后调定之前，不允许有液滴黏附在管壁上（指零点在上）。

• 规定等待时间 15s 的吸量管任意一分度线相应的容量。在 20 ℃时，从零线排放到该分度线所流出的、以毫升表示的 20 ℃水的体积。当弯液面高出分度线几毫米时水流被截住，等待 15 s 后，调至该分度线。

在总容量排至流液口的情况下，水流不应受到限制，而且在吸量管从接收容器中移走以前，应遵守 15 s 的等待时间。

（2）弯液面的调定：弯液面应这样调定，弯液面的最低点应与分度线上边缘的水平面相切，视线应与分度线上边缘在同一水平面上。

（3）吸量管的容量允许误差（准确度等级）：吸量管根据其体积的准确度高低分为A、B两级，其中A级为较高级，B级为较低级。吸量管的容量允许误差见表6-6：

表6-6　吸量管的容量允许误差

标称容量/mL	最小分度值/mL	容量误差/mL					
		不完全流出式		完全流出式		等待15s	吹出式
		A级	B级	A级	B级	A级	
0.1	0.001		±0.003				±0.004
0.1	0.005						
0.2	0.002		±0.005			—	±0.006
0.2	0.01	—		—	—		
0.25	0.002						±0.008
0.25	0.01						
0.5	—		±0.010			±0.005	±0.010
0.5	0.02						
1	0.01	±0.008	±0.015	±0.008	±0.015	±0.008	±0.015
2	0.02	±0.012	±0.025	±0.012	±0.025	±0.012	±0.025
5	0.05	±0.025	±0.050	±0.025	±0.050	±0.025	±0.050
10	0.1	±0.050	±0.100	±0.050	±0.100	±0.050	±0.100
25							
25	0.2	±0.100	±0.200	±0.100	±0.200	±0.100	—
50							

（4）流出时间：流出时间是指水的弯液面从最高分度线自由流出所用时间。对于不完全流出式吸量管，从最高分度线流至最低分度线；对于其他吸量管，从最高分度线流至弯液面明显处在流液口停止的那一点。吸量管的流出时间应在规定的范围内，流出时间是在吸量管垂直放置，接收容器稍微倾斜，使流液口尖端与容器内壁接触并保持不动的情况下测得的。表6-7中列出了各种规格的吸量管的流出时间：

表6－7 吸量管的流出时间

标称容量 /mL	流出时间/s				
	不完全流出式		完全流出式	等待15 s	吹出式
	A 级	B 级	A、B 级	A 级	
0.1	—	2～7			2～5
0.2					
0.25					
0.5					
1	4～10	4～10	4～10	4～8	3～6
2	4～12	4～12	4～12		
5	6～14	6～14	6～14	5～11	5～10
10	7～17	7～17	7～17		
25	11～21	11～21	11～21	9～15	—
50	15～25	15～25	15～25	17～25	—

（5）等待时间：如果规定了等待时间，则指吸量管的弯液面明显地在流液口停止后，等到吸量管尖端从接收容器移走前所遵守的那段时间。

（6）吸量管的产品标志：吸量管上必须牢固地标记下列标志：

• 生产厂商标。

• 标准温度：20℃。

• 标称容量数字及容量单位：mL。

• 级别符号："A"或"B"级。

• 吹出式符号："吹"或"blow－out"。

• 如果规定有等待时间，应标上"15 s"。

2. 移液管（单标线吸量管）的有关术语和技术要求

在滴定分析中所使用的移液管（单标线吸量管）必须符合 GB 12808—91 规定的要求。移液管（单标线吸量管）是量出式计量玻璃仪器，容量单位为立方厘米（ cm^3 ）或毫升（mL），标准温度为20℃。

（1）容量定义：在20℃时移液管（单标线吸量管）按下列方式排空而流出的20℃水的体积，以毫升（mL）表示。

把垂直放置的移液管充水到高出刻度线几毫米，应除去黏附于流液口的液滴。然后用下述方法把下降的弯液面调定到刻度线。调定弯液面，应使弯液面的最低点与刻度线上边缘的水平面相切，视线应与刻度线上边缘在同一水平面上。将玻璃容器表面与移液管口端接触以除去黏附于移液管口端的液滴。仍垂直拿着移液管，然后将水排入另一稍微倾斜的容器中，在整个排放和等待过程中，流液口尖端和容器内壁接触保持不动。移液管放液应使弯液面到达流液口处静止。为保证液体完全流出，将移液管从接收容器移走以前，在没有规定一定等待时间的情况下，应遵守近似 3 s 的等待时间；在规定等待时间的情况下，移液管从容器中移开前应遵守等待时间的规定（一般为 15 s）。

（2）移液管的容量允许误差（准确度等级）：移液管的准确度等级分为 A 级和 B 级两种，其中 A 级为较高级，B 级为较低级。

（3）液管的容量允许误差：移液管的容量允许误差不得超过表 6 - 8 规定的要求：

表 6 - 8　移液管的容量允许误差

单位：mL

标称容量		1	2	5	10	15	20	25	50	100
容量允差	A 级	±0.007	±0.010	±0.015	±0.020	±0.025	±0.030	±0.050	±0.080	
	B 级	±0.015	±0.020	±0.030	±0.040	±0.050	±0.060	±0.100	±1.160	

（4）流出时间：流出时间是指水的弯液面从刻度线下降到流液口处明显停止的那一点所遵守的时间。流出时间是在移液管垂直放置、接收容器稍微倾斜、使流液口尖端与容器内壁接触并保持不动的情况下测得的。流出时间应符合表 6 - 9 的规定：

表 6 - 9　移液管的流出时间

单位：s

标称容量/mL		1	2	3	5	10	15	20	25	50	100
A 级	最小	7		15		20		25		35	
	最大	12		25		30		35		45	
B 级	最小	5		10		15		20		30	
	最大	12		25		30		35		45	

（5）产品标志：移液管上必须有下列标志：

- 标称容量，如 5、10、25。
- 容量单位符号：cm^3 或 mL。
- 标准温度：20℃。
- 量出式符号：Ex。
- 准确级别符号："A" 或 "B" 级。
- 生产厂名或注册商标。

3. 移液管的用途

移液管用于准确移取一定体积的液体。

4. 移液管的规格

吸量管习惯上称刻度移液管。其规格见表 6 - 10：

表 6 - 10　移液管的规格

类型	级别	规格/mL
不完全流出式吸量管即移液管	A	1、2、5、10、25、50
	B	0.1、0.2、0.25、0.5、1、2、5、10、25、50
完全流出式吸量管	A、B	1、2、5、10、25、50
规定等待时间 15 s 的吸量管	A	0.5、1、2、5、10、25、50
吹出式吸量管		0.1、0.2、0.25、0.5、1、2、5、10

(二) 技能

1. 移液管的选择

根据所移溶液的体积和要求选择合适规格的移液管,在滴定分析中准确移取溶液一般使用移液管,移取一般试液时使用吸量管。

2. 移液管的使用

(1) 检查移液管:检查管口和尖嘴有无破损,若有破损则不能使用。

(2) 洗净移液管:先用自来水淋洗,后用铬酸洗涤液浸泡。操作方法如下:

用右手拿移液管或吸量管上端合适位置,食指靠近管上口,中指和无名指张开握住移液管外侧,拇指在中指和无名指中间位置握在移液管内侧,小指自然放松;左手拿吸耳球,持握拳式,将吸耳球握在掌中,尖口向下,握紧吸耳球,排出球内空气,将吸耳球尖口插入或紧接在移液管(吸量管)上口,注意不能漏气。慢慢松开左手手指,将洗涤液慢慢吸入管内,直至刻度线以上部分,移开吸耳球,迅速用右手食指堵住移液管(吸量管)上口,等待片刻后,将洗涤液放回原瓶,并用自来水冲洗移液管(吸量管)的内、外壁至不挂水珠,再用蒸馏水洗涤 3 次,控干水,备用。

(3) 吸取溶液:摇匀待吸溶液,将待吸溶液倒一小部分于一洗净且干燥的小烧杯中,用滤纸将清洗过的移液管尖端内外的水分吸干,并插入小烧杯中用如图 6 - 18a 所示操作方法吸取溶液,当吸至移液管容量的 1/3 时,立即用右手食指按住管口,取出,横持并转动移液管,使溶液流遍全管内壁,将溶液从下端尖口处排入废液杯内。如此操作,润洗 3~4 次后即可吸取溶液。

将用待吸液润洗过的移液管插入待吸液面下 1~2 cm 处,用吸耳球按上述操作方法吸取溶液(注意移液管插入溶液不能太深,并要边吸边往下插入,始终保持此深度)。当管内液面上升至标线以上约 1~2 cm 处时,迅速用右手食指堵住管口(此时若溶液下落至标线以下,应重新吸取),将移液管提出待吸液面,并使管尖端接触待吸液容器内壁片刻后提起,用滤纸擦干移液管或吸量管下端黏附的少量溶液(在移动移液管或吸量管时,应将移液管或吸量管保持垂直,不能倾斜)。

a. 吸取溶液　　　b. 放出溶液　　　c. 错误操作

图 6-18　移液管的操作

（4）调节液面：左手另取一干净小烧杯，将移液管管尖紧靠小烧杯内壁，小烧杯保持倾斜，使移液管保持垂直，刻度线和视线保持水平（左手不能接触移液管）。稍稍松开食指（可微微转动移液管或吸量管），使管内溶液慢慢从下口流出，液面将至刻度线时，按紧右手食指，停顿片刻，再按上述方法将溶液的弯液面底线放至与标线上缘相切为止，立即用食指压紧管口。将尖口处紧靠烧杯内壁，向烧杯口移动少许，去掉尖口处的液滴，将移液管或吸量管小心移至接收容器中。

（5）放出溶液：将移液管或吸量管直立，接收容器倾斜，管下端紧靠接收器内壁，如图 6-18b 所示，放开食指，让溶液沿接收容器内壁流下。图 6-18c 所示的操作是错误的。管内溶液流完后，保持放液状态停留 15s，将移液管或吸量管尖端在接收容器靠点处靠壁前后小距离滑动几下（或将移液管尖端靠接收容器内壁旋转一周），移走移液管（残留在管尖内壁处的少量溶液，不可用外力强使其流出，因校准移液管或吸量管时，已考虑了尖端内壁处保留溶液的体积。移液管或吸量管身上标有"吹"字的，可用吸耳球吹出，不允许保留）。

（6）放置：洗净移液管，放置在移液管架上，如图 6-19 所示：

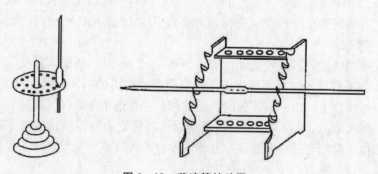

图 6-19　移液管的放置

3. 注意事项

（1）移液管和吸量管不应在烘箱中烘干。

（2）移液管和吸量管不能移取太热或太冷的溶液。

（3）同一实验中应尽可能使用同一支移液管或吸量管。

（4）移液管在使用完毕后，应立即用自来水及蒸馏水冲洗干净，置于移液管架上。

（5）移液管和容量瓶常配合使用，因此在使用前常作两者的相对体积校准。

（6）在使用吸量管时，为了减少测量误差，每次都应从最上面刻度（0 刻度）处为起始点，往下放出所需体积的溶液，而不是需要多少体积就吸取多少体积。

二、容量瓶的使用

在滴定分析中，直接法配制标准溶液时，需要准确地确定所配溶液的体积，这时应使用容量瓶；在处理某些试样时，也常常需要制备成一确定体积的溶液后再进行测定，这时也要使用容量瓶。

（一）知识

1. 容量瓶的有关术语和技术要求

滴定分析中所使用的容量瓶必须符合 GB 12806—91 规定的要求。

（1）量瓶的有关术语：容量瓶是量入式（In）计量玻璃仪器，容量单位为立方厘米（cm^3）或毫升（mL），标准温度为20℃。

容量定义：当容量瓶在20℃时，充满到刻度线所容纳的20℃水的体积。调定弯液面，应使弯液面的最低点与刻度线上边缘的水平面相切，视线应与刻度线上边缘在同一水平面上。

（2）容量瓶的允许误差：容量瓶根据其体积的准确度高低分为 A、B 两级，其中 A 级为较高级，B 级为较低级。容量瓶的允许误差见表6-11：

表6-11 容量瓶的允许误差

单位：mL

标称容量		5	10	25	50	100	250	500	1 000	2 000
容量	A级	±0.02		±0.03	±0.05	±0.10	±0.15	±0.25	±0.40	±0.60
允许	B级	±0.04		±0.06	±0.10	±0.20	±0.30	±0.50	±0.80	±1.20

（3）容量瓶上的标志：

● 标称容量：25、50、100。

● 容量单位符号：cm^3或 mL。

● 标准温度：20℃。

● 量入式符号：In。

● 准确度等级符号："A"或"B"级。

● 生产厂名或商标。

● 可互换性塞的尺寸及号别。

● 非互换性塞、口编号。

2. 容量瓶的主要用途

容量瓶是一种颈细长有精确体积刻度线的具塞玻璃容器，在滴定分析中用于准确确定溶液的体积，如直接法配制一定体积、准确浓度的标准溶液和准确稀释某一浓度的溶液。其有棕色容量瓶和无色容量瓶两种。

（二）技能

1. 容量瓶的选择

根据配制溶液的体积选择合适规格的容量瓶，另外应注意该溶液的光稳定性，对见光易分解的物质应选择棕色容量瓶，一般性的物质则选择无色容量瓶。

2. 容量瓶的使用

（1）洗净容量瓶：首先用自来水洗涤，然后用铬酸洗涤液或其他专用洗涤液洗涤，并用自来水冲洗，再用蒸馏水洗涤2~3次。

（2）试漏：注入水至标线附近盖好塞，用滤纸擦干瓶口和盖。左手食指按住瓶塞，其余手指拿住瓶颈标线以上部分，右手指尖托住瓶底边缘，将瓶倒置不少于10 s，倒置次数不少于10次。观察有无水渗漏（用滤纸一角在瓶塞和瓶口的缝隙处擦拭，查看滤纸是否潮湿），如不漏水即可使用。

（3）配制溶液。

● 溶液为固体时：

①溶解样品：将准确称取的固体物质置于小烧杯中，加水（或其他溶剂）用玻璃棒搅拌至完全溶解，必要时可加热溶解。

②转移溶液：将盛放溶液的烧杯移近容量瓶口，拿起玻璃棒（注意玻璃棒不得拿出随便放置，以免玻璃棒上的溶液损失及吸附杂质带入溶液），将玻璃棒下端在烧杯内壁轻轻靠一下后插入容量瓶中，并使玻璃棒下端和瓶颈内壁相接触（注意玻璃棒不能和瓶口接触），再将烧杯嘴紧靠玻璃棒中下部，如图6-20所示。逐渐倾斜烧杯，缓缓使溶液沿玻璃棒和颈内壁全部流入瓶内。流完后，将烧杯嘴贴紧玻璃棒稍向上提，同时将烧杯慢慢直立，烧杯嘴稍离玻璃棒，基本保持在原位置，并将玻璃棒提起（此时玻璃棒要保持在容量瓶瓶口上方）放回烧杯中，防止玻璃棒下端的溶液落至瓶外。用洗瓶小心冲洗玻璃棒和烧杯内壁3~5次（每次5~10 mL），按上述方法转移入容量瓶中，然后加水（或其他溶剂）稀释至总容积的3/4时，将容量瓶拿起，按水平方向旋转摇动几周（注意不要加塞），使溶液初步混合，继续加水至距离标线下少许，放置1~2 min。

图6-20 转移溶液

③定容：用左手拇指和食指（亦可加上中指）拿起容量瓶，保持容量瓶垂直，使刻度线和视线保持水平，用细长滴管滴加蒸馏水（注意勿使滴管接触溶液）至弯液面下缘与标线相切。如图 6 – 21 所示：

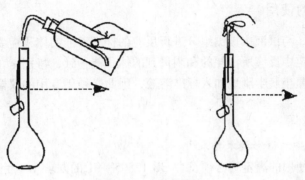

图 6 – 21　定容操作

④摇匀：盖上瓶塞，用左手食指按住瓶塞，右手指尖托住瓶底边缘（手心不要接触瓶底），将容量瓶倒置，待气泡全部上移后，再倒转过来。如此反复 10 次左右，使溶液充分混匀，放正容量瓶，将瓶塞稍提起，让瓶塞周围的溶液流下，重新盖好，再倒转振荡 3 ~ 5 次使溶液全部混匀。如图 6 – 22 所示：

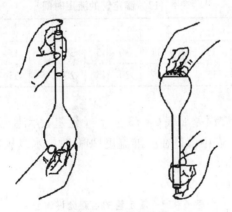

图 6 – 22　摇匀溶液

- 溶质为液体时：

用移液管移取所需体积的溶液放入容量瓶，按上述方法稀释、定容、摇匀。

3. 注意事项

（1）容量瓶不能进行加热溶液的操作。

（2）容量瓶不得放在烘箱中烘烤。

（3）热溶液应冷却至室温后再移入容量瓶稀释至标线。

（4）稀释过程中放热的溶液应在稀释至容量总体积的 3/4 时摇匀，并待冷却至室温

后，再继续稀释至刻度。

（5）容量瓶不能作试剂瓶长久贮存溶液用。

（6）使用后的容量瓶应立即冲洗干净。闲置不用时，可在瓶口处垫一小纸条以防黏结。

三、滴定管的使用

在滴定分析中，与试液中被测组分进行反应的标准溶液的体积需要准确测量，为了保证该标准溶液在测定中反应所消耗的和测量到的体积能一致，特别是在反应将要接近终点时，必须逐滴甚至要半滴半滴地加入标准溶液，因此必须用专用的仪器来加入，这种仪器叫作滴定管。

（一）知识

1. 滴定管的有关术语和技术要求

滴定分析中所使用的滴定管必须符合 GB 12805—91 的要求。

（1）滴定管为量出式（Ex）计量玻璃仪器，容量单位为毫升（mL），标准温度为 20 ℃。

（2）滴定管的容量允差和准确度等级根据滴定管准确度的高低分为 A、B 两级，其中 A 级为较高级，B 级为较低级。

（3）流出时间是指水的弯液面从零位标线降到最低分度线所占的时间。流出时间应在旋塞全开及流液口不接触器具时测得。流出时间应符合表 6-12 的规定：

表 6-12 滴定管的流出时间

标称容量/mL		1	2	5	10	25	50	100
流出时间/s	A 级	20~35	20~35	30~45	30~45	45~70	60~90	70~100
	B 级	15~35	15~35	20~45	20~45	35~70	50~90	60~100

（4）滴定管的容量允许误差如表 6-13 所示（允差表示零至任意一点的允差，也表示任意两检定点间的允差）。表中值是在标准温度 20℃时，水以规定的时间流出，等待 30 s 后读数所测得的。

表 6-13 滴定管的容量允许误差

标称容量/mL		1	2	5	10	25	50	100
最小分度值/mL		0.01	0.01	0.02	0.05	0.10	0.10	0.20
允差/mL	A 级	±0.01	±0.01	±0.01	±0.025	±0.05	±0.05	±0.10
	B 级	±0.02	±0.02	±0.02	±0.05	±0.10	±0.10	±0.20

（5）产品标志滴定管必须标记有下列耐久性标志：

• 制造厂商标。

• 标准温度：20 ℃。

- 量出式符号：Ex。
- 滴定管的准确度等级："A"或"B"级。
- 非标准旋塞的旋塞芯、壳应分别标有易辨的相同标记。

其中前四项标记在滴定管零位线以上处，最后一项标在旋塞芯柄和流液管中。

2. 滴定管的用途

滴定管是准确测量放出液体体积的玻璃仪器。

（二）技能

1. 滴定管的选择

应根据滴定中消耗标准滴定液体积的多少和滴定液的性质选择相应规格的滴定管。如酸性溶液、氧化性溶液和盐类稀溶液，应选择酸式滴定管。酸式滴定管不能装碱性溶液，因为玻璃活塞易被碱腐蚀，黏住无法打开；碱性溶液应选择碱式滴定管，高锰酸钾、碘和硝酸银等溶液因能和橡皮管起反应而不能装入碱式滴定管；消耗较少滴定液时，应选用微量滴定管；见光易分解的滴定液应选择棕色滴定管；聚四氟乙烯旋塞滴定管可不受溶液酸碱性的限制。

2. 滴定管的使用

（1）酸式滴定管的使用。

- 涂凡士林：在使用一支新的或较长时间不使用的或使用了较长时间的酸式滴定管，因玻璃旋塞闭合不好或转动不灵活，会导致实验中漏液和操作困难。这时必须涂抹凡士林，其方法是将滴定管放在平台上，取下活（旋）塞，用滤纸片擦干活塞、活塞孔和活塞槽，如图6-23所示。用手指在活塞两端沿圆周各涂上一层薄薄的凡士林，如图6-24a所示。然后将活塞直插入旋塞槽中，向同一方向转动活塞，直至旋塞和旋塞槽内的凡士林全部透明为止，如图6-24b所示。此时，在活塞孔内应无凡士林（若有，说明凡士林涂得太多；若转动不灵活，说明凡士林涂得太少），并剪一小乳胶圈套在活塞尾部的凹槽内，防止活塞掉落损坏。

图6-23 擦干活塞及活塞槽

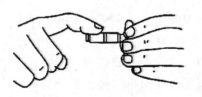

a. 涂凡士林   b. 转动活塞

图6-24 涂凡士林和转动活塞

●试漏：检查活塞处是否漏水，方法是将活塞关闭，充满水至一定刻度，擦干滴管外壁，把滴定管直立夹在滴定管架上静置 10 min，观察液面是否下降，滴定管下管口是否有液珠，活塞两端缝隙中是否渗水（用干的滤纸在活塞槽两端贴紧活塞擦拭并察看滤纸是否潮湿，若潮湿，说明渗水）。若不漏水，将活塞转动 180°，静置 2 min，按前述方法察看是否漏水，若不漏水，且活塞转动灵活，则涂凡士林成功。否则应再擦干活塞，重新操作，直至不漏水为止。

●洗涤：酸式滴定管的外侧可用洗衣粉或洗洁精涮洗，管内无明显油污且不太脏的滴定管可直接用自来水冲洗，或用洗涤剂泡洗，但不可用去污粉涮洗，以免划伤内壁，影响体积的准确测量。若有油污不易洗净时，可用铬酸洗液洗涤，洗涤时将酸式滴定管内的水尽量除去，关闭活塞，倒入 10～15 mL 洗液于滴定管中，两手横持滴定管，边转动边向管口倾斜，直至洗液布满全管内壁为止，立起后打开活塞，将洗液放回原瓶中；如果滴定管油垢较严重，将铬酸洗液充满滴定管，浸泡十几分钟或更长时间，甚至需用温热洗液浸泡一段时间。放出洗液后，先用自来水冲洗，再用蒸馏水淋洗 3～4 次，洗净的滴定管其内壁应完全被水润湿而不挂水珠。倒尽水并将滴定管倒置夹在滴定台上。

●装溶液和赶气泡：如图 6－25 所示，准备好滴定管即可装入标准滴定溶液。装标准滴定溶液之前应将试剂瓶中的标准滴定溶液摇匀，使凝结在试剂瓶内壁的水珠混入溶液。为了除去滴定管内残留的水分，确保标准滴定溶液的浓度不变，应先用此标准滴定溶液淋洗滴定管内壁 3 次以上，每次用约 10 mL 的标准滴定溶液，从下口放出少量（约 1/3）以洗涤尖嘴部分，然后关闭活塞，横持滴定管并慢慢转动，使溶液与管壁处处接触，将溶液从管口倒出弃去，但不要打开活塞，以防活塞上的油脂冲入管内。尽量将管内溶液倒完后再进行下次洗涤，方法相同，但润洗液要从管尖处放出（不能从管口放出），如此洗涤 3 次后，即可装入标准滴定溶液。

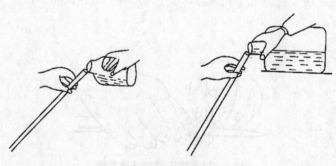

图 6－25 装溶液

●调零：加入标准滴定溶液至"0"刻度线以上，然后转动（打开）活塞使溶液迅速冲入排出下端存留的气泡，再调节液面至 0.00 mL 处稍上方（如溶液不足，可以补充），夹在滴定台上静置约 1 min，再调至"0"刻度处。读数时，手持在"0"刻度线以上部位，保持滴定管垂直，"0"刻度线和视线保持水平，慢慢转动旋（活）塞，放出溶液，使弯液面下缘刚好和"0"刻度线上缘相切。调好零点后，将滴定管夹在滴定台上备用。

●滴定：滴定一般在锥形瓶中进行，有时也可在烧杯中进行。滴定操作是左手握持滴定管的活塞，右手摇动锥形瓶，使用酸式滴定管的操作如图6-26所示，左手的大拇指从滴定管内侧，放在旋塞上中部，食指和中指从滴定管外侧，放在旋塞下面两端，手腕向外略弯曲（以防手心碰到活塞尾部而使活塞松动漏液），以控制活塞。滴定时转动活塞，控制溶液的流出速度，要求做到：

①能熟练做到逐滴放出溶液。

②熟练做到只放出一滴。

③熟练做到使溶液成悬而未滴的状态，即滴加半滴溶液。

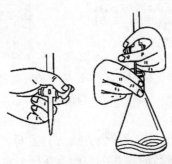

图6-26 酸式滴定管的滴定操作

滴定前，观察液面是否在"0"刻度，若滴定管内的液面不在"0"刻度，则记下该读数（为滴定管初读数）；若在"0"刻度，也作记录（最好能调在"0"刻度，可提高读数的准确性）。用干燥洁净的小烧杯的内壁碰一下悬在滴定管尖端的液滴（此操作一定要进行，管尖外的液滴是滴定管有效体积之外的，否则将产生误差）。

滴定时，应使滴定管尖部分插入锥形瓶口（或烧杯口）下1~2 cm处，滴定速度不能太快，以每秒3~4滴为宜或成不连续液滴状落下，但不能成连续直线状下落。边滴边摇动锥形瓶（滴入烧杯中时应用玻璃棒搅拌），摇动锥形瓶时应按同一方向旋转摇动（不可左右或前后振动，否则会溅出溶液）；锥形瓶口应尽量不动，防止碰坏滴定管。在滴定时，溶液应直接落入锥形瓶或烧杯的溶液中，不可沿锥形瓶壁往下流动，否则会附着在瓶壁上而没有及时和试液发生反应，而使滴定过量。临近终点时，应逐滴加入，然后半滴加入，将溶液悬挂在滴定管尖端，用锥形瓶的内壁靠下，用少量蒸馏水冲下（建议不要过多地用蒸馏水进行冲洗，以防其中的杂质影响实验结果），然后摇动锥形瓶，观察是否已达到终点（为便于观察，可在锥形瓶下放一块白瓷板）；如未达到终点，继续靠加半滴标准滴定溶液，直至达到终点。

● 读数：由于水溶液的表面张力的作用，滴定管中的液面呈弯月形，无色水溶液的弯液面比较清晰，有色溶液的弯月面清晰程度较差，因此，两种情况的读数方法稍有不同。

为了正确读数，应遵守下列规则：

①注入溶液或放出溶液后，需等待30~60 s后才能读数（使附着在内壁上的溶液完全流下）。

②滴定管应用拇指和食指拿住滴定管的上端（液面上方适当位置）使滴定管保持垂直后读数。

③初始读数应在"0.00"刻度线位置。对于无色溶液或浅色溶液，应读弯液面下缘实线的最低点，读数时视线应与弯液面下缘实线的最低点相切，即视线与弯液面下缘实线的最低点在同一水平面上，如图 6 - 27 所示。初读数和终读数应用同一标准。颜色较深的有色溶液则读上线。

a. 普通滴定管读取数据示意   b. 有色溶液读取数据示意

图 6 - 27　滴定管读数

④有一种蓝线衬背的滴定管，它的读数方法与上述方式不同，无色溶液有两个弯液面相交于滴定管蓝线的某一点，读数时视线应与此点在同一水平面上，对有色溶液读数方法与上述普通滴定管相同。

⑤滴定时，最好每次都从"0"刻度线开始，这样可减少测量误差，读数必须准确到0.00 mL。

⑥为了协助读数，可采用读数卡，这种方法有利于初学者练习读数，读数卡可用黑纸涂有黑长方形（约 3 cm × 1.5 cm）的白纸制成。读数时，将读数卡放在滴定管背后，使黑色部分在弯液面下约 11 mm 处，此时即可看到弯液面的反射层成为黑色，然后读此黑色弯液面下缘的最低点。

（2）碱式滴定管的使用。

• 准备：选择一直径大小合适、圆滑的玻璃珠，置于长度适中、管内径合适的橡皮管，连接管尖和管身。

• 试漏：装蒸馏水至一定刻度线，擦干滴定管外壁，处理掉管尖处的液滴。把滴定管直立夹在滴定管架上静置 5 min，观察液面是否下降，滴定管下管口是否有液珠。若漏水，则应调换胶管中的玻璃珠，选择一个大小合适且比较圆滑的配上再试。玻璃珠太小或不圆滑都可能漏水，太大则操作不方便。

• 洗涤：方法同酸式滴定管，但要注意铬酸洗液不能直接接触胶管，否则胶管会变硬损坏。可将胶管连同尖嘴部分一起拔下，滴定管下端套上一个滴瓶胶帽，然后装入洗液洗涤；也可将碱式滴定管的尖嘴部分取下，胶管还留在滴定管上，将滴定管倒立于装有洗液的器皿中，固定在滴定管架上，连接到水压真空泵上，打开水龙头，轻捏玻璃珠，待洗液徐徐上升至接近胶管处即停止，让洗液浸泡一段时间后，打开抽气管，将洗液放回原瓶中，用自来水冲洗滴定管，再用蒸馏水淋洗 3 ~ 4 次，擦干水倒置夹在滴定管夹上备用。

• 装溶液和赶气泡：装溶液方法同酸式滴定管，赶气泡方法和酸式滴定管不同，碱式滴定管的赶气泡方法如图 6 - 28 所示。将胶管向上弯曲，管尖要高于玻璃珠一定位置，玻璃珠下方的胶管应圆滑，必要时可倾斜滴定管，用力捏挤玻璃珠侧上方，使溶液从尖嘴喷出，以排出气泡。碱式滴定管中的气泡一般是藏在玻璃珠附近，必须对光检查胶管内气泡是否完全赶尽。

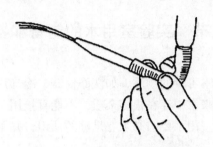

图 6-28　排除碱式滴定管气泡操作

●调零：赶尽气泡后再调节液面至 0.00 mL 稍上方处，夹在滴台上静置约 1 min（若溶液不足可补加），再调整液面刚好至 0.00 mL 处，记下初读数。

装标准溶液时应从容器内直接将标准溶液倒入滴定管中，不能用小烧杯或漏斗等其他容器，以免浓度改变。

●滴定：使用碱式滴定管的操作如图 6-29 所示，左手的拇指在前，食指在后，捏住胶管中玻璃珠的一侧（建议在外侧）中间稍偏上处捏挤，使胶管与玻璃珠之间形成一条缝隙，溶液即可流出。但注意不能捏挤玻璃珠下方的胶管，否则松开手指后，有空气从管尖进入而形成气泡，导致误差。其通过控制捏挤缝隙的大小控制滴定速度。其他要求同酸式滴定管。

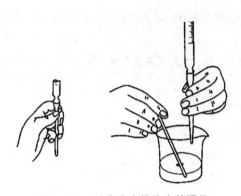

图 6-29　碱式滴定管滴定的操作

●读数：同酸式滴定管。

3. 注意事项

（1）滴定管用毕后，倒去管内剩余溶液，用自来水冲洗净，再用蒸馏水淋洗 3~4 次后，倒置夹在滴定管夹上；或装入蒸馏水至刻度线以上，用大试管套在管口上。这样下次使用时可不必再用洗液洗涤，否则溶液风干后粘在滴定管内壁不易洗净而污染下次盛放的

标准滴定溶液。

（2）酸式滴定管长期不用时，活塞部分应垫上纸片，否则时间久了活塞不易打开。碱式滴定管不用时胶管应拔下，蘸些滑石粉保存。

第三节　实验室用水的制备和鉴别

在化验工作中，水是必不可少的物质，如洗涤仪器、冷却用水、配制溶液及分析操作等都要用到水。天然水或自来水中存在很多杂质，不能直接用于化验工作，必须将水进行处理加以纯化。我们对实验室用水要求必须有足够的认识，并了解分析实验室用水的制备方法和质量检验方法。

一、实验室用水的要求

1. 分析实验室用水的外观

分析实验室用水，目视观察应为无色透明的液体。

2. 级别

分析实验室用水共分三个级别，即一级水、二级水和三级水。

（1）一级水用于有严格要求的分析实验，包括对颗粒有要求的试验，如高压液相色谱分析用水。

（2）二级水用于无机痕量分析等实验，如原子吸收光谱分析用水。

（3）三级水用于一般化学分析实验。

3. 技术要求

分析实验室用水应符合国家标准 GB 6682—92 如表 6 – 14 所列规格的要求。

表 6 – 14　分析实验室用水标准（GB 6682—92）

项目	一级	二级	三级
pH 值范围（25℃）			6.00 ~ 7.50
电导率（25 ℃）/（mS/m）≤	0.01	0.10	0.50
可氧化物质（以 O 计）/（mg/L）≤		0.08	0.40
吸光度（254 nm，1 cm 光程）≤	0.001	0.01	
蒸发残渣（105℃±2℃）/（mg/L）≤		1.00	2.00
可溶性硅（以 SiO_2 计）/（mg/L）≤	0.01	0.02	

注：1. 由于在一级水、二级水的纯度下，难以测定其真实的 pH 值，因此，对一级水、二级水的 pH 值范围不作规定。

2. 一级水、二级水的电导率需用新制备的水"在线"测定。

3. 由于在一级水的纯度下，难以测定可氧化物质和蒸发残渣，对其限量不作规定，可用其他条件和制备方法来保证一级水的质量。

二、分析实验室用水的制备

分析实验室用水的制备方法：

（1）三级水的制备用蒸馏或离子交换、电渗析等方法制得。

（2）二级水的制备用金属蒸馏装置蒸馏或用离子交换等方法制得。

（3）一级水的制备以二级水为原料，经石英蒸馏装置蒸馏，或者经离子交换混合床后，再用 0.2 μm 微孔滤膜过滤制得。

实验室各种用水的制备如表 6 - 15 所示：

表 6 - 15　实验室分析用水的制备

水的名称	制备方法	适用范围
普通蒸馏水	将天然水或自来水用蒸馏器蒸馏、冷凝。	普通化学分析。
高纯蒸馏水	将普通蒸馏水用石英玻璃蒸馏器重新进行蒸馏（可进行多次）所得的蒸馏水。	分析高纯物质。
电渗析水	将自来水通过电渗析器除去水中大部分阴、阳离子后所得到的水。	供制备去离子水。
去离子水（离子交换水）	将电渗析水（也可用自来水）经过阴、阳离子交换树脂（单柱或混柱）后所得的水。	分析普通和高纯物质。

三、分析实验室用水的质量检验

分析实验室用水规格和检验方法按 GB 6682—92 进行。

（一）电导率的测定

1. 仪器

电导率的测定使用电导仪。测定一级、二级水时，配备电极常数为 0.01 ~ 0.1 cm 的"在线"电导池，并具有温度自动补偿功能。若电导仪不具温度补偿功能，可装"在线"热交换器，使测量时水温控制在 25 ℃ ±1 ℃；或记录水温，将实际水温上的电导率换算至 25 ℃下的电导率。

测三级水的电导仪，配备电极常数为 0.1 ~ 1 cm 的电导池，并具有温度自动补偿功能。若电导仪不具温度补偿功能，可装恒温水浴槽，使待测水样温度控制在 25 ℃ ± 1 ℃；或记录水温，将实际水温下的电导率换算至 25 ℃下的电导率。

2. 操作步骤

（1）按电导仪说明书安装并调试仪器。

（2）一级、二级水的测量：将电导池装在水处理装置流动出水口处，调节水的流速，赶尽管道及电导池内的气泡，即可进行测定。

（3）三级水的测定量：取 400 mL 水样于锥形瓶中，插入电导池后即可进行测定。

（4）注意事项：测量用的电导仪和电导池应定期进行检定。

（二）pH 值的测定

量取 100 mL 水样按 GB 9724—88 的规定测定。

（三）可氧化物质限量试验

1. 试剂

硫酸溶液（20%）、（按 GB 603 之规定配制），c（$\frac{1}{5}$KMnO$_4$）＝0.1 mol/L 高锰酸钾标准溶液（按 GB 601 之规定配制），c（$\frac{1}{5}$KMnO$_4$）＝0.01 mol/L 高锰酸钾标准溶液（量取 10.00 mL 上述 0.10 mol/L 高锰酸钾标准溶液于 100 mL 容量瓶中，并稀释至刻度）。

2. 操作步骤

（1）量取 1 000 mL 二级水，注入烧杯中，加入 5.0 mL 硫酸溶液（20%），混匀。量取 200 mL 二级水，注入烧杯中，加入 5.0 mL 硫酸溶液（20%），混匀。

（2）在上述已酸化的试液中，分别加入 1.00 mL 高锰酸钾标准溶液 c（$\frac{1}{5}$KMnO$_4$）＝0.01 mol/L，混匀。盖上表面皿，加热至沸并保持 5 min，溶液的粉红色不得完全消失。

（四）吸光度的测定

1. 仪器

紫外—可见分光光度计、石英吸收池（厚度 1 cm、2 cm）。

2. 操作步骤

将水样分别注入 1 cm、2 cm 吸收池中，在紫外—可见分光光度计上，于 254 nm 处，以 1 cm 吸收池中水样为参比，测定 2 cm 吸收池中水样的吸光度。如仪器的灵敏度不够，可适当增加测量吸光池的厚度。

（五）蒸发残渣的测定

1. 仪器

旋转蒸发器（配备 500 mL 蒸馏烧瓶）、电烘箱温度可保持在 105 ℃±2 ℃。

2. 操作步骤

（1）水样预处理（浓缩富集）：量取 1 000 mL 二级水（三级水取 500 mL）。将水样分几次加入旋转蒸发器的蒸馏瓶中，于水浴上减压蒸馏（注意要避免蒸干）。待水样最后蒸至约 50 mL 时，停止加热。

（2）测定（按 GB 9740 规定进行测定）：将上述浓缩的水样，转移至一个已于 105 ℃±2 ℃恒重的玻璃蒸发皿中，并用 5~10 mL 水样分 2~3 次冲洗蒸馏烧瓶，将洗涤液与预浓缩富集水样合并，于水浴上蒸干，并在 105 ℃±2 ℃的电烘箱中干燥至恒重，残渣质量不得大于 1.0 mg。

（六）可溶性硅的限量试验

1. 试剂

（1）二氧化硅标准溶液（1 mL 溶液含有 11 mg SiO$_2$）：按 GB 602 之规定配制。

（2）二氧化硅标准溶液（1 mL 溶液含有 0.01 mg SiO$_2$）：量取 1.00 mL 二氧化硅标准溶液于 100 mL 容量瓶中，稀释至刻度，摇匀，转移至聚乙烯瓶中，发现有沉淀时应弃去。

（3）钼酸铵溶液（50 g/L）：称取 5.0 g 钼酸铵 [（NH$_4$）$_6$Mo$_7$O$_{24}$·4H$_2$O]，加水溶解，加入 20 mL 硫酸溶液（20%），稀释到 100 mL，摇匀，贮于聚乙烯瓶中，发现有沉淀时应

弃去。

（4）草酸溶液（50 g/L）：称取5.0 g草酸，溶于水并稀释至100 mL，摇匀。储于聚乙烯瓶中。

（5）对甲氨基酚硫酸盐（米吐尔）溶液（2 g/L）：称取0.2 g对甲氨基酚硫酸盐，溶于水，加入20.0 g焦亚硫酸钠，溶解并稀释至100 mL，摇匀，储于聚乙烯瓶中。避光保存，有效期为两周。

2. 操作步骤

量取520 mL一级水（二级水270 mL），注入铂皿中，在防尘条件下，煮沸蒸发至约20 mL时，停止加热。冷却至室温，加1.0 mL钼酸铵溶液（50 g/L），摇匀，放置5 min。加1.0 mL草酸溶液（50 g/L），摇匀，放置1 min。加1.0 mL对甲氨基酚硫酸盐溶液（2 g/L），摇匀，转移至25 mL比色管中，稀释至刻度，摇匀，于60 ℃水浴中保温10 min。目视观察，试液的蓝色不得深于标准。

标准是取0.50 mL二氧化硅标准溶液（1 mL溶液含有0.01 mgSiO₂），加入20 mL水样后，从加入1.0 mL钼酸铵溶液（50 g/L）起与样品试液同时同样处理。

（七）电导率的换算及三级水的化学检验

1. 电导率的换算公式

当实测的各级水不是25 ℃时，其电导率可按下式进行换算：

$$K_{25} = kt \ (K_t - K_{p \cdot t}) \ + 0.005\,48$$

式中：

K_{25}——25℃时各级水的电导率，单位为mS/m；

K_t——t℃时各级水的电导率，单位为mS/m；

$K_{p \cdot t}$——t℃时理论纯水的电导率，单位为mS/m；

k_t——换算系数；

0.005 48——25℃时理论纯水的电导率，mS/m。

$K_{p \cdot t}$和k_t可从表6－16中查出。

2. 三级水的化学检验法与离子的检验

在离子交换制纯水的过程中，对阳离子交换柱出水口、阴离子交换柱出水口及混合交换柱出水口也需时常进行检验。如没有电导仪，可采用下面的方法进行：

（1）阳离子的检验：取水样10 mL于试管中，加入2~3滴氨－氯化氨缓冲溶液（pH 10），2~3滴铬黑T指示液，如水呈现蓝色，则表明无金属阳离子（含有阳离子的水呈现紫红色）。

表6－16 理论纯水的电导率和换算系数

t/℃	k_t	$K_{p \cdot t}$/ mS/m	t/℃	k_t	$K_{p \cdot t}$/ mS/m
0	1.797 5	0.001 16	20	1.115 5	0.004 18
1	1.775 0	0.001 23	21	1.090 6	0.004 41
2	1.713 5	0.001 32	22	1.066 7	0.004 66

（续上表）

$t/℃$	k_t	$K_{p·t}/mS/m$	$t/℃$	k_t	$K_{p·t}/mS/m$
3	1.672 8	0.001 43	23	1.043 6	0.004 90
4	1.632 9	0.001 54	24	1.021 3	0.005 19
5	1.594 0	0.001 65	25	1.000 0	0.005 48
6	1.555 9	0.001 78	26	0.979 5	0.005 78
7	1.518 8	0.001 90	27	0.960 0	0.006 07
8	1.482 5	0.002 01	28	0.941 3	0.006 40
9	1.447 0	0.002 16	29	0.923 4	0.006 74
10	1.412 5	0.002 30	30	0.906 5	0.007 12
11	1.378 8	0.002 45	31	0.890 4	0.007 49
12	1.346 1	0.002 60	32	0.875 3	0.007 84
13	1.314 2	0.002 76	33	0.861 0	0.008 82
14	1.283 1	0.002 92	34	0.847 5	0.008 61
15	1.253 0	0.003 12	35	0.835 0	0.009 07
16	1.223 7	0.003 30	36	0.823 3	0.009 50
17	1.195 4	0.003 49	37	0.812 6	0.009 94
18	1.167 9	0.003 70	38	0.802 7	0.010 44
19	1.141 2	0.003 91	39	0.793 6	0.010 88

（2）氯离子的检验：取水样 10 mL 于试管中，加入数滴硝酸银水溶液（1.7g 硝酸银溶液于水中，加浓硝酸 4 mL，用水稀释至 100 mL），摇匀，在黑色背景下看溶液是否变白色浑浊，如无氯离子应为无色透明（注意：如硝酸银溶液未经硝酸酸化，加入水中可能出现白色或变为棕色沉淀，这是生成氢氧化银或碳酸银沉淀造成的）。

（3）指示剂法测定 pH 值：取水样 10 mL，加甲基红指示液 2 滴，若呈黄色（不呈红色），即为合格；另取水样 10 mL，加溴麝香草酚蓝指示液 5 滴，若呈黄色（不呈蓝色），即为合格，否则为不合格。

三级水中各项离子的检验方法如表 6 - 17 所示：

表 6 - 17 三级水各项离子的检验方法

项目	检验方法	合格标志
氯离子（Cl⁻）	取水样 100 mL，加硝酸数滴，滴加 10 g/L AgNO₃溶液 1~2 滴，摇匀。	无白色混浊物。
硫酸根离子（SO₄²⁻）	取水样 100 mL，加硝酸数滴，滴加 10 g/L BaCl₂溶液 1 mL，摇匀。	无白色混浊物。

（续上表）

项目	检验方法	合格标志
铁离子（Fe^{3+}）	取水样 100 mL，加盐酸，加入 1 mol/L $K_3[Fe(CN)_6]$ 溶液 1 mL，摇匀。	不显蓝色。
钙离子（Ca^{2+}）	取水样 100 mL，调节 pH 值至 12～12.5，加入适量固体钙指示剂，摇匀。	溶液呈蓝色。
钙、镁离子（Ca^{2+}、Mg^{2+}）	取水样 100 mL，加数滴 pH 为 10 的氨—氯化铵缓冲溶液及 5 g/L 铬黑 T 指示液 2～3 滴，摇匀。	溶液呈纯蓝色。
可氧化物质	取水样 200 mL 于烧杯中（二级水取 1 000 mL），加入 1 mL 200 g/L H_2SO_4（二级水加 5 mL），摇匀，加入 $c(\frac{1}{5}KMnO_4)$ = 0.1 mol/L 标准滴定溶液 1 mL，摇匀。盖上表面皿，加热至沸并保持 5 min。	溶液呈粉红色。
蒸发残渣	取水样 500 mL（二级水取 1 000 mL），将水样分几次加入 500 mL 蒸馏烧瓶中，对水样进行减压蒸馏（避免蒸干），水样最后蒸至约 50 mL 时停止加热。转移至一个已于 105℃±2℃ 烘干并恒重的玻璃蒸发器中，并用 5～10 mL 水样分 2～3 次冲洗蒸馏烧瓶，将洗液与浓缩液合并，蒸干，并在 105℃±2℃ 的烘箱中干燥至恒重。	残渣质量不得大于 2.0 mg（二级水的不大于 1.0 mg）。